센서 성능과 신뢰도

센 서
성능과
신뢰도

하쉬 하세미안 지음
허균영 옮김

Sensor Performance and Reliability
By Hashem M. Hashemian

센서 성능과 신뢰도

발행일 : 2015년 2월 10일 초판 1쇄
지은이 : 하쉬 하세미안
옮긴이 : 허균영
펴낸곳 : 한스하우스

등 록 : 2000년 3월 3일(제2-3033호)
주 소 : 서울시 중구 마른내로 12길 6
전 화 : 02-2275-1600
팩 스 : 02-2275-1601
이메일 : hhs6186@naver.com

ISBN 978-89-92440-13-4

본 도서는 2012년도 산업통상자원부의 재원으로 한국에너지기술평가원(KETEP)의 지원을 받아 수행한 에너지인력양성사업 연구과제(No.20124030100080)에서 발행한 교재입니다.

센서 성능과 신뢰도

하쉬 하세미안

저자

하쉬 하세미안(H.M. Hashemian) 테네시주 녹스빌에 본사를 두고 미국, 유럽, 아시아에서 운영중인 원자력 엔지니어링 컨설팅 회사 Analysis and Measurement Services Corporation(AMS)의 대표이자 창업주이다. 그는 공정 계측제어 전문가로서 원자력 공학박사, 전기 공학박사 학위, 컴퓨터 공학박사 학위를 보유하고 있다.

하세미안 박사는 Maintenance of Process Instrumentation in Nuclear Power Plants(Springer Verlag, 2006)과 Monitoring and Measuring I&C Performance in Nuclear Power Plants(ISA, 2014)를 출간하였다.

하세미안 박사는 20개의 미국 특허(13개 등록, 7개 출원)를 가지고 있고, 70편의 저널 및 잡지 논문과 300편의 학술대회 논문을 발표하였다. 9권의 저서에 공저자로 참여하였으며, 미국원자력규제위원회(U.S. Nuclear Regulatory Commission, NRC), 미국전력연구원(Electric Power Research Institute, EPRI), 국제원자력기구 (International Atomic Energy Agency, IAEA), 국제전기표준위원회(International Electrotechnical Commission, IEC)와 국제자동화학회(International Society of Automation, ISA)에서 발행한 수많은 보고서, 지침, 기술표준의 작성에 기여하였다.

그는 미국원자력학회(American Nuclear Society)와 ISA의 최고연구원(Fellow) 이고, 전기전자기술자협회(Institute of Electrical and Electronics Engineers, IEEE)의 선임위원이면서, 유럽원자력학회(European Nuclear Society)의 회원이다. 또한 원자력, 항공우주, 석유 및 가스, 기타 산업분야에서 활동하고 있으며, NRC를 포함하여 에너지부(Department of Energy), 국방부(Department of Defense), 공군, 해군, 항공 우주국(National Aeronautics and Space Administration, NASA) 등 미국 정부 기관과 협엽하고 있다.

그는 정기적으로 15여 개국에서 I&C 강의를 하고 있으며, 다수의 국내외 학술대회 및 위원회에서 기조연설자, 의장, 공동의장 등을 역임했다.

역자서문

존경하는 동료인 하세미안 박사의 저서 '센서 성능과 신뢰도'를 번역하고 출간하게 된 것을 무척 기쁘게 생각한다.

저자서문에서도 밝히고 있듯이 원자력분야에서 계측은 매우 중요한 역할을 하고 있음에도 불구하고, 이론과 실무를 위한 충실한 교육과정을 제공하고 있는 경우는 드물다. 하세미안 박사는 30여년간의 원자력 계측분야 전문가로서 경험한 내용을 이 책에 포괄적으로 담음으로써, 이 분야에 입문하는 엔지니어의 지식과 역량을 높이는데 기여하였다. 이 책에서 다루는 내용은 비단 원자력분야뿐만 아니라 일반적인 공정산업에서도 동일하게 활용될 수 있기 때문에, 유관분야에서 계측관련 업무를 맡고 있는 엔지니어에게도 큰 도움이 될 것으로 기대한다. 하세미안 박사는 이 책으로 한국에서 강의를 하고 싶다는 이야기를 오래 전에 한 적이 있다. 번역본 출간과 함께 그의 희망이 곧 이루어지기를 바란다.

4-5년 전쯤 하세미안 박사는 내게 자신의 책 두 권(다른 한 권은 같은 출판사에서 '원자력발전소 공정계측시스템의 정비'라는 제목으로 번역되어 출판되었다)을 주면서, 이를 한국어로 번역해 줄 것을 부탁하였다. 역자 자신도 번역하는 일이 교육과 연구에 큰 도움이 될 것으로 흔쾌히 동의를 하였으나, 생각만큼 번역의 과정이 쉽지만은 않다는 것을 깨닫는 데에는 오랜 시간이 걸리지 않았다. 초벌번역, 수정번역, 그리고 수많은 그림과 표, 방정식들을 일일이 맞춰가는데 도움을 준, 연구실 학생들, 지창현, 홍상범, 김현민, 오계민, 조정태, 김소영씨에게 감사의 인사를 전하지 않을 수 없다. 그리고 마지막 출판과정에서 수많은 잡무를 묵묵히 해준 김보현 학생에게 특히 고마움을 전한다.

하세미안 박사와 역자가 근무하는 학과에서 이번 출판과정을 물심양면으로 도와주었다. 큰 배려에 감사의 말씀을 표한다. 마지막으로 시시콜콜한 역자의 주문사항을 모두 맞춰주시면서 편집과 출판을 해 주신 한스하우스 한홍수 대표님께도 고마움의 인사를 드린다.

경희대학교 국제캠퍼스 연구실에서

허 균 영

목차

그림목차

Chapter 07

Chapter 08

Chapter 09

Chapter 10

Chapter 14

Chapter 15

Chapter 16

약어

Ω	Ohm
A	Area
AC	Alternating Current
A/D	Analog-to-digital
ANSI	American National Standards Institute
AR	Autoregressive (또는 Autoregressive Modeling)
ASTM	American Society for Testing and Materials
AWG	American Wire Gage
C	Capacitance
°C	Celsius
cm	Centimeter
Constantan	A Copper-Nickel Alloy
CR	Chromium
Cu	Copper
DAR	Dielectric Absorption Ratio
DB	Decade Box
DC	Direct Current
DCDT	Direct Current Differential Transformer
EMF	Electromotive Force
EMI/RFI	Electromagnetic Radio Frequency Interference
EPRI	Electric Power Research Institute
FFT	Fast Fourier transform
FTIR	Fourier Transform Infrared
Hi-Pot	Hi-Potential
Hz	Hertz
IAEA	International Atomic Energy Agency
IEC	International Electrotechnical Commission
IEEE	Institute of Electrical and Electronics Engineers
I/P	Current-to-pressure
IR	Insulation Resistance

ISA	Instrumentation, Systems, and Automation Society (이전에는 formerly Instrument Society of America)
L	Length
L	Inductance
LCSR	Loop Current Step Response
LRL	Lower Range Limit
LVDT	Linear Variable Differential Transformer
m/sec	Meter Per Second
mA	Milliampere
Mg	Magnesium
MgO	Magnesium Oxide
MOV	Motor Operated Valve
NASA	National Aeronautical and Space Administration
Ni	Nickel
NIST	National Institute of Standards and Technology
OIT	Oxidation Induction Test
ORNL	Oak Ridge National Laboratory
PEA	Primary Element Accuracy
PI	Power Interrupt
PI	Polarization Index
PMA	Process Measurement Accuracy
PRTs	Platinum Resistance Thermometers
PSD	Power Spectral Density
PSI	Pounds Per Square Inch
Pt	Platinum
PVC	Polyvinylchloride
QA	Quality Assurance
R	Resistance
R vs. T	Resistance-versus-Temperature
R&D	Research and Development
Rh	Rhodium
RHO	Reflection Coefficient
RSS	Root Sum Squared
RTD	Resistance Temperature Detector
SCA	Sensor Calibration Accuracy
SD	Sensor Drift

SHI	Self-Heating Index
Si	Silicon
SPRT	Standard Platinum Resistance Thermometer
SRM	Solid Rocket Motor
STE	Sensor Temperature Effect
T	Temperature
TDR	Time Domain Reflectometry
TF	Transfer Function
TMI	Three Mile Island (또는 Three Mile Island Nuclear Power Plant)
URL	Upper Range Limit
V	Voltage
VDC	volts DC
W	Watt

원판 서문

온도 및 압력 센서(수위와 유량 센서 포함)는 공정 제어 및 안전을 위해 매우 중요하다. 오랫동안 발전을 하였음에도 불구하고, 산업에서는 온도와 압력측정을 위하여 기존의 저항온도측정기(Resistance Temperature Detector, RTD)와 열전대(Thermocouple), 그리고 커패시턴스 소자(Capacitance Cell), 벨로스(Bellows), 스트레인 게이지(Strain Gauge)와 같은 몇 가지 센싱소자를 여전히 이용하고 있다. 이 책은 산업용 온도 및 압력센서의 작동 특성과 이와 관련하여 공정 산업 및 발전소에서 겪는 일반적인 문제들을 다룬다. 또한 공정 센서의 성능을 측정하고 신뢰성을 입증하기 위한 방법을 설명한다. 특히 운전 중인 상태에서 원격으로 활용이 가능한 방법을 주로 다루는데, 온라인 교정, 가동중(In-situ) 응답시간 측정, 압력감지 라인의 막힘 또는 기포의 탐지, 가동중 케이블 및 센서의 진단 등이 포함된다.

번역판 서문

이 책의 한국판을 위한 새로운 서문을 쓰게 되어 매우 영광이다. '센서 성능 과 신뢰도'는 원래 2005년에 미국 International Society of Automation(ISA)에서 출판되었다. 나는 이 책을 전세계 원자력발전소 계측제어 계통을 30여년간 이상 다룬 경험에 근거하여 집필하였다.

이 책은 원자력발전소 온도 및 압력 센서의 작동 원리와 성능을 설명하고 있다. 온도와 압력센서(수위와 유량센서 포함)는 공정 제어와 안전에 필수적이다. 오랫동안 많은 발전을 하였음에도 불구하고, 산업에서는 온도와 압력측정을 위하여 기존의 저항온도측정기(Resistance Temperature Detector, RTD)와 열전대(Thermocouple), 그리고 커패시턴스 소자(Capacitance Cell), 벨로스(Bellows), 스트레인 게이지(Strain Gauge)와 같은 몇 가지 센싱소자를 여전히 이용하고 있다.

이 책은 산업용 온도 및 압력 센서의 특징과 공정 산업과 발전소에서 수 년 동안 경험했던 문제를 다루고 있다. 또한 이 책은 공정 센서의 성능을 측정하고, 건전성과 신뢰도를 입증하기 위해 최근까지 개발된 방법에 대해 설명한다. 이러한 방법들은 센서가 운전 중인 공정에 설치된 채로 원격으로 사용할 수 있다는 측면에서 중요한 의미를 갖는다. 여기에는 공정 센서의 온라인 교정검증, 가동중(In-situ) 응답시간 측정, 압력감지 라인의 막힘 또는 기포의 탐지, 가동중 케이블 및 센서의 진단 등이 포함된다.

나의 친구이자 훌륭한 동료인 허균영 교수에게 진실로 감사의 말을 전한다. 그는 이 책과 나의 또 다른 저서인 Maintenance of Process Instrumentation in Nuclear Power Plants (2006년 독일 Springer에서 출판)의 번역을 도와주었다. 나의 책들이 한국에서 출판되는 과정에 있어, 그의 도움과 조언에 대해 고마움을 표한다.

나의 회사이며 미국 테네시주 녹스빌에 본부를 둔 다국적 원자력 전문회사인 Analysis and Measurement Services Corporation(AMS)는 계측제어 및 원자력 산업의 정비 분야에서 왕성히 활동하고 있으며, 한국을 포함하여 전세계 여러 나라의 원자력발전소와 같이 일한 경험이 있다 이 책에 대한 관심을 큰 영광으로 생각하며, 이메일이나 전화를 통한 질문에 언제나 기쁘게 회신해 드릴 것을 약속한다.

hash@ams-corp.com, 865-691-1756 (미국)
하쉬 하세미안
미국 테네시주 녹스빌
2014년 1월

서 론

* * *

　전자 장비 및 컴퓨터 기술의 발전에도 불구하고 산업용 공정 측정에는 열전대, 저항 온도측정기(Resistance Temperature Detector, RTD), 압력 및 차압센서 등, 50년전 기술이 여전히 사용되고 있다. 오늘날 스마트센서, 광섬유센서, 초음파센서, 무선센서 등은 계측분야에 큰 기여를 하고 있다. 그러나 대부분의 첨단 센서도 공정 변수를 측정하기 위해서는 여전히 기존의 센싱 기술에 의존하고 있다. 예들 들어 온도를 측정하기 위해 RTD 또는 열전대를 스마트 온도센서로 사용하거나, 압력 측정을 위해 기존의 커패시턴스 소자, 벨로스, 또는 다른 기존의 센서를 스마트 압력센서로 사용 한다. 스마트 소자들은 대부분 센서 전자부품 또는 메모리 내에 들어가 있으며, 디지털 기술을 사용하여 원격으로 센서의 출력을 조정하기 위하여 사용된다.

　무선센서도 마찬가지이다. 일반적으로 공정 변수를 측정하기 위해서는 기존의 센싱 장치를 사용하고 원격지에 정보를 전송하기 위해 무선기술을 사용한다. 그러므로 오늘날의 당면한 많은 계측 혹은 센서 문제는 과거 수년에 걸쳐 동종업계에서 비슷하게 나타났다. 예를 들어 센서 드리프트는 30년 전이나 지금의 상황이 거의 비슷하다. 즉 산업 현장에서 나타나는 온도, 습도, 진동 등과 같은 환경에서 견딜 수 있으며, 드리프트 문제에 있어 자유로운 새로운 센서 기술은 아직 개발되지 않았다. 드리프트를 없앨 수 있는 전자부품은 큰 진전을 보였지만, 센서 자체는 수 년간 전혀 발전하지 못했다. 또한, 정확도, 응답시간, 잔여수명, 설치된 계측장비의 다양한 특성을 어떻게 객관적으로 평가할 수 있을지에 대한 의문점도 여전히 남아있다. 공정계측분야의 전문가들 사이에서 조차도 의견이 일치하지 않고 있다. 이 책은 독자들이 이러한 문제들을 이해하고, 확인할 수 있는 실용적인 방법을 제시하고, 해결책을 제안하기 위해 만들어 졌다.

1.1 공정 계측

공정 계측은 보통 온도 및 압력센서를 포함한다. 온도센서는 RTD나 열전대를 사용한다. 써미스터(Thermistor)와 같은 형태의 온도센서도 찾을 수는 있지만 산업용 온도측정에는 RTD나 열전대를 가장 많이 사용한다. 그림 1.1은 가장 많이 사용되는 세 종류 온도센서의 온도에 따른 상대적 출력값을 보여준다. 이 그림에서 열전대가 가장 넓은 온도범위를 가지고 있고, RTD는 가장 선형적이며, 써미스터는 낮은 온도에서 가장 민감하다는 것을 보여준다.

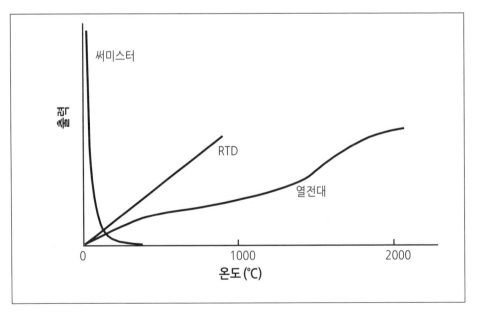

그림 1.1 온도센서의 비교

오늘날 RTD는 산업에 활용되는 온도센서 중 30~40 %를 차지하며, 열전대는 50~60 %, 써미스터와 다른 온도센서가 나머지를 차지하고 있다. 표 1.1에서 RTD와 열전대의 주요특성을 비교해 놓았다. RTD와 열전대는 모두 간단한 장치이지만 이것들을 사용하는데 있어서 교정 드리프트나 응답시간의 저하와 같은 문제는 여전히 제기되고 있다. 이와 같은 센서 문제에 관한 설명과 문제해결을 위해 어떻게 시험을 할 것인지를 이 책에서 제시하고 있다. 센서의 일반적인 물리적 특성과 센서의 성능을 어떻게 증명하는 지에 대한 설명도 포함하고 있다.

표 1.1 RTD와 열전대의 비교

● **RTD**
열전대보다 정확하지만 열전달이 좋지 않은 매질에서는 효과적이지 못하다. 진동환경에서도 덜 효과적이지만 잡음이 많은 환경에서는 열전대보다 유효하다.

● **열전대**
넓은 온도 영역에서 사용가능 하지만 RTD 보다 정확하지 못하며, 설치 교정을 할 수 없다. 진동 환경에 대한 수명은 좋지만 잡음환경에서는 RTD에 비해 덜 효과적이다

성능지표	선호되는 센서	
	RTD	열전대
정확도	√	
공기/가스 온도측정		√
진동환경		√
잡음환경	√	
고온범위		√
설치후 교정	√	

압력센서(수위와 유량 측정시 사용되는 차압센서를 포함)는 RTD와 열전대만큼 간단하지는 않다. 이들 소자는 온도센서에 비하여 고장에 노출될 가능성이 훨씬 크다. 압력센서는 전자–기계 장치이므로, 시스템에서는 전기적 및 기계적 문제가 발생할 수 있다. 게다가, 압력센서는 *센싱라인(Sensing Line)* 또는 *임펄스라인(Impulse Line)* 이라 불리는 작은 구경의 배관에 연결되어 있고, 이것을 통해 압력정보를 공정에서 센서로 전달한다. 어떤 센싱라인은 공기나 가스로 채워져 있다. 유체나 오일로 채워지기도 한다. 유체가 채워져 있는 센싱라인은 압력센서의 고장을 야기할 수 있는데, 예컨대 기포나 정재파에 의해 라인이 막히거나 공명이 발생할 수 있기 때문이다. 폐색현상은 압력센싱시스템의 동적 응답을 감소시킬 수 있으며, 기포는 압력신호의 잡음, 측정

오류, 동적응답 속도를 늦출 수 있다. 이러한 센싱라인의 문제점은 *잡음해석법(Noise Analysis Technique)*을 사용함으로써 원격으로 탐지할 수 있다. 또한 잡음해석법은 작동 중인 공정 내에서 압력센서의 응답시간을 시험하기 위해서도 사용할 수 있다. 자세한 내용은 13장과 14장에 기술되어 있다.

센서문제는 센서와 장치를 연결하는 케이블 때문일 수도 있다. 케이블의 도체와 절연체, 피복재 부분은 약해지기 쉽다. 이로 인하여 불규칙한 신호, 정보손실, 측정오류 등의 문제가 나타난다. 이러한 문제점과 문제가 발생한 위치를 확인할 수 있는 시험방법이 개발되어 있다. 이 방법은 17장에서 다룬다.

1.2 온도센서의 문제점

RTD 와 열전대의 일반적인 문제는 센서로 들어가는 습분을 막기 위한 밀봉에 균열이 생기는 것이다. 이것은 센서 내의 절연 기능을 약화시킨다. 그 결과 센서의 출력값에 잡음뿐만 아니라 온도표시 자체에도 오류가 나타난다. 게다가 센서에 들어간 습분은 센서를 구성하는 부품의 수명을 단축시킨다. 예를 들면 습분은 RTD의 센싱 소자와 센서의 절연체 사이에서 화학반응을 일으킬 수 있다. 이것은 센싱 와이어의 직경을 줄이고, 저항을 증가시켜서 실제 온도보다 더 높은 값을 나타낸다. 온도센서 내의 습분을 검사하기 위해 계측제어 기술자는 절연저항계를 DC 100 V에 맞추고 절연저항값(IR)을 측정한다. 만일 센서가 건조한 상태라면 실온에서 IR 값은 수십 $M\Omega$ 혹은 그 이상을 되어야 한다. 만약 습분이 들어 있다면, IR값은 수 $k\Omega$ 수준으로 나타난다. 또는 습분 때문에 저항계의 눈금을 읽기 어려울 정도로 변동이 심해서 센서의 IR 값 측정이 어려울 수도 있다.

센서 밀봉은 장시간 습기나 열에 노출되는 경우에도 망가질 수 있다. 열은 센서의 밀봉 부분을 심하게 건조시켜 균열을 일으킬 수 있으며, 결과적으로 그 균열을 통해 습분이 들어갈 수도 있는데 이러한 문제는 고품질의 센서에서는 흔한 일은 아니다.

유동기인진동은 온도센서에 문제를 일으키는 또 다른 원인이다. RTD 와 열전대 또는 이들은 감싸는 열보호관(Thermowell)은 유동기인진동에 의해 금이 갈 수 있고, 이로 인하여 습분이 센서로 유입될 수 있다. 진동은 센서나 열보호관의 파손 및 변형에 주요한 원인이다.

RTD는 고장 원인을 확인하기 위하여 가끔 분해되기도 한다. RTD의 가장 취약한 부분은 센싱소자 부분이다. 이 부분은 연장 와이어와 용접이 되어 있는 부분이다. 또는 센싱 소자가 굽은 부분, 특히 굽은 부분이 그것을 지지하는 주축 부분을 관통하여 있는 경우 종종 고장이 발생한다. 이러한 고장은 대부분 진동에 의해 발생하며, 이는 유동 때문이다. RTD가 펌프 출구측 또는 난류 유동에 설치되어 있는 경우, 비교적 잔잔한 유동이 있는 경우보다 훨씬 고장의 가능성이 높다. 진동문제 때문에 이와 같은 부분에서는 RTD 대신 열전대를 사용하여야 한다.

때때로 RTD 센싱소자의 용접부에서 발생하는 균열이 RTD의 고장을 발생시키기도 한다. 이 문제는 RTD 저항의 갑작스러운 변화를 통해 명백히 드러난다. 이 문제는 일시적이기는 하지만, 센서의 연장 리드에 원격으로 수 암페어의 전류를 흘려 어닐링을 함으로써 회복시킬 수 있다.

열보호관 내부에 설치된 RTD와 열전대에서 응답시간에 대한 문제가 많이 보고되고 있다. 응답시간은 센서의 감지팁과 열보호관 벽 안쪽 사이의 공기층에 따라 달라진다. 이 공기층은 열보호관과 접촉 없이 센서가 팽창할 수 있는 공간을 제공한다. 이러한 공간은 센서 재료의 팽창과 수축으로부터 영향을 받지 않도록 설계된다. 공기층이 필요하기는 하지만 센서의 동적 응답에는 부정적인 영향을 끼친다. 경험상 센서와 열보호관 사이의 불과 몇 마이크로미터의 공기층이 응답시간에 중요한 영향을 끼친다는 사실이 밝혀졌다. 응답시간을 개선시키기 위해 온도센서의 열보호관 사이에 열적 콤파운드를 사용하기도 한다. 이 방법은 효과적이지만 단점이 있는데 열적 콤파운드는 열에 장시간 노출되면 그 기능이 떨어질 수 있으며, 이는 센서의 응답시간을 증가시킬 수 있다는 것이다.

오래된 센서나 열보호관을 설치한 발전소에서는 센서 끝부분에 금 또는 은을 입히거나 열보호관을 특별히 제작함으로써 요구되는 응답시간을 만족시킬 수 있다. 이러한 해결책은 효과적이지만 두 가지 약점을 가지고 있다. 하나는 센서가 열보호관 내에 밀착될 수가 있다는 것이며, 다른 하나는 좁은 공간으로 인하여 센싱소자에 영향을 끼칠 수도 있는데 이로 인해 교정 오차가 발생하거나 센서의 고장이 일어날 수 있다.

통칭 *가동중(in-situ)* 또는 *온라인(on-line)* 시험이라고 불리는 수많은 기술은 가동 중이 곳정에 설치된 RTD와 열전대의 응답시간을 측정하고 교정 결과를 확인하기 위해 개발되었다. 예를 들어 *루프전류스텝응답(Loop Current Step Response, LCSR)* 시험은 RTD와 열전대의 동적응답을 확인하기 위해 개발되었다. 또한 LCSR 방법은 열보호관 내에서 센서의 부적절한 삽입과 같은 문제를 쉽게 확인할 수 있다. 요구되는 동적응답과 측정 구역의 온도를 정확히 측정하기 위해서 RTD와 열전대는 열보호관의 끝부분에 위치해야 하기 때문에 이것은 중요한 문제이다. 과거에 길다란 열보호관에 설치되어 있는 열전대의 경우 실제로 열보호관의 바닥에 위치해 있었는지를 확인할 수 있는 방법이 없었을 것이다. 지금은 LCSR 방법을 이용하여 센서가 열보호관 바닥에 위치해 있는지를 쉽게 확인 할 수 있게 되었다.

고체 표면에 붙어 있는 열전대의 경우, 실제로 온도를 측정하는 몸체 부분과 열전대가 잘 붙어 있는지를 확인하는 것은 중요한 문제이다. LCSR 방법을 활용하면 열전대가 고체 표면에 제대로 붙어 있는지를 확인 할 수 있다.

열전대와 같이 파이프나 고체 표면에 부착된 RTD 역시 고체 표면에서 떨어질 수 있다. 이것은 온도측정에 오차를 가져오고 응답시간이 느려질 수 있다. LCSR 방법은 이러한 접합문제를 검사할 수 있다.

열전대 사용 시에는 불균등성 문제가 중요하다. 열전대 와이어의 열전기적 물성치가 변화할 때에 불균등성이 발생한다. 만약 불균등성이 온도구배 이내에 있다면 큰 측정 오류가 발생할 수 있다. LCSR 방법은 공정에 설치된 열전대의의 불균등성을 확인하도록 도와 준다. 열전대 주위에서 불균등성 부분을 찾기 위한 다른 방법으로는 열전대와 연장 와이어를 따라 열선총을 천천히 움직이며 그 결과를 모니터링 하는 것이다. 열선총을 이용한 LCSR 방법의 이점은 연장 리드의 끝에서부터 원격으로 균등성을 확인하기 위한 가동중 시험이 가능하다는 점이다. 그러나 이것의 단점은 미묘한 불균등성은 확인할 수가 없고, 결과값을 해석하는 특별한 전문지식이 필요하다는 것이다.

LCSR 방법은 1970년 말에 가동 중인 원전 내에 설치된 RTD와 열전대의 응답시간을 동시에 측정하기 위해 개발되었다. 그 이후로 이 방법은 센서와 고체 사이의 접합 정도를 결정하고, 열보호관에 센서가 제대로 설치되었는지 활용하며, 열전대의 불균등성 시험, 그리고 케이블 연결 문제, 온도센서 내에 습분을 확인하는 등의 다른 분야에서도 성공적으로 활용되었다.

교정확인과 드리프트 감시에 관해서는 다중 온도센서의 교정결과를 확인하기 위해 개발된 *교차교정(Cross Calibration)*이라는 방법을 추천한다. 또 다른 방법으로는 다중 센서 이외의 드리프트와 교정 문제를 확인하기 위해 개발된 *온라인 감시 방법*이 있다. 원자력발전소와 같은 공정에서는 동일한 공정 변수를 측정하기 위해 다수의 온도센서를 사용하는 경우가 있다. 이러한 다중 센서는 발전소의 안전을 보장하고 개선된 정확도와 효율성을 제공한다. 교차교정과 온라인 감시 방법은 15장에, LCSR는 12장에 설명되어 있다.

1.3 압력센서의 문제점

압력센서는 보통 기계적 시스템과 전기적 시스템으로 구성된다. 기계적 시스템은 벨로스 또는 커패시턴스 소자 등이 해당되고 전기적 시스템은 스트레인 게이지 또는 커패시턴스 브리지 등이다. 이러한 형태의 압력센서를 *모션밸런스(Motion Balance)* 센서라고 한다. *힘밸런스(Force Balance)* 센서라 불리는 형태의 압력센서도 있다. 기계 링크에서 많이 사용되는 힘모터가 사용된다. 힘밸런스 압력센서는 압력이 가해졌을 때에 압력소자가 구부러지기 때문에 힘모터가 편향을 없애기 위해 작동하고 센싱소자를 항상 평형상태로 유지한다. 힘모터가 편향을 없애기 위해 사용하는 전류는 작용압력에 비례하고, 그러므로 전류는 압력을 나타내는데 사용된다.

압력센서는 압력변동, 높은 정압, 온도, 습도 등의 스트레스 요인으로 인해 고장이 난다. 압력센서의 센싱소자는 꾸준히 압력변동에 노출이 되고 이는 드리프트 혹은 고장을 유발시킨다. 몇 년 동안 공정 내에서 작동하고 있는 압력센서에서는 센싱소자가 약화되거나 깨진 것을 종종 발견할 수 있다. 온도 역시 압력센서의 성능저하와 고장에 크게 영향을 준다. 특히 재료의 성질과 성능에 영향을 끼친다. 예를 들어, 영점과 스팬을 조정하기 위해 사용되는 가변저항기(Potentiometer)와 같은 압력센서의 전기 부품은 높은 온도에 장기간 노출될 때 고장이 잦다. 또한 부식에 의해서 전선부가 노출이 되고 이 곳을 통해 습분이 들어가 고장을 일으키기도 한다. 비록 센서가 밀봉되었다고 하여도 습분이 들어가 전자 부품을 부식시킬 수 있다.

압력센서는 교정 중에도 스트레스를 받는다. 이는 센서가 교정 과정에서 잠기거나 열리는 과정을 반복할 때 일어난다. 이 과정에서 센서는 갑자기 큰 압력을 받을 수 있고, 이 압력이 센싱소자에 영향을 준다. 또한 과도한 교정은 가변저항기를 고장나게 하거나 다른 문제를 일으킬 수 있다. 이러한 문제 때문에 새로운 온라인 드리프트 감시 기술이 개발되었고, 이 기술을 활용하면 불필요한 교정을 피할 수 있다. 이 기술은 15장에서 설명된다

또 다른 널리 알려진 다른 문제 중의 하나는 모션밸런스 센서에서의 오일 누설이다. 압력센서에서 오일은 두 가지 목적을 위해 사용된다. 어떤 센서에서 오일은 압력 신호를 완충하거나, 마찰을 줄이는데 사용한다. 이러한 경우 센서의 수명이 단축되거나 성

능저하는 촉진되겠지만 큰 문제가 아니다. 어떤 센서에서 오일은 격리 다이아프램과 센싱 다이아프램 사이에 사용되는데, 이 경우에 오일의 누설은 센서의 성능에 큰 영향을 끼친다. 만약 오일이 누설되면, 센서의 응답시간과 교정에 심각한 영향을 미친다.

압력센서는 상대적으로 복잡한 전기기계적 시스템이지만 특별히 고장 또는 성능저하가 잘 일어나는 것은 아니다. 이전의 경험을 보면 높은 품질의 압력센서는 길게는 10~20년까지 사용한다. 보통 산업현장에서의 상황을 생각하면 압력센서의 드리프트는 생각보다 크게 진전되지 않는다. 또한 고품질의 압력센서는 응답시간도 크게 변화하지 않는다. 다음 섹션에서 설명하는 센싱라인의 문제를 제외하면 몇 년에 걸쳐도 응답시간의 성능저하는 잘 나타나지 않는다.

1.4 센싱라인의 문제점

*센싱라인(또는 임펄스라인)*은 압력 정보를 공정에서 압력센서로 전송한다. 센싱라인의 작동에는 압력센서의 정상 또는 동적성능에 악영향을 끼칠 수 있는 많은 요소가 있다. 액체로 채워진 센싱라인에서의 요소들은 다음과 같다.

● 기포(Void): 공기 또는 가스가 들어간 액체 센싱라인은 압력기록 실패, 느린 동적응답, 공명에 의한 소음을 일으킬 수 있다. 예를 들어, 차압 측정 시, 낮은 압력 쪽의 공기 주머니는 정상일 때보다 더 높게 압력을 표시할 수 있다. 또한 그러한 공기 주머니는 압력 정보의 전송을 느리게 할 수 있다.

시스템에서 기포를 제거하기는 어렵다. 고압에서 공기 주머니를 용해시킬 수는 있지만, 고압일 때에도 기포 문제는 여전히 존재한다.

● 결빙(Freezing): 센싱라인의 열공급 장치가 수명을 다했거나 손상을 입었다면 추운 날씨 속에서 센싱라인은 얼 수 있다. 냉동상태는 정상운전 중인 시스템의 압력을 일정하게 고정시킨다. 따라서 운전원은 문제에 대해 인식하지 못할 것이다. 압력이 적절히 감지되지 않기 때문에 공정 제어와 안전유지에 어려움을 겪을 수 있다.

● 폐색(Blockage): 화학물질 또는 슬러지가 굳혀지거나 다른 오염물질이 축적되면 센싱라인이 막힌다. 또한 격리밸브와 평형밸브가 부적절하게 정렬되어 있거나 센싱라

인이 수축되었을 경우 폐색 현상이 발생한다. 부분적인 폐색은 보통 시스템의 동적 응답시간에만 부정적 영향을 주고, 시스템의 정적인 출력값에는 영향을 미치지 않는다. 즉 센싱라인이 거의 막힐 때까지 이와 같은 현상이 발생한다. 완전히 막힌다면 압력 정보는 잃게 된다.

센싱라인의 침전물을 제거하는 방법은 주기적으로 센싱라인의 내용물을 배출하고 다시 채우는 것이다. 다른 방법은 테스트를 통해 센싱라인의 폐색을 찾아내고 필요 시 적절한 행동을 취하는 것이다.

- 누설(Leakage): 압력 센싱라인에는 누설이 발생할 수 있는 많은 요소들이 존재한다. 센싱라인은 루트밸브, 하나 이상의 격리밸브, 평형밸브와 다른 종류의 접합부를 갖고 있는데, 이들은 특히 고압에서 누설 가능성이 높다. 센싱라인 누설 또는 유체의 소실은 잘못된 압력표시를 나타낼 수 있다.

- 공통센싱라인(Common Sensing Line): 다수의 전송기가 센싱라인을 공유하기도 한다. 공통센싱라인의 문제점은 만약 누설, 폐색, 기포가 발생하면 모든 센서에서 공통적으로 고장이 발생한다는 점이다.

  또 다른 문제점으로서 공통센싱라인을 갖는 압력센서 그룹의 동적응답시간은 가장 느린 센서의 응답시간을 따른다는 것이다.

- 센싱라인에서 방진기(Snubber)의 사용: 방진기는 공정 변동과 다른 원인에 의해 발생하는 잡음의 효과를 줄이기 위해 압력 센싱라인에 사용된다. 방진기는 압력센싱 시스템의 동적응답시간을 증가시킴으로써 압력센서의 결과값에서 잡음의 영향을 줄인다. 그래서 방진기는 응답시간이 중요한 곳에서는 사용을 조심해야 한다.

  방진기를 사용하는 대신 응답시간의 조정이 가능한 전자식 저주파통과필터를 사용하기도 한다. 이 필터는 넓은 범위의 잡음 감소가 가능하지만 방진기와 같이 시스템의 응답시간을 증가시킨다. 전자필터의 장점 하나는 기계적 소음과 음향 소음뿐만 아니라 전기저 잡음까지도 제거한다는 것이다. 또 다른 장점은 측정 가능한 응답시간과 정밀한 차단 주파수를 임의로 설계할 수 있다는 것이다.

  그러나 방진기와 다르게 전자필터는 공정 변화와 진동에 의해 생기는 기계적 피로로부터 압력센서의 소자를 보호할 수 없다는 점은 단점으로 지적된다.

앞의 여섯 가지 문제점은 14장에 기술되어 있는 잡음해석법의 발전에 자극이 되었다. 이 기술은 가동 중에 압력센싱시스템을 검사하고 해결책을 찾아내는데 사용된다.

1.5 케이블의 문제점

케이블은 공정계측 시스템에서 중요한 요소이다. 케이블은 건전성과 신뢰성을 확인하기 위하여 테스트를 해야 한다. 케이블은 열, 습기, 방사능, 진동, 그 밖에 산업공정에서 통상적인 환경에 노출됨으로써 상태가 악화된다. 케이블의 절연체와 도체는 지속적으로 노화가 진행된다. 도체가 노화되면 케이블이 전달하는 신호는 비정상적으로 된다. 케이블 절연체 혹은 피복재료가 영향을 받는다면 다른 문제가 발생할 것이다. 예를 들면 케이블 절연체를 약화시키고, 그 결과 타기 쉬운 상태가 된다. 사실 케이블은 산업 공정 및 발전소, 화학 공정에서 발생하는 대부분 화재의 원인이다. 또한 케이블 절연체가 노화되면 센서 신호에 영향을 미치고, 케이블이 벗겨지면 합선의 위험이 있다. 이러한 이유로 인해 전기적, 기계적, 화학적 시험을 포함하는 케이블 상태시험 기술이 개발되었다.

전기적 테스트는 임피던스의 측정과 시간영역반사광측정법(Time Domain Reflectometry, TDR) 시험을 포함한다. TDR 시험은 케이블의 어느 위치에서 문제가 발생했는지를 알 수 있는 가장 널리 사용되는 방법이다. 기계적 시험은 케이블이 건조하거나 깨지기 쉬운 상태인지 확인하기 위해 절연체 및 피복재의 연성을 측정하는 것이다. 화학적 시험은 케이블 절연체에서 작은 조각을 떼어내어 화학실험을 수행한다. 이러한 결과들은 절연체의 노화 정도를 확인하기 위해 기준치와 비교된다. 이러한 기술에 대한 상세한 내용은 17장에서 설명되었다.

케이블의 건전성은 정상운전과 사고시에 모두 중요하다. 특히 사고 발생시 계측 및 전원 케이블이 침수되거나 화학적 환경에 노출되면, 사고의 복구 및 완화를 위한 적절한 기능을 지속하기가 어렵다. 신뢰할 수 있는 계측 신호는 사고의 영향을 완화하는데 중요하며, 전원 케이블은 운전원이 사고시 발전소를 복구하기 위해 펌프 및 밸브를 적절히 제어할 수 있도록 한다.

산업용 RTD의 물리적 특성

✳　　✳　　✳

2.1 상세구조

RTD는 크게 여섯 부분으로 구성된다.

- 센싱소자
- 지지구조(굴대(Mandrel))
- 절연체
- 연결리드선
- 케이블 덮개(Sheath)
- 열보호관

오늘날, 대부분 RTD의 센싱소자는 백금 와이어로 만든다. 이 때문에 *백금측온 저항기(Platinum Resistance Thermometer, PRT)*라고도 한다. 과거에는 RTD의 센싱소자를 니켈이나 구리 또는 백금으로 만들었다. 그림 2.1에서는 백금, 구리, 니켈의 온도에 따른 상대적 저항을 비교하였다. 이 그림을 보면 백금의 장점이 분명하게 나타난다. 백금 와이어는 구리나 니켈보다 선형적이며, 넓은 온도범위에서 사용할 수 있다. 구리나 니켈이 백금보다 상대적으로 높은 저항값을 갖지만, 구리는 250 ℃ 까지만 사용할 수 있고, 니켈은 대체로 비선형적이다.

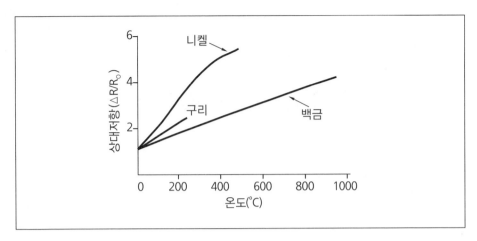

그림 2.1 RTD에 사용되는 저항소자의 범위와 선형성

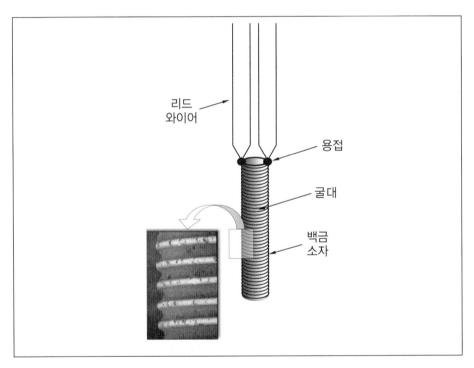

그림 2.2 백금 소자의 실제 사진과 RTD 센싱소자의 모습

　선형성과 넓은 온도범위를 갖는 백금은 필름이나 작은 크기로 성형이 가능하게 된 이후로 RTD에 가장 적합한 재료가 되었다. 백금은 비활성금속이어서 산화되지 않고, 순수한 상태로만 존재하는 금속이다. RTD에 사용되는 백금 와이어의 지름은 보통

0.05~0.5 mm이다.

RTD의 센싱소자를 만들기 위해서 와이어를 지지구조에 감는데, 이를 *굴대(Mandrel)*라고 한다. 이것은 그림 2.2에서 볼 수 있는데, 실제 백금소자의 확대사진도 제시되어 있다. (RTD 제조업체에서는 센싱소자를 직접 만들거나 이 분야를 전문적으로 하는 업체에서 구매하기도 한다.) 그림 2.2에서는 네 가닥의 와이어가 백금 부분의 양 끝에 연결되어 있는 것을 보여준다. 이 와이어를 RTD 확장리드선(Extension Lead)이라고 한다. 그리고 네 개의 확장리드선을 갖는 것을 4-와이어 RTD라 한다. 두 가닥의 추가 와이어가 제공되어 리드선의 저항을 잴 수 있고, 이를 루프 저항에서 뺌으로써 백금 소자의 저항을 측정할 수 있다. 그러나 대부분의 RTD의 경우, 4개 와이어 중 2개는 정격 전류를 공급하기 위해 사용된다. 다른 2개의 와이어는 백금소자에서 RTD 저항에 의해 떨어지는 전압을 측정하기 위해 사용된다.

산업용 RTD는 100~200 Ω에서 작동한다. RTD의 저항은 빙점에서 100 혹은 200 Ω이다. 센싱소자를 제조하는 과정 중에 얼음욕조에서 백금 와이어의 저항(R_0)을 측정하고, 100 또는 200 Ω 정도가 나오도록 길이를 조정한다.

식 (2.1)은 길이(l)에 대한 와이어 저항의 관계를 보여준다.

$$R = \rho \frac{l}{S} \qquad (2.1)$$

ρ는 와이어의 저항값(금속의 고유속성), S는 단면적이다.($S = \pi D^2/4, D$는 와이어의 단면적)

굴대의 재료는 화학반응을 피하기 위해 백금 와이어나 다른 센서 재료와 호환 가능해야 한다. 백금소자는 안정된 RTD를 위해 조심스럽게 설치되어야 한다. 백금 와이어에 작용하는 스트레스 혹은 굴대에서의 화학반응은 RTD에 드리프트를 생기게 하거나 RTD 부속의 고장을 일으킬 수 있다. 또한 연장선은 떨어지거나 깨지지 않도록 백금소자에 잘 용접해야 한다. 때때로 연장선과 백금 소자 사이의 잘못된 용접 때문에 RTD가 고장나거나 잘못된 출력 값이 나오기도 한다. 이 때에는 리드선을 통해 전류를 흘려서 일시적으로 파손된 용접 부위를 고칠 수도 있다. 이 방법은 용접부분에 부분적으로 열을 가해서 연장선을 다시 용접하는 것이다. 용접은 센서에서 오는 RTD 신호를 제어실의 표시장비로 전송하는 케이블에 영향을 주지 않도록 조심스럽게 해야 한다.

RTD의 설치는 그림 2.2에 있는 부품을 덮개(Sheath)라 불리는 튜브에 삽입하면 완성된다. 산업용 RTD에서 덮개는 보통 스테인리스 스틸로 만든다. 덮개는 센싱소자와 연장선을 고정하고, 이것들을 절연하기 위한 절연체가 같이 삽입된다. 여기서 절연체는 적절한 절연효과와 열전도성을 가져야 한다. 이 때문에 RTD용 절연체의 재료는 RTD 제조업자의 기밀사항이다. 일반적으로 사용되는 RTD에는 산화 알루미늄(Al_2O_3) 혹은 산화 마그네슘(MgO)이 있다. 덮개가 절연재료로 채워진 후에 밀폐하면 RTD가 완성된다. 그림 2.4에서는 세 가지 부품으로 이루어진 산업용 RTD와 열보호관 사진을 보여준다. RTD는 베이오넷(Bayonet) 마운팅 방법을 이용하여 열보호관 내부에 용수철로 지지된다.

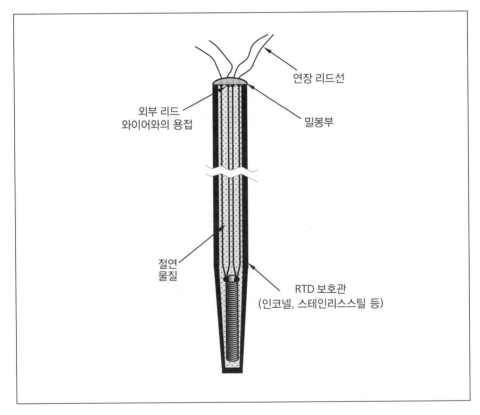

그림 2.3 RTD 어셈블리

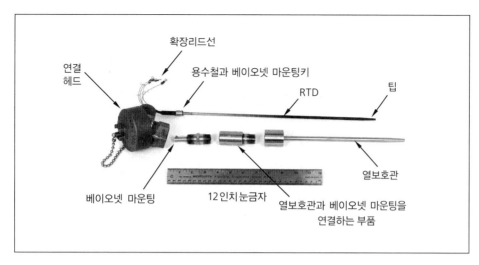

그림 2.4 관타입 RTD 사진과 열보호관

RTD는 길이, 지름 등 여러 특성에 따라 다양하게 제공된다. 표 2.1에는 산업용 RTD의 일반적인 특성이 나와있다.

표 2.1 산업용 RTD의 특성

평균 길이	30 ~ 60 cm 관타입
	12 ~ 18 cm 습식타입
평균 직경	0.6 ~ 1.0 cm RTD
	1.0 ~2.0 cm 열보호관
작동유체 내 잠김 깊이	1m 내경 파이프의 경우 5에서 10 cm
평균 무게	100에서 250 g RTD
	300에서 3000 g 열보호관
덮개 물질	스테인리스 스틸 또는 인코넬
센싱소자	충분히 어닐링된 백금 와이어
빙점 저항 (R_0)	100 또는 200 Ω
온도 계수	0.003850 $\Omega/\Omega/℃$ 일반등급
	0.003902 $\Omega/\Omega/℃$ 프리미엄등급
R 대 T 곡률 (δ)	1.5 (℃)
온도 범위	0에서 400 ℃
절연저항값 (IR)	100 $M\Omega$ 이상 (실내온도, DC 100 V 조건)
반응시간	0.3 ~ 3 초 습식타입
(1 m/sec 물)	4에서 8 초 관타입
가열지수	2에서 10 Ω/W
(1 m/sec 물)	

밀봉은 RTD의 신뢰도를 나타내는 중요한 요소이다. 밀봉에 결함이 있거나 크랙이 발생하거나 혹은 다른 원인에 의해 습기가 RTD에 들어오게 되면 부품에 악영향을 끼친다. 첫째, 습기는 RTD의 저항값을 줄여 실제 온도보다 낮은 온도가 표시된다. 둘째, 습기가 잡음을 유발해서 잘못된 결과값이 나온다. 거기에다 RTD 내부에서 화학반응도 일으킬 수 있다. 이것은 센싱소자에 영향을 끼치거나 백금 와이어를 얇게 만들고, 그 결과 온도에 따른 저항값을 증가시켜 드리프트를 유발한다.

2.2 직접침지형과 열보호관 삽입식 RTD

산업공정에서는 보통 두 가지 형태의 RTD을 사용한다: 직접침지형 (혹은 습식타입)과 열보호관 삽입(관타입)이다. 이들의 설치된 모습은 그림 2.5와 그림 2.6에 있다. 직접침지형의 장점은 빠른 응답시간이고, 단점은 교체하기가 어렵다는 점이다. 관타입의 장점은 쉽게 교체할 수 있는 것이고 단점은 직접침지형보다 응답시간이 길고, RTD와 열보호관 표면의 변화가 응답시간 감소에 민감한 영향을 준다는 점이다. 설계자가 RTD을 선택할 때에는 RTD의 기계적 강도와 예상되는 유체흐름, 압력을 고려해야 한다. 특히, 배관 내부로의 삽입길이는 부품의 파손과 응력을 피하기 위해 이와 관련된 힘들을 고려해야 한다. 온도센서가 파손되거나 소실된 곳에서의 사고는 공정에 큰 피해를 입힌다. 또한 RTD가 파손되어 공정 내부의 유체가 외부로 누출되면 위험한 상황이 발생하기도 한다. 보통 RTD의 삽입 깊이는 지름 1 m 내경의 배관에 대해 대략 5~10 cm정도이다.

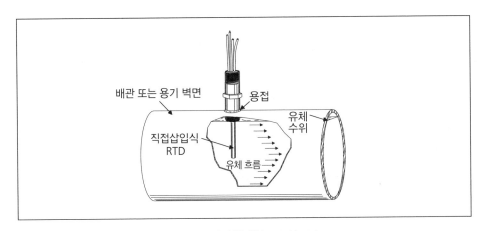

그림 2.5 직접침지형 RTD의 모습

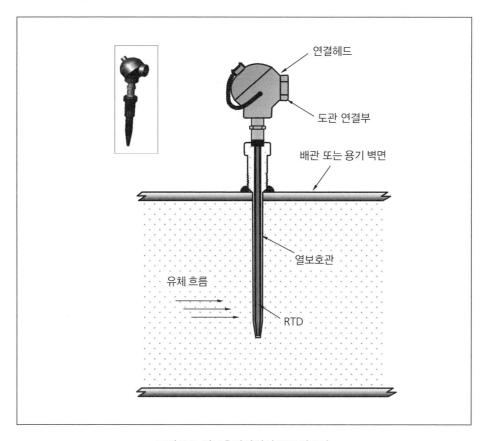

연결헤드

도관 연결부

배관 또는 용기 벽면

열보호관

유체 흐름

RTD

그림 2.6 열보호관삽입식 RTD의 모습

2.3 빠른 응답시간의 RTD

　제조사는 관타입 RTD에서 빠른 동적응답을 얻기 위해 두 가지 방법을 사용한다. 하나는 RTD와 열보호관의 끝부분을 가늘게 하는 것이다(그림 2.7). 또 다른 방법은 끝부분을 평평하게 하되 은으로 브레이징을 하거나 플러깅, 또는 판형으로 만들어서 응답시간을 개선하는 것이다(그림 2.8). 은은 매끄러워서 RTD와 열보호관의 사이 공간을 채우는 데에도 사용된다. 따라서 좀 더 빠른 동적응답을 얻을 수 있다. 금도 사용이 가능하지만, 대개 은을 많이 사용한다.

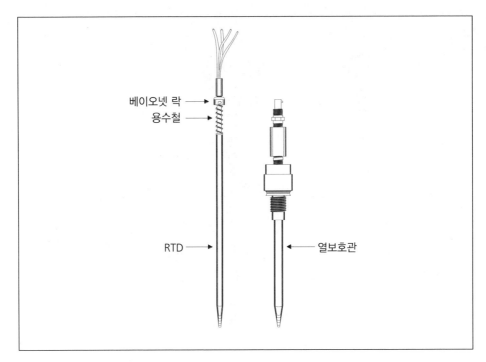

그림 2.7 끝이 가늘어지는 RTD와 열보호관의 모습

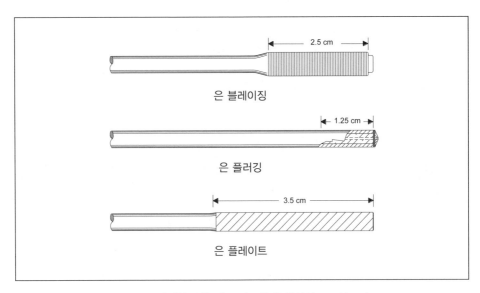

그림 2.8 평평한 끝을 갖는 열보호관 삽입식 RTD의 모습

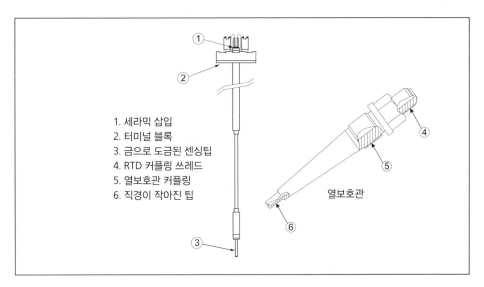

1. 세라믹 삽입
2. 터미널 블록
3. 금으로 도금된 센싱팁
4. RTD 커플링 쓰레드
5. 열보호관 커플링
6. 직경이 작아진 팁

열보호관

그림 2.9 금으로 제작된 판형팁과 줄어든 직경을 갖는 RTD

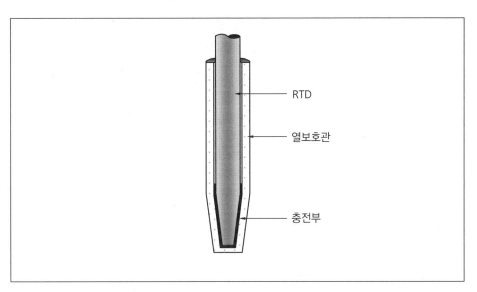

RTD

열보호관

충전부

그림 2.10 팁 내부에 전도 콤파운드가 충전된 열보호관 삽입식 RTD

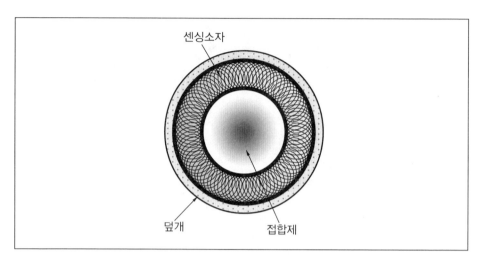

센싱소자

덮개   접합제

그림 2.11 고속응답 직접침지형 RTD의 센싱소자의 예

이와 같이 끝부분을 금이나 은으로 판형으로 만들고 팁의 직경을 가늘게 하는 방법을 이용해서 새로운 설계의 RTD를 활용하고 있다(그림 2.9). 또한 RTD 끝부분에 전도성 구리스를 채워 열보호관 끝부분과의 공기층을 제거함으로써 관타입의 응답시간을 개선했다(그림 2.10). 직접침지형의 응답시간은 보통 빠르지만, 동적응답시간을 더 빠르게 개선하기 위해 제조업체에서는 그림 2.11에서 보여주는 것처럼 센싱소자를 덮개의 안쪽에 붙이는 형태의 설계를 한다. 이러한 경우 물이 1 m/s로 흐르는 배관에서 전형적인 습식타입 RTD의 응답시간인 1.5~2.5초보다 0.5초 정도 단축된다

2.4 RTD 계측

RTD의 저항과 컨버터 내의 온도를 측정하기 위해서 보통 휘트스톤 브리지(Wheatstone Bridge) 회로를 사용한다. 그림 2.12는 휘트스톤 브리지의 회로를 나타낸다. 회로는 2개의 고정저항, 가변저항 혹은 디케이드박스, DC 전원 공급기로 구성된다. 높은 정확도가 요구되지 않는 곳에서 온도를 측정하는데 RTD를 사용한다면, 2개의 와이어 브리지면 가능하다(그림 2.13). 또한 연장선의 저항에 대한 보상도 필요하지 않다. 만약 정확도가 중요하다면 그림 2.14에서 보여주는 3-와이어 브리지를 사용해야 한다. 브리지 양쪽에 2개의 RTD의 저항이 같은 값을 가질 때,

3-와이어 브리지가 도선의 저항을 자동적으로 보상한다. 그림 2.15는 2개 혹은 3개의 와이어 브리지와 다른 장치를 사용한 RTD 연장선의 일반적인 형태를 보여준다. 그림에서 보이는 것처럼 2-와이어 RTD는 도선 저항을 보상하기 위해 RTD에서 휘트스톤 브리지로 연결되는 더미 루프(Dummy Loop)를 제공한다(그림 2.16). RTD에 흐르는 전류(I)를 측정하기 위해 4 와이어 RTD는 2개 와이어를 사용한다. 나머지 2개 와이어는 Ω의 법칙을 이용해 저항($R=V/I$)을 확인하기 위해 RTD전극의 전압강하(V)를 측정하는데 사용한다. 그림 2.17에서는 이에 대한 설명을 하고 있다.

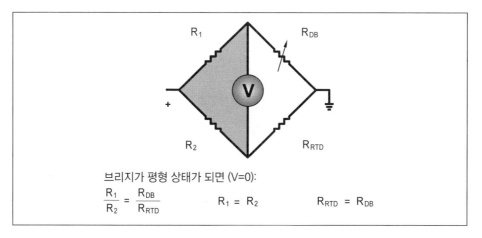

그림 2.12 RTD 저항 측정을 위한 휘트스톤 브리지 회로

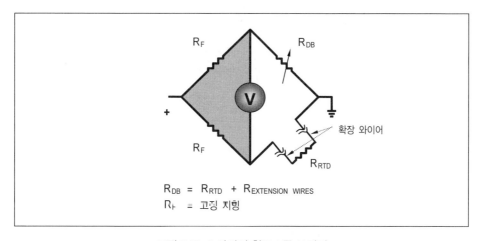

그림 2.13 2-와이어 휘트스톤 브리지

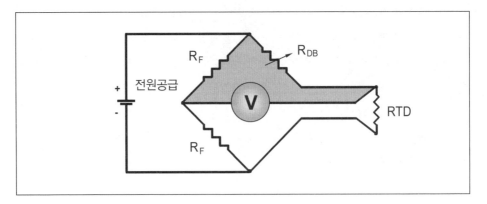

그림 2.14 3-와이어 브리지

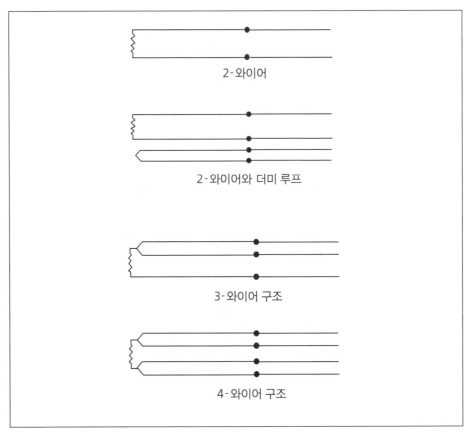

2-와이어

2-와이어와 더미 루프

3-와이어 구조

4-와이어 구조

그림 2.15 RTD 와이어 구조

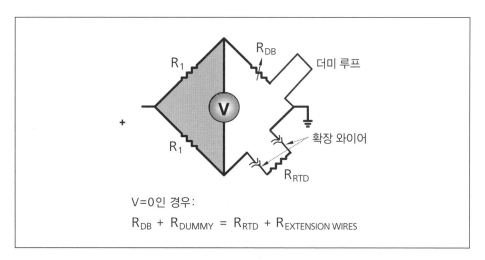

그림 2.16 더미 루프를 갖는 RTD 브리지

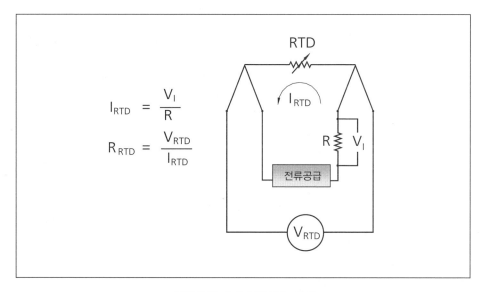

그림 2.17 4-와이어 RTD 측정

열전대의 물리적 특성

* * *

3.1 작동원리

열전대는 산업용으로 사용되는 가장 단순한 온도센서이다. 기본적으로, 열전대는 한쪽이 연결되어 있고 다른 한쪽은 끊어져 있는 서로 다른 2개의 금속 와이어로 구성된다(그림 3.1). 두 와이어가 만나는 지점을 측정접점(Measuring Junction), 열접점(Hot Junction) 또는 간단하게 접점(Junction)이라고 한다. 열전대 와이어가 부착된 지점에서부터 온도 표시기가 위치한 지점까지 연결된 부분을 기준접점 (Reference Junction) 혹은 냉접점(Cold Junction)이라고 한다. 만약 측정접점과 기준접점의 온도가 서로 다르면 기전력(Electromotive Force, EMF)이 생긴다. 기전력의 세기는 보통 열전대의 와이어 재료와 측정접점 및 기준접점의 온도차이에 의해 결정된다. 열전대의 교정 및 실험을 위해서 기준접점은 항상 빙점(0 ℃)의 상태로 유지한다. 하지만 산업현장에서는 냉접점 보상회로를 이용하여 자동적으로 기준접점의 온도를 보정한다.

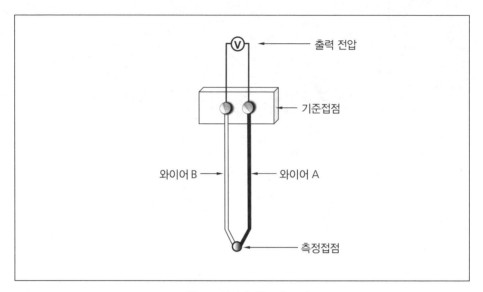

그림 3.1 열전대 회로의 구성

열전대의 재료로는 비피복선 혹은 절연전선을 사용한다. 고온이나 열악한 환경에서 사용하기 위해서는 덮개라고 하는 금속관 속에 열전대를 삽입하여 보호한다. 이 덮개는 열전대 와이어를 보호하고 전기적 절연을 보장하기 위해 건조한 절연체로 채워진다(그림 3.2).

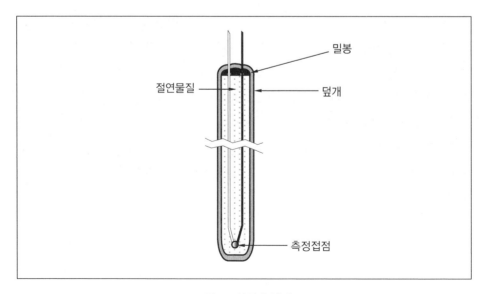

그림 3.2 열전대 센서

어셈블리는 절연체를 습한 공기로부터 노출되지 않도록 밀봉한다. 열전대에 사용되는 절연체는 흡습성이 크고, 습분에 노출될 경우에 절연능력을 쉽게 잃을 수 있다. 습분에 노출되면 신호에 잡음이 섞이게 된다.

열전대를 유체속도가 빠르거나 반응성이 높은 환경에서 사용할 때, 덮개 위에 추가로 금속 재킷을 씌우는데, 이것이 열보호관이다(그림 3.3). 센서 보호 이외에도 열보호관은 센서의 교체를 용이하게 해 주므로, 특히 동적응답이 중요하지 않을 때에 많이 사용하는 방법이다.

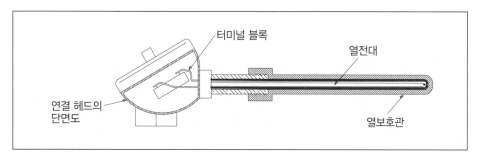

그림 3.3 열보호관 내부의 열전대의 모습

3.2 열전대 접점구조

열전대의 측정접점은 여러 방법이 있다. 그림 3.4에서 열전대 접점 덮개의 대표적인 세가지 방법을 보여준다.

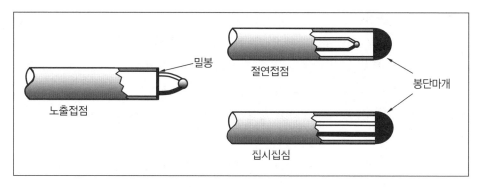

그림 3.4 열전대 덮개 부분의 측정접점의 일반적 구조

● **노출접점**

이 방법에서는 측정접점이 측정할 매질과 직접 접촉한다. 접합점은 트위스트 용접을 하거나 끝부분만 용접을 한다. 다른 방법도 있지만 이 방법이 가장 널리 사용된다. 노출접점은 주로 가스 또는 고체 물질의 온도 측정에 사용한다. 이 방법의 장점은 빠른 응답 시간이다. 단점은 와이어 주위환경과 기계적, 화학적 피해로부터 보호하기 힘들다는 점이다. 만약 노출접점 열전대를 액체나 수증기 내에서 사용한다면 측정 접점에 절연 페인트나 에폭시를 씌워야 한다. 그리고 이러한 환경에서는 습분이 열전대 안으로 들어가지 못하도록 측정팁을 잘 밀폐하는 것이 중요하다.

● **절연접점**

비접지 열전대라고 불리는 절연접점 열전대는 원하는 길이의 제작된 덮개형 열전대이다. 접점부는 끝부분의 절연체를 제거하거나 노출접점과 비슷한 방식으로 만들어진다. 접점부가 완성된 후에 절연체와 같이 밀봉한다. 끝부분은 덮개와 같은 재료로 용접한다.

절연접점 열전대의 장점은 회로가 접지로부터 격리되어 있고, 결함이 발생하는 경우에 절연저항을 측정하여 쉽게 발견할 수 있다. 단점은 노출접점보다 응답시간이 길고 작은 구경으로 제작하기 어렵다는 것이다.

● **접지접점**

이 열전대는 노출 및 절연접점 형태와는 다르게 덮개로 쌓여 있다. 그리고 절연접점 열전대와 동일한 방법으로 만든다. 즉, 열전대 덮개를 길이에 맞춰 자르고, 끝부분을 접합부와 함께 용접한다. 이 열전대의 장점은 빠른 응답시간과 설치가 쉽다는 점이다. 단점은 전기적으로 접지루프와 잡음에 취약하고 열전소자와 덮개의 재료가 섞일 가능성이 있다. 접지접점 열전대는 열을 주기적을 받을 때에 회로가 끊어질 가능성이 높다. 또 다른 단점으로는 접지접점 열전대의 응답시간은 루프전류스텝응답(Loop Current Step Response, LCSR) 방법에 의해 시험이 가능하지 않다는 것이다. LCSR에 대해서는 12장에서 설명될 것이다.

접지접점 열전대는 기대치보다 느린 응답시간을 보일 때가 있다. 동일한 규격과 종류의 절열접점 열전대보다도 응답시간이 느리다. 이것은 열접점이 덮개벽 내부의 어디에선가 부적절하게 발생하였기 때문이다. 접지접점 열전대가 제작될 때, 덮개와 열전대

와이어를 함께 녹인 다음 어셈블리 끝부분에서 접점을 만들기 위해 고화시킨다. 만일 접점부위가 덮개 끝 부분이 아니라 덮개에서 멀리 떨어진 어떤 지점에서 발생하게 되면, 열전대는 매우 느린 응답시간을 보일 수 있다. 빠른 응답 시간을 확보하기 위하여 어떤 접지접점 열전대는 끝부분이 아니라 덮개 안쪽 벽면에 와이어를 굽혀서 용접하는 방법을 사용한다(그림 3.5).

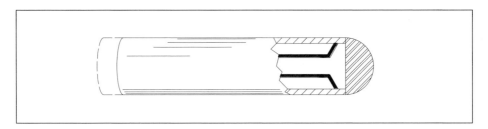

그림 3.5 고속응답을 위해 설계된 접지접점 열전대

앞에서 논의된 세 가지 접점방식은 대개 덮개형 열전대에 적용된다. 덮개가 없는 열전대(*비피복(bare Wire) 열전대*)의 경우 열접점이 노출접점 열전대와 유사하다. 가령 끝 부분을 구슬 모양으로 만들거나 용접, 납땜 등의 방법으로 끝부분을 묶는 방법을 사용한다.

3.3 표준 열전대

대략 300 종류 이상의 열전대가 개발되었지만, 이중에서 여덟 가지 종류의 열전대만이 산업현장에서 대중적으로 사용된다. 이들 열전대는 기본금속 또는 특수금속의 사용 여부에 따라 표 3.1에 정리되었다. 여덟 가지 열전대 중에서 두 가지인 K 및 N 타입 열전대는 대부분의 특성이 동일하다. N 타입 열전대는 K 타입 열전대의 단점인 원자배열, 드리프트, 산화 문제 등을 해결하기 위하여 고안된 열전대이다. 그림 3.6은 온도의 함수로 기본금속과 특수금속의 상대적인 출력값을 보여주고 있다. 그림에서 보면 E 와 J 타입 열전대는 K 타입보다 사용빈도는 적지만 상대 출력값이 높다. K 타입을 더 많이 사용하는 이유는 K 타입의 선형성이 더 좋기 때문이다. 그림 3.7에서 보면 세 가지의 열전대의 상대적 비선형성이 비교되어 있는데, 각 열전대 커브에서 직선을 뺀 값을 표시함으로써 비선형성을 한눈에 확인할 수 있다.

표 3.1 표준 열전대 목록

타입	이름	양극	음극
기본금속			
E	크로멜/콘스탄탄	Ni - 10% CR	콘스탄탄
J	철/콘스탄탄	Fe	콘스탄탄
K	크로멜/알루멜	Ni - 10% CR	Ni - 5% (Al, Si)
N	나이크로실/니실	Ni - 14% CR - 1.5% Si	Ni - 4.5% Si - 0.1% Mg
T	구리/콘스탄탄	Cu	콘스탄탄
특수금속			
B	백금-로듐/로듐-백금	Pt - 30% Rh	Pt - 6% Rh
R	백금-로듐/백금	Pt - 13% Rh	Pt
S	백금-로듐/백금	Pt - 10% Rh	Pt

Pt = 백금   Cu = 구리   Al = 알루멜

Rh = 로듐   콘스탄탄 = 구리와 니켈의 합금   Ni = 니켈

Si = 실리콘   CR = 크롬   Mg = 마그네슘

1960년대 초반에는 열전대가 특정 제작사의 등록 상표였다. 현재 사용되는 타입의 정의는 미국계측기학회(Instrument Society of America, ISA)에 의해 제안되었으며, 1964년에 미국 표준으로 채택되었다. (미국계측기협회의 현재의 명칭은 계측, 시스템, 자동화 학회(Instrumentation, Systems and Automation Society)이며 ISA의 약어는 그대로 통용되고 있다.) 현재 미국국립표준협회(American National Standard Institute, ANSI)에서 발간한 ANSI-MC 96.1과 미국재료 시험협회(American Society of Testing and Materials, ASTM)에서 발간한 ASTM 230에서 확인할 수 있다. 이들 표준에서는 어떤 열전대가 각 타입에 적절한 성능을 만족하면 국립표준기술연구소(National Institute of Standards and Technology)에서 발간한 모노그래프 175에서 제시된 도표를 이용하여 EMF와 온도와의 관계를 상관 지을 수 있음을 설명하고 있다.

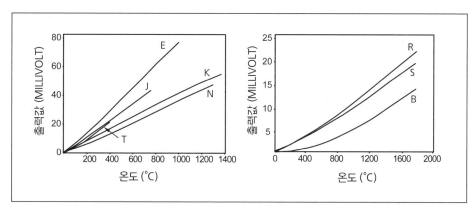

그림 3.6 기본금속(왼쪽)과 특수금속(오른쪽) 열전대의 출력값

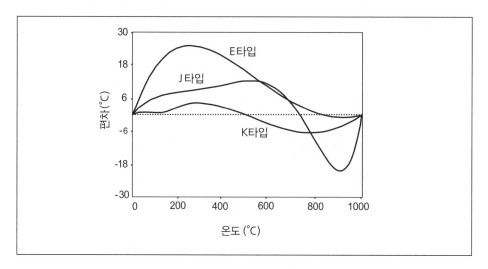

그림 3.7 대표적인 열전대의 비선형성 비교

3.4 열전대 확장와이어

열전대 확장와이어는 열전대와 기준접점 간의 거리가 먼 경우에 사용된다. 기준접점에 도달하기 전에 열전대 회로의 불균등성을 피하기 위하여, 기본 금속 열전대의 확장와이어는 보통 열전대 와이어와 동일한 재료를 사용한다. 그러나 특수금속 열전대의 경우는 열전대와는 다른 물질로 제작된 보상용 확장와이어를 사용하는데, 이들 재료는 특정 온도 범위 내에서는 유사한 열전기적 물성치를 갖는다.

일반 산업용 열전대 어셈블리는 확장와이어와 열전대가 단일한 커넥터를 공유한다.

어떤 경우는 열전대 와이어 자체가 충분히 길어서 그 자체로 확장와이어의 역할을 할 수 있도록 한다. 이런 열전대는 확장와이어가 열전대 와이어로부터 연속해서 이어져 관통부를 지나 열전대 어셈블리 밖으로 나와 있다. 앞에서 설명한 두 가지 종류의 열전대를 각각 분리타입(Quick Disconnect)과 관통타입(Transition Type)이라고 한다(그림 3.8). 분리타입에서는 열전대 와이어와 확장와이어와 동일한 재료로 만들어진 금속 접합부를 사용하게 된다.

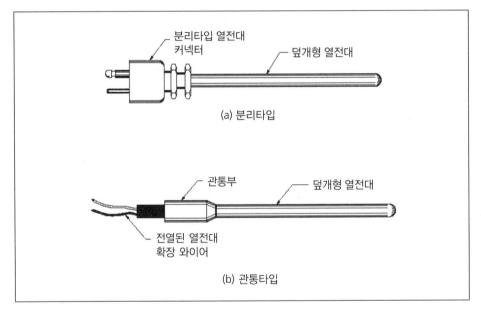

그림 3.8 분리타입과 관통타입 열전대 확장와이어

3.5 열전대 확장와이어의 색상

열전대와 확장와이어는 식별 목적으로 색상 코드가 부여된다. 표 3.2에서는 여덟 가지 많이 사용되는 열전대에 대한 색상 코드를 제시하고 있다. 하지만 불행히도 열전대의 색상 코드는 전 세계적으로 통일되어 있지는 않다. 국가별로 확장와이어에 대한 색상 코드가 다른데 이는 표 3.3과 표 3.4에 제시되어 있다. 표 3.3에서는 국가별로 열전대의 양극 와이어에 대한 색상 코드를, 표 3.4에서는 음극 와이어에 대한 색상 코드를 보여주고 있다. 또한 전체적인 열전대 재킷 물질에 대해서도 국가별로 색상 코드가 다르다. 이는 표 3.5에 정리되어 있다.

표 3.2 표준 열전대 및 확장와이어의 색상 코드

타입	이름	양극	음극	재킷
기본금속				
E	크로멜/콘스탄탄	자주색	붉은색	자주색
J	철/콘스탄탄	흰색	붉은색	검은색
K	크로멜/알루멜	노란색	붉은색	노란색
N	나이크로실/니실	주황색	붉은색	갈색
T	구리/콘스탄탄	파란색	붉은색	파란색
특수금속				
B	백금-로듐/로듐-백금	회색	붉은색	회색
R	백금-로듐/백금	검은색	붉은색	녹색
S	백금-로듐/백금	검은색	붉은색	녹색

표 3.3 국가별 열전대 양극 와이어 색상

타입	미국	영국	독일	일본	프랑스
E	자주색	갈색	붉은색	붉은색	노란색
J	흰색	노란색	붉은색	붉은색	노란색
K	노란색	갈색	붉은색	붉은색	노란색
N	주황색	-	-	-	-
T	파란색	흰색	붉은색	붉은색	노란색
B	회색	-	붉은색	붉은색	-
R	검은색	흰색	붉은색	붉은색	노란색
S	검은색	흰색	붉은색	붉은색	노란색

표 3.4 국가별 열전대 음극 와이어 색상

타입	미국	영국	독일	일본	프랑스
E	붉은색	파란색	검은색	흰색	자주색
J	붉은색	파란색	파란색	흰색	검은색
K	붉은색	파란색	녹색	흰색	자주색
N	붉은색	-	-	-	-
T	붉은색	파란색	갈색	흰색	파란색
B	붉은색	-	회색	회색	-
R	붉은색	파란색	흰색	흰색	녹색

표 3.5 열전대 재킷의 색상 코드

타입	미국	영국	독일	일본	프랑스
E	자주색	갈색	검정색	자주색	자주색
J	검정색	검정색	파란색	노란색	검정색
K	노란색	붉은색	녹색	파란색	파란색
N	주황색	-	-	-	-
T	파란색	파란색	갈색	갈색	파란색
B	회색	-	회색	회색	-
R	녹색	녹색	흰색	검정색	녹색
S	녹색	녹색	흰색	검정색	녹색

3.6 기준접점의 보상

열전대의 EMF는 기준접점에서의 온도를 알아야 하고, 측정 회로에서 변화값에 대한 보상이 적절히 이루어져야만 측정접점에서의 온도로 변환될 수 있다. 기준접점에서의 온도를 알 수 있는 쉬운 방법은 얼음물(그림 3.9) 또는 오븐과 같이 일정한 온도를 갖는 매체에 담가 두는 것이다.

그러나 실제 측정이나 공정 제어에서 기준접점을 일정한 온도로 유지시키는 것은 매우 불편한 작업이다. 따라서 어떤 계측기에서는 기준접점 온도에서의 변화를 자동적으로 보상해 주기 위한 기준접점 보상저항(R_T)를 사용한다(그림 3.10). 기준접점 저항은 전압분배기의 EMF가 기준 외부온도에서 0이 되도록 설계된다. 만일 기준접점 온도가 올라가면 열전대 EMF가 보통 감소한다. 반면 그림 3.10에서 제시하는 회로에서는 기준접점 저항이 온도가 증가할수록 올라간다. 이는 EMF를 열전대에 직렬로 더하는 효과를 주게 되어 열전대 EMF가 줄어드는 것과 같은 효과가 발생한다. 측정기는 결국 외부온도와는 상관없이 측정접점의 온도에 의해서만 달라지는 EMF를 얻게 된다.

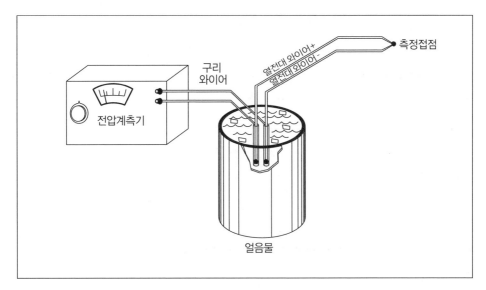

그림 3.9 열전대를 이용하여 온도측정을 하는 장치의 모습

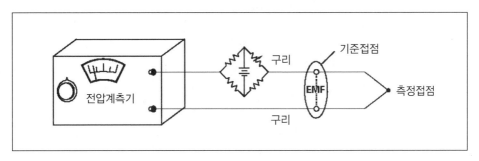

그림 3.10 기준접점 보상 회로

디지털 계측기에서는 기준접전 온도에 대한 보상이 다른 방법으로 구현된다. 기준접점 온도가 달라짐으로써 증가하는 EMF는 열전대 EMF 값이 바로 더해지거나 빼지게 된다. 소량의 일정한 전류가 보상 저항에 흐르고 있으며, 이에 해당되는 전압의 변화는 디지털화되어 기준접점에서의 온도 변화를 고려하기 위하여 열전대 EMF와 합쳐지게 된다.

3.7 열전대 E-T 커브

열전대 와이어에 발생한 EMF 전압은 크로멜/알루멜(Chromel-Alumel, K 타입)의 경우 그림 3.11의 다이어그램을 따른다. 이 다이어그램을 *E-T 커브*라고 하는데 열전대의 거동을 이해하는데 매우 유용하다. 다이어그램을 만들기 위해서는 우선 양극 열전대 와이어가 있는 저온접점(T-cold)에서 시작하여 양극 열전대가 보여주는 기울기를 따라 측정접점(T-hot) 방향으로 이동한다. 이 기울기는 양극 그리고 음극 열전대 와이어에 대해 출력 대 온도에 관련된 상관식을 알려준다(그림 3.12). 고온접점에 다다르면 와이어는 크로멜에서 알루멜로 바뀐다. 커브의 기울기와 방향은 그림 3.11에서와 같이 바뀌게 된다.

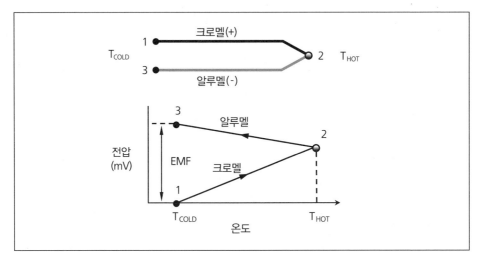

그림 3.11 열전대 회로에서 전압 거동

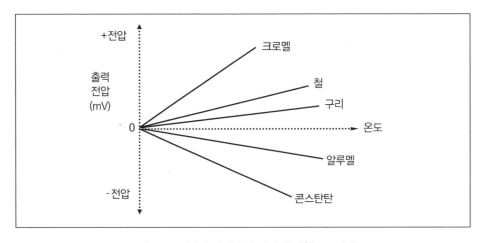

그림 3.12 열전대 와이어와 백금에 대한 E-T 관계

3.8 지벡이론과 열전대 회로 분석

지벡(Seeback)에 따르면 어떤 와이어의 양 끝이 다른 온도에 놓이게 되면(그림 3.13), 와이어에서의 전압은 이론적으로 다음과 같이 주어진다.

$$V = S(T_2 - T_1)$$

여기어 S는 지벡 계수(열전기력), $\mu V/℃$이다. S는 와이어의 크기, 길이, 모양에 상관이 없는 물성치이다.

지벡 이론은 열전대 회로 분석의 이론적 배경을 제공한다. 그림 3.14는 열전대의 출력값이 어떻게 지벡 이론에 의해 계산되는지를 보여준다. 만일 열전대가 표시기와 원거리에 떨어진 구리 와이어로 연결되어 있다면, 구리 와이어는 회로 내에서 열전대 출력값이 영향을 끼치지 않는다(그림 3.15). 즉 현장에서는 열전대를 확장와이어 대신에 구리 와이어를 이용하여 제어실까지 연장할 수 있다. 그러나 이런 경우에 기준접점온도(T_I)은 측정접점의 온도를 확인하기 위하여 반드시 측정되어야 한다. 이를 피하기 위해서는 확장와이어가 열전대 와이어와 동일하게 제작되어야 한다. 이 때 기준접점 온도는 현장에 아닌 제어실에서 측정을 하면 된다(그림 3.16).

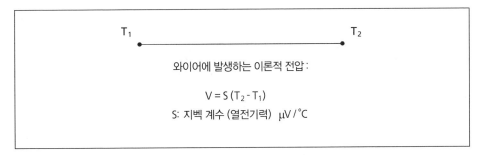

그림 3.13 지벡 전압

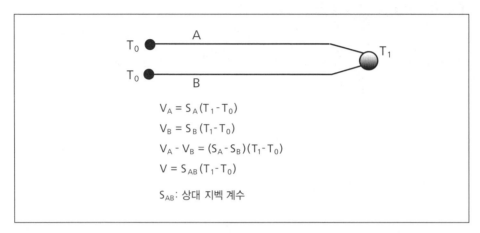

그림 3.14 열전대 회로분석

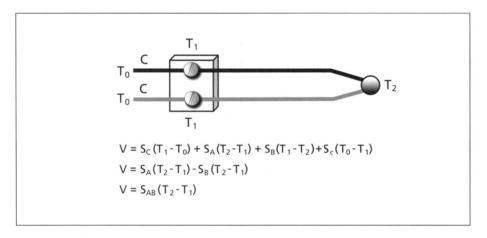

그림 3.15 현장의 기준접점

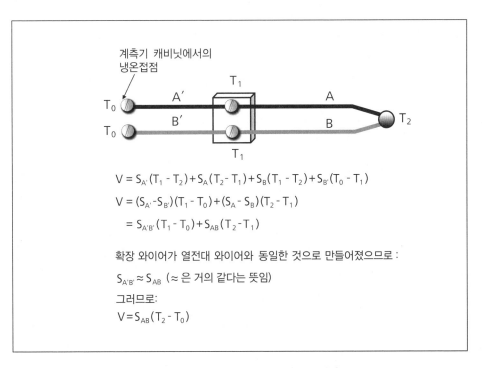

$$V = S_{A'}(T_1 - T_2) + S_A(T_2 - T_1) + S_B(T_1 - T_2) + S_{B'}(T_0 - T_1)$$

$$V = (S_{A'} - S_{B'})(T_1 - T_0) + (S_A - S_B)(T_2 - T_1)$$

$$= S_{A'B'}(T_1 - T_0) + S_{AB}(T_2 - T_1)$$

확장 와이어가 열전대 와이어와 동일한 것으로 만들어졌으므로 :

$$S_{A'B'} \approx S_{AB} \quad (\approx 은 거의 같다는 뜻임)$$

그러므로:

$$V = S_{AB}(T_2 - T_0)$$

그림 3.16 현장에서 멀리 떨어진 기준접점

압력센서의 물리적 특성

* * *

4.1 작동원리

산업 공정에서 쓰이는 압력센서는 단순히 압력을 잴 뿐만 아니라 수위 또는 유량을 측정하기 위하여 사용된다. 다른 센서도 수위와 유량을 측정하기 위해 사용될 수 있다.

산업용 압력 측정에는 기계식과 전자식, 두 종류의 압력센서를 사용한다.

그림 4.1 에서는 세 종류의 대표적인 기계식 압력센서의 원리를 묘사하고 있다. 측정될 압력은 탄성센싱소자(Elastic Sensing Element)를 통해 변위로 나타나며, 압력계에 표시된다. 기계식과 전자식 압력센서에서 가장 널리 사용되는 세 가지 탄성센싱소자는 부르동관(Bourdon Tube), 벨로스(Bellows), 그리고 다이아프램(Diaphragm)이다. 센싱소자의 자세한 특징은 그림 4.2에서 설명되어 있다.

전자식 압력센서에서는 가해진 압력이 기계식 압력센서 방식과 동일한 방법으로 변위로 나타난다. 스트레인 게이지나 차압변환기와 같은 변위센서는 변위를 전기 신호로 변환한다.

기계식과 전자식 압력센서 모두 원격지로 압력정보를 송신하기 위하여 추가적인 하드웨어가 필요하다. 이 부분은 압력센서와 구분하여 압력전송기라고 부른다.

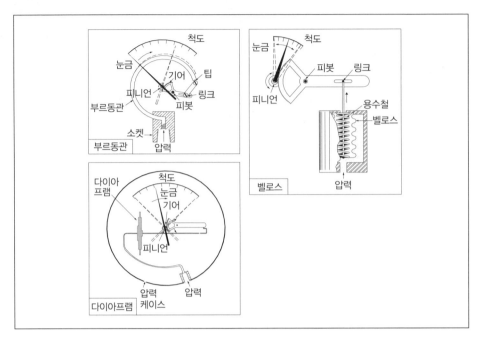

그림 4.1 기계식 압력센서의 작동 원리

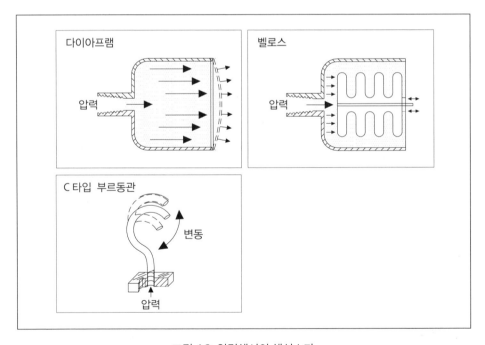

그림 4.2 압력센서의 센싱소자

4.2 탄성센싱소자

 용도, 압력 범위, 환경적인 조건, 그리고 기타 요건에 따라 압력 측정을 위한 다양한 센싱소자설계가 가능하다. 본 절에서는 일반적으로 사용되는 세 가지 감지소자에 관하여 설명하고 있다.

부르동관

 부르동관은 타원형 단면을 갖는 구부린 형태 또는 꼬인 형태의 금속관으로서, 한쪽 끝부분에 밀폐 되어있다. 두 가지 종류의 부르동관이 산업용 압력센서로 주로 사용 된다. 첫 째는 250도의 둥근 호(Arc) 모양으로 이루어진 *타입 C*이고, 다른 하나는 소용돌이형으로서 관을 4~8번 돌려 감아 변위를 증폭시킨다. 이 밖에도 나선형 부르 동관과 트위스트 부르동관 등이 있다(그림 4.3).

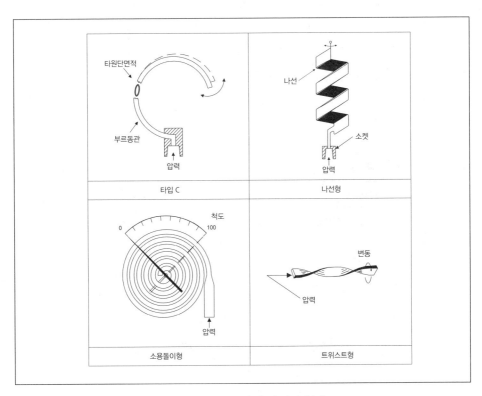

타입 C

나선형

소용돌이형

트위스트형

그림 4.3 부르동관의 몇 가지 형태

부르동관은 1849년부터 사용되어 왔으며 프랑스의 발명가 유진 부르동(Eugene Bourdon)이 발명하였다. 부르동관은 원형이 아닌 단면을 갖고 끝부분이 밀폐되어 있는 금속관에 압력이 가해졌을 때 내부로 기체 또는 액체가 들어가면 직선이 되는 성질을 갖는다는 기계 원리를 이용하여 만들어졌다. 부르동관은 재현성과 정확도가 매우 높은 감지소자이다. 액체의 압력을 부르동관을 사용하여 측정할 때에는 공기가 압력관 내부에 갇혀 있지 않도록 해야 한다. 공기는 압력감지 시스템의 정적 및 동적응답에 영향을 줄 수 있다. 따라서 공기가 관 내부에 어쩔 수 없이 존재한다면, 배출구가 배관의 가장 높은 위치에 설치되어 있어야 한다.

벨로스

벨로스 형태의 센싱소자는 얇은 벽의 금속관이 깊은 주름 형태로 되어 있고 끝부분이 밀폐되어 있다. 압력 범위에 따라 벨로스의 주름은 적게는 10개 이하에서 많을 경우 20개 이상으로 이루어져있다. 압력은 벨로스를 압축하거나 확장시키며, 벨로스 바닥에 위치하는 막대를 움직여서 표시장치에 압력값을 전송한다. 벨로스는 넓은 면적으로 설계되어 인가된 압력이 표시장치를 구동하기 위한 충분한 힘이 생기도록 한다. 그림 4.4는 대표적인 벨로스 센싱소자를 보여준다.

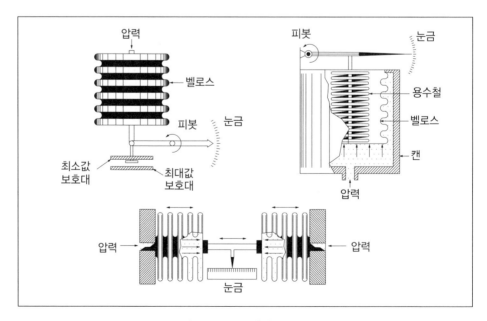

그림 4.4 벨로스 센싱조사의 예

어떤 벨로스는 반향 용수철을 갖고 있는데, 이는 축 방향 변화와 반대방향으로 작동한다. 이 용수철을 통해 보다 높은 압력을 측정할 수 있으며, 벨로스의 선형성과 사이클링 수명을 높이는데 도움을 준다. 벨로스 용수철 사용의 또 다른 장점은 기기 교정시 용수철에 곧바로 전달되기 때문에 센서의 교정이 간편이다. 최초의 용수철 장력은 영점조정으로 되며, 용수철의 감은 수에 따라 스팬이 결정된다.

차압을 측정하기 위해서는 그림 4.4와 같이 *측정 벨로스(Measuring Bellows)*와 *보상 벨로스(Compensating Bellows)*, 두 가지 종류의 벨로스가 사용된다. 각 벨로스의 열린 면에는 두 벨로스 사이의 압력차를 측정하는 이동식 막대가 연결되어 있다. 절대압의 측정을 위해서 보상 벨로스는 없애고, 그 부분을 밀폐시킨다. 이 때, 이동식 막대의 움직임은 진공에서부터의 압력을 측정하게 된다.

압력센서의 센싱소자로서의 역할 이외에도 벨로스는 두 가지 다른 용도로 쓰이기도 한다. 첫 번째는 측정하는 유체로부터 센싱소자를 격리하기 위한 격리 벨로스로써 사용된다. 두 번째는 확장 벨로스로써 양쪽 끝이 밀폐되어 있고 내부는 비활성 기체가 낮은 압력으로 채워져 있어 오일이 채워진 압력센서의 온도변화로 인한 오일 부피의 변화를 보상해 주는 역할을 한다.

벨로스의 두 가지 대표적인 문제점은 히스테리시스(Hysteresis)와 제로 시프트 (Zero Shift)이다. 이들 문제점은 다른 센싱소자보다 벨로스의 경우 좀 더 심각하다. 히스테리시스와 제로 시프트에 관한 더 자세한 설명은 7장에 수록되어 있다.

다이아프램

다이아프램은 벨로스의 기본원리와 매우 유사하다. 다이아프램은 기본적으로 가장 자리가 고정된 원형의 판이다. 각기 다른 압력이 양쪽 단면에 가해지면 다이아 프램은 움직이게 된다. 압력센서로 사용되는 대표적인 두 가지 다이아프램은 주름형 (Corrugated)과 평판형(Flat)이다(그림 4.5). 주름형 다이아프램은 여러 개 동심원형의 파상요철로 이루어져있으며 보통 평판형 다이아프램 보다 커다란 지름을 가지고 있다. 파상요철은 유효면적을 넓혀주며 동시에 평판형보다 더 큰 변형을 가능케 한다.

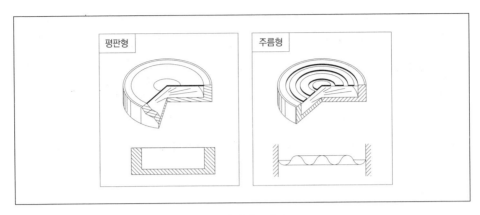

그림 4.5 다이아프램의 구조

주름형 다이아프램의 큰 사이즈 때문에 평판형 다이아프램에 비하여 동적응답이 늦으므로, 보통 정압 측정에 많이 사용된다. 두 개의 주름형 다이아프램의 모서리 부분을 붙여서 만든 탄성센싱소자를 *캡슐*이라 부른다. 캡슐은 두 가지 종류로 나뉘는데, 볼록형(Convex)은 두 개의 다이아프램의 주름형 방향이 반대인 것이며, 둥지형(Nested)은 방향이 동일한 것이다(그림 4.6). 두 다이아프램 사이에 존재하는 빈 공간은 실리콘 오일과 같은 유체로 채운다. 하나일 때보다 더 큰 변형력을 얻기 위하여 여러 캡슐을 쌓거나 연결할 수 있다. 이러한 캡슐은 압력센서의 감도를 높여준다.

압력센서에서 센싱소자로 사용되는 것 이외에도 다이아프램은 압력센서 내 전송 유체로부터 공정 물질을 격리하는 목적으로도 사용된다.

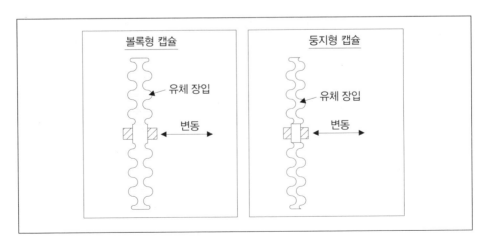

그림 4.6 캡슐 다이아프램

4.3 압력 측정을 위한 변위센서

전자식 압력센서에서 변위를 측정하기 위한 다양한 센서들이 있다. 다음 절에서는 일곱 개의 대표적인 변위센서들을 설명하고 있다.

스트레인 게이지

스트레인 게이지는 변형 정도에 따라 저항이 변화하는 물질로 구성되어 있다(그림 4.7). 단면적 A와 길이 L, 저항성 ρ 인 도체의 저항 (R)은:

$$R = \frac{\rho L}{A} \tag{4.1}$$

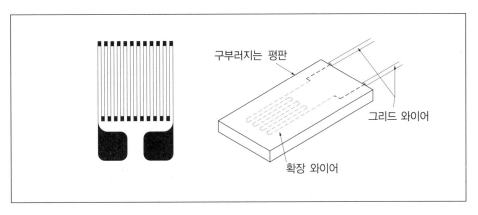

구부러지는 평판

그리드 와이어

확장 와이어

그림 4.7   스트레인 게이지

만약 도체가 늘어나거나 압축 됐을 경우 길이와 단면적이 변화하기 때문에 저항이 변화한다. 저항의 변화는 휘트스톤 브리지 회로를 이용하여 전기적 신호로 변환된다(그림 4.8).

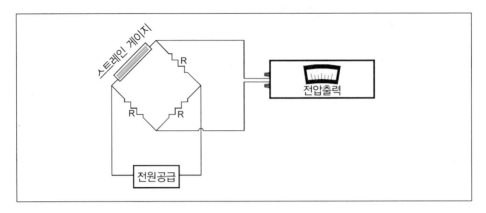

그림 4.8 스트레인 게이지가 설치된 변위 측정용 휘트스톤 브리지

변위를 측정하기 위해 스트레인 게이지를 설치하는 방법은 접착제를 사용하는 방법과 분자결합을 사용하는 방법 두 가지가 있다. 그림 4.9에서는 다이아프램에 스트레인 게이지를 설치하는 과정을 보여준다.

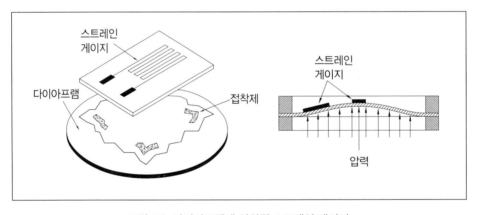

그림 4.9 다이아프램에 설치된 스트레인 게이지

온도는 스트레인 게이지 오차의 원인 중의 하나이다. 왜냐하면 스트레인 게이지의 저항은 변형률에 따라서도 변화하지만 온도에 따라서도 변화하기 때문이다. 변형에 의한 저항변화는 상당히 작기 때문에 온도 영향은 중요할 수 있다. 또한 온도로 인해 게이지와 밑에 있는 물질의 열팽창의 차이가 생기고 이로 인해 오차가 발생하기도 한다. 이 때에는 외부에서 압력이 가해지지 않더라도 게이지의 저항변화에 영향을 끼치게 된다.

스트레인 게이지에서 온도의 영향은 다양한 방법으로 보상될 수 있다. 그림 4.10에서는 더미 게이지(작동중인 게이지와 동일한 것)를 작동중인 게이지와 동일한 재료에 붙이고, 작동중인 게이지와 동일한 온도로 예상되는 위치에 설치한다. 하지만 더미 게이지는 인가된 압력 때문에 변형되지 않는다. 더미와 작동중인 게이지를 휘트스톤 브리지의 인접한 다리에 설치하면 온도와 관련된 변화는 브리지의 출력 전압에 영향을 주지 않는다. 또 다른 방법으로는 원천적으로 온도보상이 되는 브리지 회로를 사용하는 것이다. 그림 4.11은 4개의 게이지가 얇은 캔틸레버 빔에 고정된 압력센서를 보여준다. 이렇게 설계하면 자동적으로 온도 보상이 되며, 하나의 게이지 보다 네 배의 민감도를 갖게 된다.

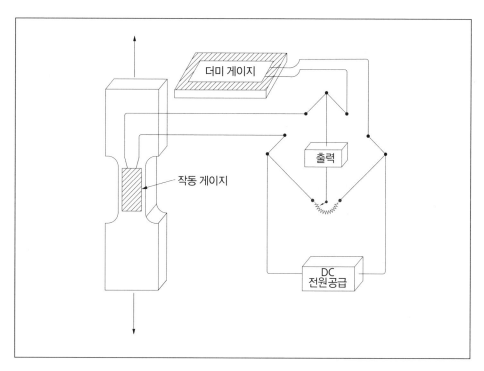

그림 4.10 온도 보상을 위한 스트레인 게이지 설치

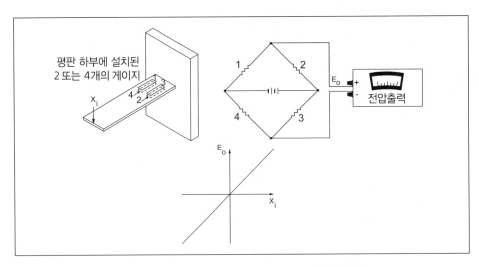

그림 4.11 자동으로 온도가 보상되는 스트레인 게이지

커패시턴스 센서

그림 4.12에는 공기 갭으로 분리된 두 금속판으로 구성된 커패시턴스 센서가 제시되어 있다. 두 터미널 사이의 커패시턴스(C) 용량은 다음으로 표현된다.

$$C = \frac{KA}{d} \tag{4.2}$$

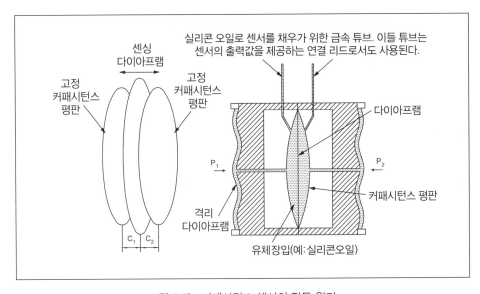

그림 4.12 커패시턴스 센서의 작동 원리

여기에서 K는 극판 사이에 존재하는 매질에 대한 유전율이고, A는 두 개의 극판이 겹쳐진 면적, 그리고 d는 두 극판 사이의 거리이다. 브리지 회로를 갖는 3-터미널 가변 차동(Variable Differential) 커패시터에 대해 그림 4.13에서 설명하고 있다. 구형의 함몰 부분의 깊이는 대략 1 mil(0.002 inch 또는 0.02 mm) 정도이며 유리 디스크로 만들어졌고, 차동 커패시터의 고정판을 만들기 위해 금속으로 코팅되어 있다. 얇은 스테인레스 스틸 다이아프램이 움직임이 가능한 판형 부품으로 작동하도록 양 디스크 사이에서 맞물려 고정되어 있다. 동일한 압력이 양쪽 입구에 가해지면 다이아프램은 중간에 위치하고 브리지의 밸런스는 영이 된다 ($E_o = 0$). 만약 한 쪽의 압력이 다른 한쪽보다 크다면, 다이아프램은 비례적으로 변형을 하게 되고 차압에 비례하는 출력을 표시하게 된다.

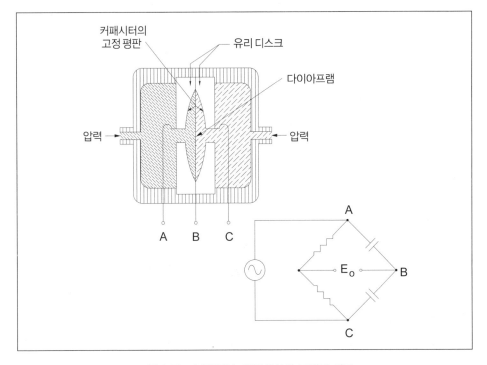

그림 4.13 커패시턴스 압력센서와 브릿지 회로

인덕턴스 센서

그림 4.14에서는 압력센서의 센싱소자로 변위를 측정하는 두 종류의 인덕턴스 센서에 대해 묘사하고 있다. 단일 코일 센서에서는 공기 갭에 따라 변위가 변화한다.

이와 같은 변화는 코일을 통해서 발생한 전자기속(Flux)의 흐름을 변화시켜 인덕턴스의 변화를 가져온다. 변위를 표시하기 위하여 인덕턴스의 변화는 적절한 회로를 통해 측정된다.

이중 코일센서에서는 전력코일의 전자기속이 픽업코일과 커플링되어 출력을 발생한다. 전기자의 변위는 코일 사이의 커플링을 변화시킨다. 그림 4.14에서와 같이, 몸체 부분과 전기자 사이에 있는 공기 갭은 커플링의 정도를 결정한다. 또 다른 방법으로는 코일 또는 전기자의 상대적인 위치가 변함에 따라 커플링이 선형적으로 또는 각도에 따라 달라지게 설계할 수도 있다.

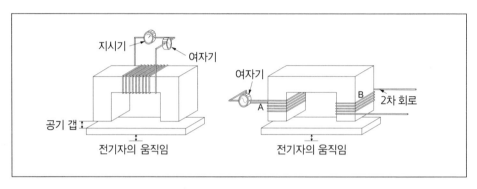

그림 4.14 단일, 이중코일 인덕턴스 센서

차동변압기

차동변압기는 가변 인덕턴스의 법칙에 기반한다. 선형가변 차동 변압기(Linear Variable Differential Transformer, LVDT)는 선형 변위측량을 위해 널리 사용되는 장치이다(그림 4.15). LVDT는 그림 4.15와 같이 3개의 코일로 이루어져 있다. AC 전류가 일차 코일에 인가되면, 전압이 반대편 회로에 직렬로 연결된 이차 코일에 발생한다. 변압기 몸체 부분이 이차 코일들 중간에 위치했을 때 이차 코일($E1$과 $E2$)의 전압은 같고 위상은 180도 차이가 난다. 직렬로 연결된 회로 때문에 두 코일 내의 전압은 서로 상쇄되어 출력 전압(E_O)은 제로가 된다. 몸체가 움직여서 중앙에서 벗어나면 일차 코일과 이차 코일의 상호 인덕턴스에 밸런스가 깨지면서 출력 전압이 발생한다. 출력 전압은 몸체가 LVDT의 가용 범위 내에서 움직이고 있다면 위치에 따른 선형 함수가 된다.

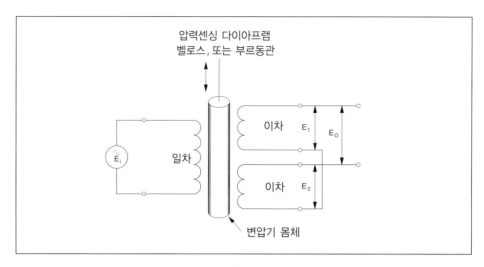

그림 4.15 선형가변 차동 변압기

LVDT는 일반적으로 측정이 쉽지 않은 전압과 주파수에서의 AC 여자를 필요로 하는 수동센서이다. 이 때문에 신호조정회로가 필요하다. 일반적인 신호조정기(그림 4.16)는 전원 공급, LVDT를 구동하는 주파수 발생기, 그리고 LVDT로부터 나온 AC 출력신호를 DC 출력전압으로 변환해 주는 복조기로 구성된다. 마지막으로 DC 증폭기는 신호조정기와 함께 LVDT에서 직접 얻는 것보다 더 높은 출력전압을 얻을 수 있도록 해 준다. 최근에는 반도체 전자장비가 개발되어 LVDT와 함께 패키징이 가능한 정도로 소형의 신호조정기의 개발이 가능하였다. 그 결과로 *직류 차동변압기(Direct Current Differential Transformer, DCDT)*라는 자체에 센서를 포함하고 있는 제품이 개발되었고, DCDT는 배터리나 정류된 전원 공급장치를 이용하여 작동된다.

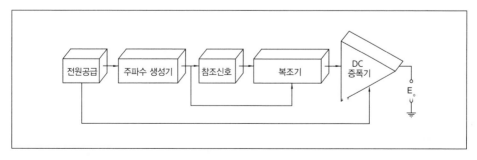

그림 4.16 LVDT용 신호조정기의 블록 다이어그램

LVDT 압력센서는 힘밸런스 법칙을 이용하여 작동되는 압력센서 중 하나이다(그림 4.17). 센서는 벨로스에 연결된 막대, 범위를 나타내는 스프링, 그리고 페라이트 디스크로 구성되어 있다(그림 4.17).

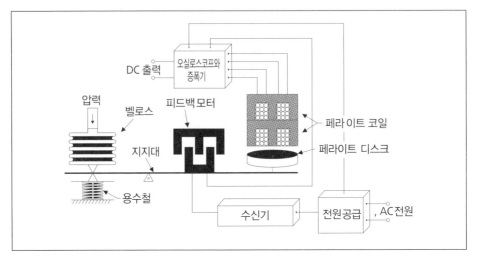

그림 4.17 힘밸런스 LVDT 센서

페라이트 디스크는 LVDT의 철 몸체와 같이 작동된다. 페라이트 디스크는 두 개의 겹쳐진 코일과 마주하고 있어 탐지기 역할을 한다. 코일과 디스크 사이에는 공기 갭이 존재한다. 페라이트 디스크의 조그마한 움직임에도 차동변압기와 진동자의 출력을 변화시킨다. 진동자의 출력은 DC 신호로 정류되고 표준 DC 출력으로 증폭된다. 피드백 기기는 지지대의 움직임을 다시 맞춰주는 역할을 한다.

가변 인덕턴스 센서

가변 인덕터는 코일 와이어로 둘러 감긴 스풀 또는 몸체로 구성되어 있다(그림 4.18a). 몸체와 코일 사이의 상대적인 움직임은 코일 인덕턴스의 비례적인 변화를 일으킨다. 코일은 AC 진동자 회로의 인덕터이다. 코일 내 몸체 안에서의 조그마한 움직임은 진동자 주파수를 변화시키게 된다.

가변 인덕턴스 센서는 다양한 용도에 쓰여진다. 그 중에서도 자기 스테인리스 스틸 다이아프램은 반 브리지 회로를 구성하는 두 개의 "E" 코일 사이에서 움직이는 "철봉"의 역할을 한다. 그러한 하나의 예로 그림 4.18b에서는 흥미로운 다이아프램의 특징을 보여주고 있다. 그 특징은 하나의 기기가 풀 스케일 범위의 ±1, 5, 25, 100, 500 psi을 출력한다는 점이다. 다이아프램이 양쪽 액체 또는 기체에 노출될 수 있으므로 센서는 게이지 압력이나 차압을 측정할 수 있다. 가장 소프트한 다이아프램의 기본 주파수는 0.2 percent/g의 가속 민감도에서 5,000 Hz이다. 가장 강도가 높은 다이아 프램의 기본주파수는 40,000 Hz 이고 이 때 가속 민감도는 0.003 percent/g 이다. 이 정도의 기본 주파수의 범위는 고주파 반응에 해당되며, 따라서 이런 종류의 센서는 압력전송기의 응답시간 측정을 위한 참조 센서로서 사용된다. 더 자세한 부연 설명은 11장을 참조한다.

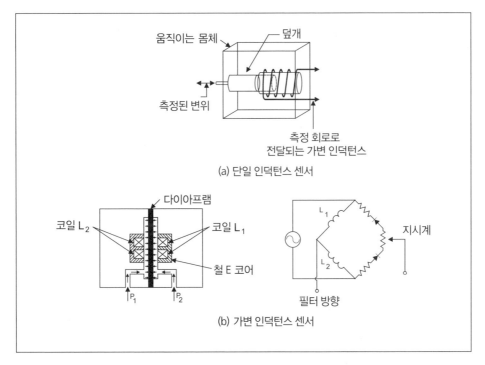

그림 4.18 인덕턴스 센서

가변저항기 센서

그림 4.19에 설명되어 있듯이, 가장 기본적인 가변저항기 센서는 슬라이드 와이어 저항기이다. 이 센서는 전압 E_i가 걸린 길이 l의 저항선으로 구성되어 있다. 와이퍼는 저항선의 길이 방향으로 움직인다. 전압출력 E_o와 와이퍼의 위치 x의 관계는 다음과 같다:

$$E_o = \frac{x}{\ell}E_i \quad \text{또는} \quad x = \frac{E_o}{E_i}\ell \tag{4.3}$$

그러므로 슬라이드 와이어 가변저항기는 변위를 측정하는데 사용될 수 있다.

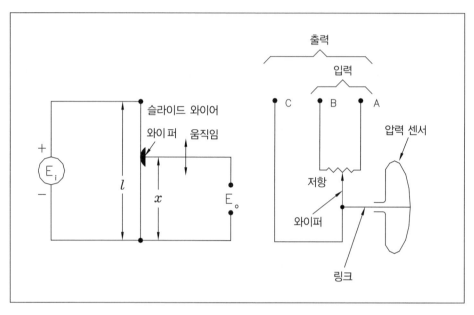

그림 4.19 전위차계 센서

압전 센서

압전은 기계 에너지를 전기 에너지로 변환시키거나 역으로 전기 에너지를 기계 에너지로 변환을 할 수 있는 기기이다. 이는 수정과 같은 크리스탈(수정)이 변위를 측정하도록 활용될 수 있는 성질 때문이다. 그림 4.20에서 수정 센서의 작동 원리를 설명하고 있다. 압전 센서는 방향성을 갖고 있다. 즉 인장과 압축은 반대 전압을 만들어 낸다. 또 다른 용도로서 수정은 진동을 측정하는 센서로서 널리 사용된다.

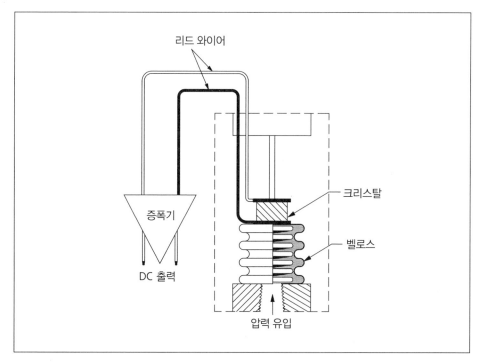

그림 4.20 압전 센서

4.4 압력전송

　대부분의 경우, 압력센서와 지시계 또는 기록계는 안전성과 편리성을 확보하기 위하여 원거리에 설치된다. 예를 들어, 원자력발전소에서는 방사선 노출의 위험이 있으며, 화학 공정에서는 부식성 또는 발화성 물질들이 높은 압력에서 존재하기 때문에, 압력 정보를 공정으로부터 먼 거리로 전송하여 안전한 장소에서 운전원이 값을 읽거나 공정을 제어하도록 해 준다. 보통 압력전송기는 공정과 가까운 현장에 위치해 있지만 계기, 기록기, 그리고 다른 압력 계장들은 대부분 공정에서 몇 백 미터 떨어진 제어실과 같은 원격지 장소에 위치하고 있다.

　원거리로 압력신호를 전송하는 방법은 두 가지가 있다. 첫 번째는 공압 전송이고 두 번째는 전자식 전송이다. 공압 전송에서는 압력센서에 존재하는 탄성소자의 움직임을 3-15 psi의 압력신호로 전환하여 원격지에 전송하는 방법이다. 전자식 전송에서는 탄성소자의 움직임을 4-20 mA (또는 10-50 mA) 전자식 신호로 변환하는 것이다. 다음 절에서 공압과 전자식 압력 전송에 대한 상세한 설명이 계속된다.

공압전송

압력신호의 공압전송을 위해서는, 압력조절장치를 사용하여 압력의 범위를 0에서 100퍼센트에서 비례적으로 3에서 15 psi의 압력신호로 변환해야 한다. 그림 4.21 에서는 공압 전송기와 공압 지시계의 작동 원리를 설명하고 있다.

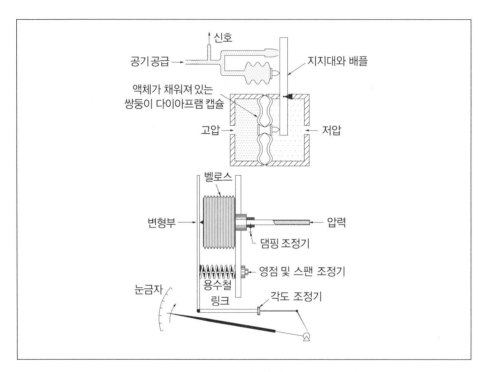

그림 4.21 공압 전송기의 작동원리(상)와 공압 지시기(아래)

공압 압력센싱시스템은 보통 4가지 요소로 구성되어있다.

1. 20 psi로 일정한 압력의 공기 공급
2. 압력전송기내 탄성소자의 움직임에 따라 공기공급의 압력을 조절하는 압력 조절장치
3. 공정으로부터 압력신호를 전송할 수 있는 작은 지름의 연결 라인(구리나 플라스틱 튜브)
4. 전송 받은 압력신호를 조율하여 기계적 움직임이나 전기적 신호로 바꿔주는 수신 장치

그림 4.21에서는 공압 전송기와 대표적인 수신 장치인 공압 지시기에 대해 설명하고 있다. 입력신호는 조절 가능한 니들 밸브를 통과하여 댐핑을 제공하고 수신 벨로스로 전송된다. 이 벨로스는 팽창하면서 지지대(변형부)를 움직인다. 벨로스와 반대방향인 스프링은 영점 및 스팬 교정기와 관련이 있다. 스프링의 유효 길이를 조절하는 것은 스팬을 교정하는 것이고, 스프링에 초기 인장력을 셋팅하는 것은 영점 교정에 해당된다. 지지대는 링크를 통해 연결되어 지시계 어셈블리를 조절한다. 링크에 있는 너트를 돌려서 링크의 길이를 변화시키면 각도 교정이 된다.

전체 공압 전송기는 그림 4.22에 설명되어 있다. 이것은 압력을 측정하는 힘밸런스 구조이며 압력을 측정한 뒤 3–15 psi 공압 신호로 전송한다. 벨로스에 가해진 압력은 벨로스 끝부분이 지지대의 아래쪽 끝부분의 연결 브라캣을 통해 힘을 가하게 된다. 금속 다이아프램는 지지대의 받침점 역할을 한다(그림 4.22).

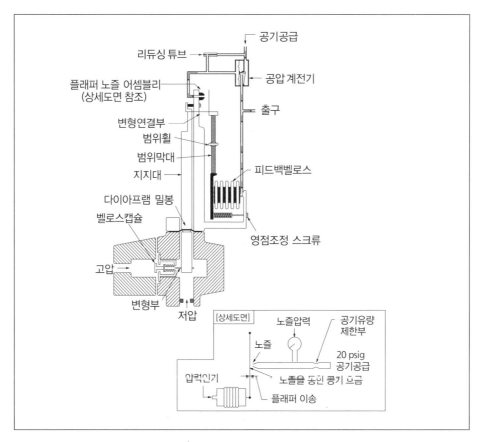

그림 4.22 공압 힘밸런스 압력전송기

힘은 변형 연결부를 통해서 범위 교정휠의 중심점 역할을 하는 범위막대로 전송된다. 범위막대의 움직임은 플래퍼와 노즐 사이의 간격 변화를 일으킨다. 결국 피드백된 힘이 측정 벨로스의 압력과 평형이 될 때까지 계전기에서 피드백 벨로스로 전달되는 출력을 변화하게 만든다. 이러한 평형 관계에 의해 만들어진 출력 압력이 전송되는 신호이며, 이는 측정 벨로스에 인가된 압력에 비례한다. 플래퍼와 노즐(감지기와 공압 증폭기 또는 계전기라 불리운다)의 작동과정은 다음 절에서 설명된다.

그림 4.23은 공압 증폭기(계전기)를 나타낸다. 입력신호가 증가할수록 스템은 볼 밸브를 밀어낸다. 위와 같은 움직임은 평판 용수철을 움직이게 하고 계전기에 공기 공급을 가능하게 한다.

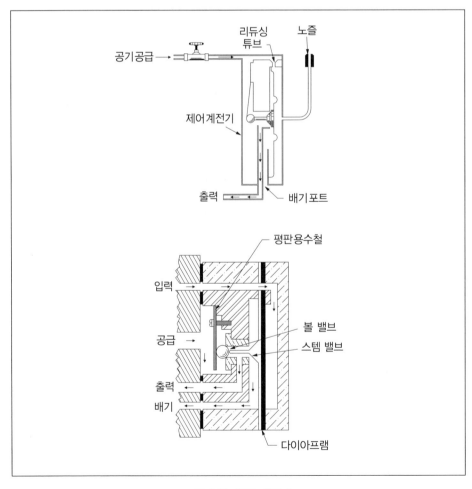

그림 4.23 공압 계전기

스템 밸브가 더 움직이면 배기구가 닫히게 된다. 그리하여 입력 압력이 증가되었을 때, 스템(배기) 밸브를 닫고 공급 밸브를 개방한다. 이와 반대로 입력 압력이 감소했을 때는 스템 밸브를 개방하고 공급 밸브를 닫는다. 이렇게 하여 출력 압력을 변화시키기 된다.

공압 압력전송기는 중요한 두 가지 단점이 있다. 첫째는 공압 압력전송기는 최대 전송 거리가 제한될 정도로 반응지연이 크다. 둘째는 양질의 공기 공급이 되어야 하고 수분 및 윤활유와 같은 유체가 들어 있으면 안 된다. 수분은 겨울에 공기 라인을 얼게 할 수 있으므로, 공기 라인의 난방이 필요하기도 하다. 이 때문에 공압 압력전송기는 지속적인 정비 문제를 야기한다. 다음 절에서는 이러한 단점을 해결한 전기식 전송기에 대하여 설명한다.

전기식 전송기

공압 압력전송기의 단점을 극복하기 위한 전기식 전송시스템은 1930년 중반에 개발되었다. 2개의 와이어, 4-20 mA 전류신호(그림 4.24)는 플랜트 압력 신호 전송을 위한 산업 표준이 되었다. 압력 전송기의 전류 피드백 회로는 전류 출력이 측정된 압력에 비례가 되도록 하여, 라인 저항의 변화가 전송 손실을 야기하지 않는다.

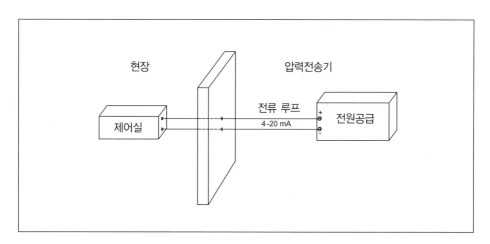

그림 4.24 전송기 전류 루프

4.5 밀봉 압력센싱시스템

공정내의 물질과 접촉을 피하기 위해서, 압력센서의 센싱소자는 실리콘 오일과 같은 유체로 채워진 용기에 밀폐된다. 하나의 예로서 그림 4.25는 로즈마운트(Rosemount) 압력전송기에 사용된 센싱모듈을 보여주고 있다. 다음 절에서는 밀봉 압력센싱시스템의 작동 원리와 대표적으로 사용되는 충전 유체에 대해서 요약할 것이다.

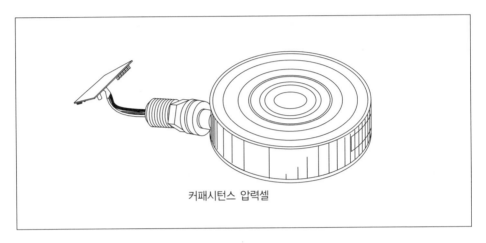

커패시턴스 압력셀

그림 4.25 로즈마운드 전송기 압력셀

작동원리

밀봉 어셈블리의 격리 다이아프램에 가해진 공정 압력은 충전 유체에 힘을 가하여 밀봉 기포 밖으로 나오게 하고 압력센싱소자에 다다르게 한다(그림 4.26). 밀봉된 압력센싱시스템은 격리 다이이프램에서 발생하는 압력 변화에 대해 높은 해상도와 빠른 반응을 보인다. 격리 다이아프램의 용수철 탄성은 충전 부피의 변위가 요구되는 압력 범위에 대해 충분히 센싱소자를 밀어낼 수 있도록 센싱소자에 비해 상대적으로 낮아야 한다. 가장 이상적인 시스템은 최대 충전부피 변위를 갖는 최소 다이아프램 용수철의 탄성이라고 할 수 있다.

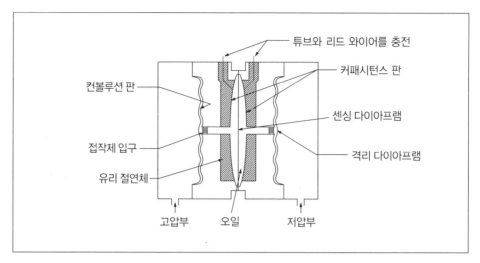

그림 4.26 센싱셀 내부구조

충전유체

이상적으로는 밀봉 압력센싱시스템에 사용되는 충전 유체는 비압축성, 높은 끓는점, 낮은 어는점, 낮은 열챙창 계수, 낮은 점도이어야 한다. 유체는 다이아프램과 내부 부품과 같이 사용될 수 있어야 하고, 새더라도 심각한 문제를 초래하면 안 된다. 실리콘 기반의 액체는 대표적인 충전 유체이며, 산업용 압력센서에서 널리 사용된다.

충전 유체가 투입되기 전에 시스템은 깨끗이 비워 진다. 시스템은 유체로 가득 채워져야 하며 사용 중에 압축이나 팽창이 되어 동적 반응에 저하를 가져올 수 있는 공기 기포가 완전히 없어야 한다. 충전된 압력센싱시스템의 정확도는 충전과정의 품질에 따라 달라진다.

4.6 압력 댐핑 시스템

변동이 있는 압력신호를 측정할 때는 댐퍼를 사용하여 안정된 기록을 얻는 과정이 때로는 필요하다. 댐퍼에는 두 가지 종류가 사용되는데 *기계식 댐퍼*(제진기(Deadener), 방진기(Snubber), 또는 맥동(Pulsation) 댐퍼 등으로 불린다)와 *전자식 댐퍼*이다 (지연회로(Lag Circuit) 또는 저주파통과필터(Low Pass Filter)라고 불린다). 위의 댐퍼에 대한 설명은 다음 두 절에서 진행된다.

기계식 댐퍼

전자식 댐퍼가 전자식 압력센서에만 사용이 가능 한 것에 비해, 기계식 댐퍼는 기계식과 전자식 압력센서에 모두 사용이 가능하다. 기계식 댐퍼는 압력 라인의 앞 부분에 설치된다.

기계식 댐퍼의 장점은 센싱소자보다 앞쪽의 압력센싱 라인에 설치될 수 있으며, 이 때문에 안정적인 값을 읽을 수 있고 센서의 수명도 늘려준다. 반대로 기계식 댐퍼의 단점은 댐퍼가 반드시 현장에 있어야 하고, 따라서 노화에 따라 폐색되거나 성능이 저하될 수 있다. 또한 유지 보수 문제가 발생할 수 있다. 그림 4.27에서는 일반적인 종류의 기계식 댐퍼에 대해 설명하고 있다. 3가지 종류의 댐퍼에 관한 자세한 설명은 아래와 같다.

모델 150 배리-댐프(Vari-Damp)는 댐핑을 위해 조절식 니들 밸브와 배관 밀림, 충격파, 유체 해머 등을 방지하게 위한 정밀 볼 체크가 특징이다. 니들 밸브는 조절 스크류에 있는 록 너트를 풀어주고 니들 밸브 세팅을 조정함으로써 댐핑을 조율할 수 있다.

케미큅(Chemiquip)은 다공성 막을 방진 용도로 사용한다. 방진기의 표준 흐름 용량은 압력 매체의 점도에 가장 알맞은 구멍 크기를 사용하여 조절된다. 오일, 물, 가스, 수은 등에 따른 다양한 크기의 미세 구멍이 가능하다.

그림 4.27의 애쉬크로프트(Ashcroft) 맥동 댐퍼의 원리는 부싱의 실린더형 구멍에 위치한 작은 플런저의 자유 진동이다. 압력 변화의 크기와 주파수의 모든 조합, 압력 매체의 점도와 같은 모든 조건에 대해 유효한 쓰로틀링 기기는 없다. 따라서 1부터 5까지 번호를 매긴 5개의 다른 구멍이 부싱 내에 제공된다. 플런저는 댐핑의 필요 여부에 따라 하나의 홀에서 다른 홀로 이동된다. 밀봉 디스크를 이용하여 사용중인 하나를 제외한 모든 구멍은 막게 된다. 첫번째 구멍은 가장 작은 지름을 갖고 있으므로, 따라서 플런저와 구멍 사이에 최소의 간극만 존재하고 따라서 가장 큰 댐핑 효과가 있다.

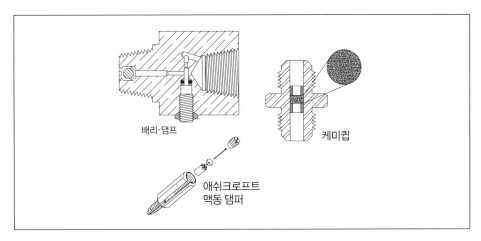

그림 4.27 기계식 댐퍼의 종류

전자식 댐퍼

전자식 댐퍼는 여러 저항과 커패시터로 이루어진 *RC 네트워크*와 같은 능동 또는 수동 전자회로로 구성되어있다. 전자식 댐퍼의 장점은 어떠한 댐핑(필터링)이라도 범위가 조율이 가능하다는 것이다. 그 밖에도 전자식 댐퍼는 현장에 설치될 필요가 없다. 계장 케비넷과 같이 쉽게 접근할 수 있는 위치에 설치가 가능하다.

전자식 댐퍼의 단점은 기계식 댐퍼와는 달리 압력변동이 있을 시 센싱소자를 보호하지 못한다는 것이다. 그렇기 때문에 진동에 따른 노화를 막을 수 없다. 빌트인 전자식 댐퍼를 갖춘 압력 전송기가 상용으로 판매 중이며, 댐핑은 필요에 따라 조율이 가능하다.

기계식과 전자식 댐퍼는 압력신호를 측정하는데 시간이 지연시킬 수 있다. 압력 댐퍼는 댐핑에 사용된 정도에 비례하여 압력센싱시스템의 응답 시간을 증가시킨다. 이에 대한 해결책으로는 댐퍼를 사용하는데 걸리는 소요시간을 측정하거나 계산하는 것이다. 이 방안으로 댐퍼의 과도한 댐핑을 막을 수 있다. 다른 해결방안은 댐퍼와 관련이 있는 응답 지연에 대해 동적 압력 데이터를 보정하는 방법이다.

온도와 압력센서의 성능 사양

* * *

온도/압력센서와 같은 계측장비의 성능은 보통 정확도와 응답시간으로 설명된다. 정확도는 계측장비가 얼마나 계측 항목의 값을 잘 측정하는지의 객관적인 표현인 반면, 응답시간은 얼마나 빠르게 계측 항목의 갑작스런 변화를 나타내는지에 대한 척도이다. 정확도와 응답시간은 대개 독립적이므로 별도의 절차를 통해 확인해야 한다.

정확도의 저하는 *교정 드리프트(Drift)* 또는 *교정 시프트(Shift)*로 불리며, 응답 시간이 늦어지는 것은 *응답시간 저하(Degradation)*으로 불린다. 정확도는 교정에 의해 제 기능을 찾을 수 있지만 응답시간은 센서가 제조 되었을 때 결정되면 변화시킬 수 없는 고유한 특징이다. 그러나, 열보호관 RTD의 경우, RTD의 움직임으로 인한 응답시간 저하는 회복이 가능하다.

정확도, 불확실도, 그리고 오차는 실제 값과 센서에 의해서 나타내지는 값 사이의 차이를 설명하기 위해 사용된다. 실제 값을 알 수 없기 때문에, 불확실도가 가장 적절한 단어이지만 정확도와 오차도 흔히 사용된다.

압력센서의 경우, 정확도는 일반적으로 퍼센트로 나타낸다. 반면에 온도센서의 정확도는 3가지 방법으로 나타낸다.

(1) 주어진 온도에서의 값 (300 ℃에서 0.2 ℃)

(2) 작동 온도에서의 값 (0에서 200 ℃ 사이에서 0.2 ℃)

(3) 단일 값 (0.2 ℃)

정확도가 단일 값으로 주어질 때에 사용자는 센서의 전 작동 구간에서의 정확도를 단일 값으로 이해하여야 한다.

센서의 응답시간을 설명하기 위해 *시간상수(Time Constant)*, *절점 주파수(Break Frequency)*, 또는 특정 값에서 다른 값을 지시하기까지 필요한 시간과 같이 다양한 용어를 사용한다. 이들 가운데, 시간상수는 가장 흔히 사용되며 입력값의 단계적인 변화에 따라 최종 안정상태의 63.2 %에 센서의 출력에 도달하는 시간으로 정의된다. 이 정의는 일차 시스템에만 의미를 갖고 있으나 공정 센서는 보통 일차 시스템이 아닌 경우가 많다. 그럼에도 불구하고, 시간상수는 시스템 차수에 관계없이 센서의 응답시간을 설명하기 위해 일반적으로 사용된다.

주파수를 이용하여 센서의 반응 속도를 설명하기 위해 중단 주파수, 코너(Corner) 주파수 또는 주파수 응답 등이 종종 사용된다. 이러한 용어는 대개 유사한 뜻이며, 입력신호의 주파수가 증가할 때 센서의 출력이 30 % 떨어지는 주파수를 의미한다. 이것은 9장에서 상세하게 설명된다. 응답시간의 또 다른 정의로서 최종출력의 90 %에 도달하는 시간 또는 센서의 출력이 10~70 %에 도달하기 위해 필요로 하는 시간 등이 사용된다. 이러한 정의는 다소 임의적이며 계측장비 설계자, 사용자, 또는 판매회사 등에서 개별적으로 사용한다.

계측장비의 정확도와 응답시간에 관한 많은 국제 규격이 있으며, 일부 제작사는 자체적으로 정확도와 응답시간을 정의하고, 그 정의를 기반으로 한 제품 설명서를 작성한다. 이러한 정의는 다른 의미를 가질 수 있으며, 정의에 대한 기술적인 배경과 제품에 대한 사양에 따라 올바로 이해되어야 한다. 이와 같이 제작사가 주장하는 정확도와 반응시간을 정확하게 활용하는 것은 사용자에게 달려있다. 즉 장비의 정확도와 반응시간뿐만 아니라 그것의 의미를 정확히 아는 것 또한 중요하다고 할 수 있겠다.

온도센서의 정확도

*　*　*

6.1 서론

온도센서의 정확도는 교정에 의해 조정된다. 정확도가 매우 중요하지 않아도 되는 일반적인 공정 감시에서는 온도센서가 개별적으로 교정되지는 않는다. 따라서 온도센서는 온도와 센서 출력에 대한 관계를 나타낸 범용 교정표를 사용한다. 반면 높은 정확도가 요구되는 측정에 대해서는 온도센서가 개별적으로 교정되어야 한다. 이 장에서는 온도센서의 교정 절차에 대해 설명한다. 또한 실험실 환경에서 어떻게 정확도가 측정되는지, 센서가 설치된 후에는 어떤 인자가 센서의 정확도에 영향을 미치는지 논의할 것이다.

RTD는 설치 후 탈착되어 교정 될 수 있으나, 열전대는 불가능하다. 열전대가 교정이 필요한 경우에는 교체되어야 한다. 열전대가 갖는 고유의 비균질 문제 때문에 대개의 경우 교정 방법이 실용적이지 않고, 비용효과가 좋지 않으며, 기술적으로도 어렵다. 일반적으로 열전대가 설치되면 열전대와 공정이 맞닿아 있는 부분에서 시간이 지날수록 비균질성이 커지게 된다. 공정 온도와 외부 온도 사이의 온도차는 보통 비균질성을 확대시킨다. 재교정시 열전대가 공정에서 삽입된 것과 같은 방법으로 교정 욕조에 삽입되지 않는다면 비균질 부분은 다른 온도차 환경에 놓이게 되고, 따라서 교정 오류가 발생 할 것이다.

RTD는 열전대와 다르게 쉽게 재교정할 수 있다. 어떤 경우에는 재교정이 교체보다 나을 수도 있다. 왜냐하면 RTD가 운전되고 있는 동안 일종의 회복과정을 겪기 때문이다. 달리 설명하면, RTD를 계속 사용하면 초기 고장 단계를 넘어서서 예컨대 20년 정도의 장기간 안정 운전 단계에 다다르게 된다.

산업용 온도센서는 얼음욕조, 물욕조, 오일욕조, 모래욕조, 가열로, 혹은 이들을 병행하여 교정 된다. 400 ℃에서 교정은 얼음욕조, 물욕조, 오일욕조가 모두 필요하다. 이들 매질에서, 온도센서, 특히 RTD는 매우 높은 정확도(예컨대 0.1 ℃)로 교정될 수 있다. 고정온도셀(Fixed Point Cell)을 사용하면 더 정확한 교정이 가능하다. 그러나 일반적인 산업용 RTD는 400 ℃에서 0.1 ℃보다 더 높은 정확도를 요구하지는 않으며, 오랜 기간 동안 높은 정확도를 유지할 수도 없다. 열전대가 가질 수 있는 최대 정확도는 400 ℃에서 대략 0.5 ℃이다. 더 높은 온도에서 열전대 정확도는 온도, 열전대의 품질, 설치 방법 등에 따라 일반적으로 1 % 혹은 그 이상 감소한다. 온도가 높아질수록 열전대의 정확도는 일반적으로 낮게 나타난다.

6.2 RTD의 교정

RTD는 일정한 온도로 유지되는 장치나 표준온도계를 사용하여 교정된다. 교정욕조의 종류는 온도의 범위, 정확도 요건, 그리고 센서의 종류에 의해 달라진다. 1차 및 2차 온도표준을 교정하기 위해서는 녹는점 또는 어는점셀이 사용된다. 녹는점과 어는점이 알려진 주석, 아연, 은, 그리고 금과 같은 것이 포함된다. 이와 같은 고정온도셀은 *고유기준(Intrinsic Standard)*이라 일컫는다. 이들은 유지가 어렵고 비용이 많이 들어서 보통 표준 연구소에서만 사용된다. 통상적인 RTD의 교정은 고정온도셀에서 수행되지 않고 얼음욕조, 오일욕조, 또는 가열로가 흔히 사용된다.

교정 과정은 보통 교정욕조의 온도를 측정하는 것으로 시작된다. 이를 위해 표준 백금 저항온도계(SPRT) 또는 표준 S 타입 열전대와 같은 표준 온도계가 사용된다. 표준 온도계는 국가 표준에 따라 교정 작업이 진행된 RTD를 의미한다.

그림 6.1은 간단한 도표와 RTD 교정 장치의 사진을 보여주고 있다. RTD를 교정하기 위해서는 최소한 3개의 저항 대 온도 데이터 쌍이 만들어 져야 한다. 각 "R 대 T" 쌍을 *교정 지점*이라 부른다. RTD의 저항이 온도에 따라 선형적으로 변하지 않기

때문에 세 개의 교정점이 필요하다. RTD에 대한 R 대 T의 관계는 그림 6.2와 같이
포물선이다.

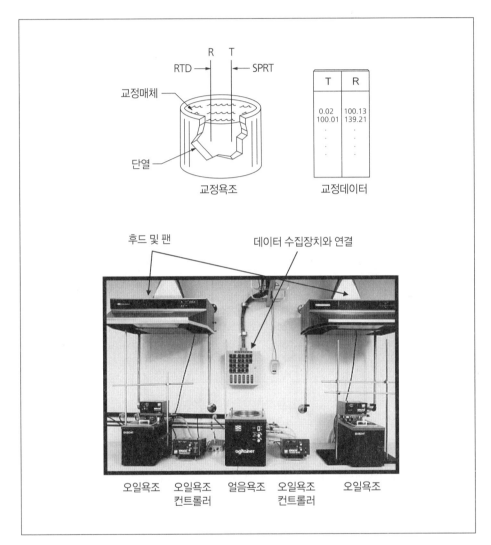

그림 6.1 RTD 교정셋업

그림 6.2에 있는 데이터는 0 ℃에서 400 ℃의 온도 범위에 대해 나타내고 있다. 그림
6.2 상단의 그래프에서는 RTD 곡선을 직선에 인접하여 그렸고, 아래 그래프에서는
직선과 곡선의 차이가 온도의 함수로 그려졌다. 0 ℃에서 400 ℃ 범위의 중간에서
대략 6 ℃ 정도의 RTD 비선형성을 보여 주고 있다.

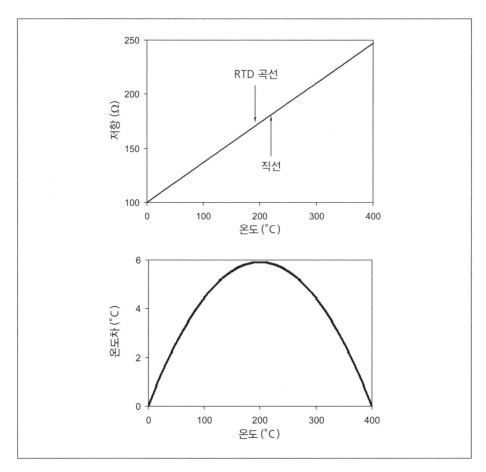

그림 6.2 RTD의 비선형성

RTD 교정의 결과는 보통 "교정표"로 알려진 방법으로 나타낸다. 표 6.1에서 RTD 교정표를 나타내고 있다. 이 테이블은 세 개 이상의 교정점을 다항식에 피팅하여 만든 것으로서 교정점 간의 보간이 가능하다. 이것은 다음 절에서 설명될 것이다. 교정표는 제한된 온도 내에서 교정점을 넘도록(그림 6.3) 외삽할 수 있다. 적절한 제한치는 센서가 교정된 가장 높은 온도의 15~20 % 정도이다. 이 제한치는 다수의 산업용 RTD와 실험실 연구 결과에 기초를 둔 저자의 다소 주관적인 수치이다. 연구결과의 두 가지 사례가 표 6.2 와 6.3에 있다. 이 결과는 연구에 사용된 9개의 다른 RTD에 대해 0 ℃에서 0.4 ℃ 범위의 외삽 오차를 보여주고 있다. 하나의 RTD를 제외하면 모두 300 ℃에서 350 ℃ 사이의 평균 외삽 오차가 0.04 ℃보다 작다는 것을 표 6.2에서 확인할 수 있다. 이것은 작동 온도 범위의 0.01 %이므로 무시 할 수 있다.

하지만 표 6.3은 0.2 ℃의 평균 외삽 오차를 보여준다. 0.2 ℃는 0.1 % 보다 큰 오차이다. 이 정도의 오차는 높은 정확도를 요구하는 온도를 측정하는데 상당히 중요하게 다루어져야 한다.

산업용 RTD에서 가장 일반적인 내삽 다항식은 캘린더(Callendar) 방정식이다. 0 ℃ 보다 높은 온도에서 캘린더 방정식은 다음과 같다.

표 6.1 RTD 교정결과

측정데이터	
온도(℃)	저항(Ω)
0.0093	200.1808
100.2310	277.4178
200.4108	352.2053
300.4243	424.5236

계산된 교정 상수	
α(Alpha) =	0.0038494 Ω/Ω/℃
δ(Delta) =	1.5413
R(0) =	200.1768 Ω

RTD 교정표

T(℃)	R(Ω)	T(℃)	R(Ω)	T(℃)	R(Ω)	T(℃)	R(Ω)
0.0	200.177	80.0	262.012	160.0	322.326	240.0	381.120
5.0	204.086	85.0	265.826	165.0	326.045	245.0	384.745
10.0	207.989	90.0	269.634	170.0	329.759	250.0	388.363
15.0	211.887	95.0	273.436	175.0	333.466	255.0	391.975
20.0	215.778	100.0	277.233	180.0	337.167	260.0	395.581
25.0	219.663	105.0	281.023	185.0	340.863	265.0	399.182
30.0	223.543	110.0	284.808	190.0	344.552	270.0	402.776
35.0	227.417	115.0	288.586	195.0	348.236	275.0	406.365
40.0	231.284	120.0	292.359	200.0	351.913	280.0	409.948
45.0	235.146	125.0	296.126	205.0	355.585	285.0	413.524
50.0	239.002	130.0	299.886	210.0	359.251	290.0	417.095
55.0	242.851	135.0	303.641	215.0	362.910	295.0	420.660
60.0	246.695	140.0	307.390	220.0	366.564	300.0	424.219
65.0	250.533	145.0	311.133	225.0	370.212		
70.0	254.365	150.0	314.870	230.0	373.854		
75.0	258.191	155.0	318.601	235.0	377.490		

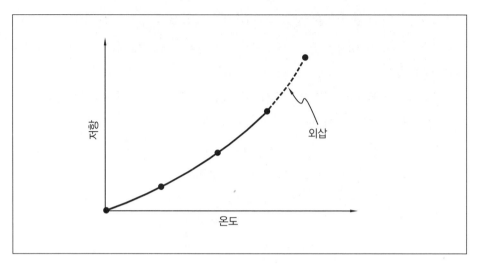

그림 6.3 외삽그래프

표 6.2 300 - 350 ℃ RTD 외삽 오차

	온도 (℃)		
태그	측정값	외삽결과	외삽오차 (℃)
03	350.659	350.662	0.003
9A	350.651	350.652	0.001
9C	350.640	350.640	0.000
13A	350.646	350.629	0.016
13C	350.639	350.605	0.034
15A	350.636	350.670	0.034
15C	350.632	350.670	0.038
16A	350.630	350.669	0.039
21	350.618	350.458	0.160

표 6.3 200 - 350 ℃ RTD 외삽 오차

온도 (℃)			
태그	측정값	외삽결과	외삽오차 (℃)
03	350.660	350.481	0.179
9A	350.651	350.507	0.145
9C	350.640	350.447	0.194
13A	350.646	350.443	0.203
13C	350.640	350.347	0.292
15A	350.636	350.748	0.112
15C	350.632	350.758	0.127
16A	350.630	350.783	0.153
21	350.618	350.208	0.410

$$\frac{R(T)}{R(0)} = 1 + \alpha \left[T - \delta \left(\frac{T}{100} \right) \left(\frac{1}{100} - 1 \right) \right] \tag{6.1}$$

T : 0 ℃ 에서의 온도

R(T) : 특정온도에서의 RTD 저항 (Ω)

R(0) : 0 ℃에서의 RTD 저항 (Ω)

δ : 상수(0 ℃)

α : 저항의 온도상수 (Ω/Ω/℃)

저항온도상수 α는 0 ℃와 100 ℃ 범위에서 R-T 곡선의 평균 기울기이다. 이것은 다음과 같다.

$$\alpha = \frac{R(100) - R(0)}{100 \, R(0)} \tag{6.2}$$

DIN 43760 표준으로 만들어진 RTD에서 α와 δ의 공칭값은 각각 0.00385와 1.5이다. 이것은 산업용 RTD에 대한 독일 표준이고, 오늘날 대부분 국가의 산업용 RTD에 대해 사용하고 있다. DIN 43760 표준은 RTD의 백금선의 순도 같은 요구사항들을 명시하고 있다. 예를 들면 DIN 표준으로 만들어진 RTD의 α 값은 0.00385 Ω/Ω/℃ 또는 그 이상이다. 순수한 백금선은 더 큰 α 값, 예를 들면, SPRT에서 α 값은 0.003925 Ω/Ω/℃ 이상이다.

DIN 표준으로 만들어진 RTD는 범용 R-T 선도를 사용할 수 있고 정밀 온도 측정을 제외하고는 교정이 필요없다. 부록 A는 DIN표준의 RTD 범용 R-T 선도를 제공한다. DIN 43760 표준과 IEC 표준 60751(IEC 751로 알려져 있음)은 산업용 RTD의 특징을 설명하는 참고 문헌들이다.

6.3 RTD 정확도

DIN 표준으로 제작되어 범용 RTD 교정표를 사용하는 온도측정은 그림 6.4에서 제시한 정도의 정확도를 갖는다. 이 그래프는 RTD가 어는점(R(o))에서 100 Ω의 저항을 갖는 경우에 해당된다. 그림 6.4는 온도 함수로서의 RTD의 교정 허용오차(잠재적 정확도)를 보여준다. 허용오차는 어는점 0 ℃에서 가장 낮은데 그 이유는 모든 RTD의 저항은 그들이 제작될 때 어는점에서 측정되기 때문이다. 그림 6.4에서 보다 더 좋은 정확도를 보유하기 위해서는 RTD가 교정되어야 한다. 독자적으로 교정된 RTD에 대해 정확도 결과는 다음의 3가지 요소에 의존한다.

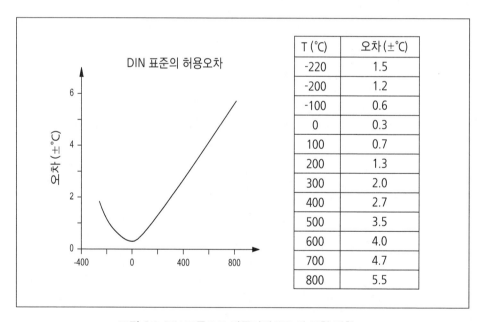

T (℃)	오차 (±℃)
-220	1.5
-200	1.2
-100	0.6
0	0.3
100	0.7
200	1.3
300	2.0
400	2.7
500	3.5
600	4.0
700	4.7
800	5.5

그림 6.4 DIN 표준으로 만들어진 RTD의 공칭 정확도

1. RTD 교정에 사용된 장비의 정확도
2. 히스테리시스(Hysteresis), 재현성(Repeatability), 자가가열(Self-Heating)과 같은 고유의 오차
3. 내삽과 피팅 오차

표 6.4는 위의 3가지 오차와 정밀 RTD 교정 시설에서 300 ℃에서 시험했을 때의 예상되는 값을 요약하였다. 표 안의 데이터는 대략 100개의 산업용 RTD를 조사한 연구로부터 도출된 것이다. 표 6.4에서 제시된 오차를 조합하여 300 ℃에서 RTD의 정확도를 계산할 수 있다.

오차를 고려하는 방법은 각각의 값을 제곱한 뒤 그 합에 제곱근을 취해 계산하는 것이다. 결과는 아래와 같이 RSS(Root Sum Squared) 오차라고 불린다.

$$RRS = \sqrt{\varepsilon_1^2 + \varepsilon_2^2 + \cdots + \varepsilon_n^2} \qquad (6.3)$$

여기서 ε_1, ε_2,··· 은 각각의 오차 값이다. 흔히 RRS는 표준편차라는 이름으로 널리 알려져 있다. 식 6.3은 오차가 랜덤일 때 사용되며, 이 경우 각각의 오차 값은 ± 형태를 갖는다. 랜덤 오차는 의도하지 않은 결과를 갖는다는 의미에서 우연 오차로도 불리며, 양의 값 또는 음의 값을 가지게 된다. 만약 오차가 항상 음이거나 양이면, *계통(Systematic) 오차* 또는 *바이어스*로 불린다. 계통 오차는 더하기에 의해 결합되는 반면에 랜덤 오차는 RRS(식 6.3)에 의해 결합된다. RRS 오차는 표 6.4에서 0.05 ℃ 이다. 다시 말하면, RTD의 정확도는 0.05 ℃부터 0.12 ℃까지의 기능 범위 내에서 교정된다. 정확도의 범위는 산업용 RTD를 합리적인 수준에서 달성할 수 있는 최상일 것이다. 더 높은 정확도도 가능하겠지만, RTD를 교정하기 위해 비용과 노력은 들일 필요는 없다. 예를 들면, 보통 산업용 RTD는 300 ℃에서 0.05~0.12 ℃ 사이의 정확도로 유지된다. 뿐만 아니라, 우리가 표 6.5에서 논의하겠지만, RTD 설치 시에도 추가적인 오차도 발생한다. 이러한 오차는 높은 정확도로부터 얻어지는 이점을 상쇄 시킬 수 있다.

표 6.4 RTD 교정에 있어 잠재적인 오차 원인과 예상값 (300°C 기준)

오차 원인	예상값
욕조 안정성과 균일성	0.02
SPRT 정확도와 드리프트 / 년, 자가가열	0.01
SPRT 측정장치	0.01
RTD 측정장치	0.01
히스테리시스	0.03
재현성	0.02
자가가열	0.01
피팅 오차	0.01
오차 최대값 = 0.02+0.01+0.01+⋯ = 0.12 °C RSS오차 $= \sqrt{(0.02)^2 + (0.01)^2 + \cdots} = 0.05$ °C	

온도 측정채널의 전체적인 오차는 센서 교정의 정확도뿐만 아니라 운전 조건과 설치 환경이 동시에 평가 되어야 한다. 예를 들면, 스템 손실은 RTD의 온도 측정 오차를 야기시킬 수 있다. 스템 손실은 RTD의 감지팁으로부터 RTD의 몸통(Stem)을 통한 열전도에 의해 발생한다. 그 결과, RTD 감지팁은 실제 온도보다 낮은 값을 나타낸다. 그림 6.5는 스템 손실이 발생할 수 있는 일반적인 RTD 설치 모습을 나타낸다. 감지팁과 RTD의 연결부사이의 온도차이는 스템 손실을 발생시키게 되며, 그에 따라 온도측정 오차가 발생한다.

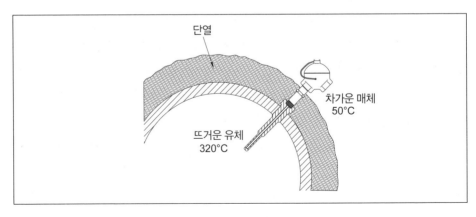

그림 6.5 RTD 설치시 전도에 의한 스템 손실

스템 손실에 의한 온도측정 오차를 최소화하는 방법으로, 공정 외부에 놓인 RTD 다발을 단열재로 감싼다. 이 방법은 공정과 주변 환경 사이의 온도 차이를 줄여 스템 손실을 감소 시킬 수 있다.

스템 손실의 영향을 보이기 위해, 길이 45 cm 및 15 cm의 RTD를 이용해 오일 욕조에서 침수깊이에 따른 실험을 수행하였다. 그림 6.6에서 욕조에 담긴 센서의 길이 대비 온도측정 오차를 보여준다. 즉 욕조에 담긴 길이가 증가할수록 오차는 감소한다는 것을 보여준다. 이 실험은 열보호관이 부착된 RTD를 사용하여 다시 한번 진행되었다. 그림 6.7은 열보호관의 유무에 따른 결과를 보여준다. 열보호관을 사용했을 때, 열보호관은 RTD 팁으로부터의 전도에 영향을 끼치기 때문에 오차는 더 커진다. 그러므로, 센서 어셈블리가 길고 가벼울수록 스템 손실 오차가 작게 될 것이다. 스템 손실의 크기는 센서 어셈블리의 길이 및 무게와 온도 구배를 포함하는 식을 이용해 예측할 수 있다.

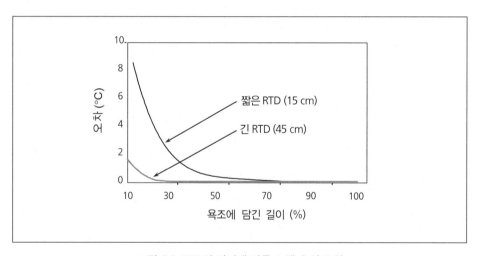

그림 6.6 RTD의 길이에 따른 스템 손실 오차

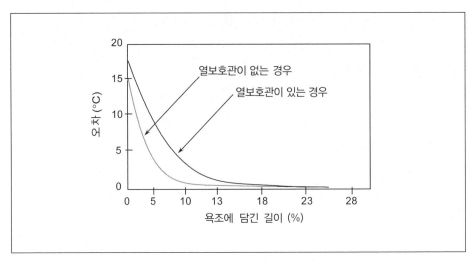

그림 6.7 열보호관의 유무에 따른 RTD의 스템 손실 오차

설치 과정에서 발생할 수 있는 또 다른 오차로는 회로에 다른 종류의 금속을 사용함으로 발생하는 EMF 오차 또는 열전대 효과가 있고, 3-와이어 RTD에서 발생하는 리드 와이어 오차, 접촉 저항, 배관 또는 용기에서 가스 또는 유체의 불완전한 혼합에 의해 발생하는 성층 오차가 있다. 오차의 종류와 원인은 표 6.5에 정리되어 있다.

표 6.5 RTD를 이용한 산업용 온도 측정에 있어 예상되는 설치 오차의 사례

오 차	원 인
스템 손실	센서 양 끝단의 큰 온도 구배
EMF 오차	다른 종류의 금속을 사용하는 RTD 회로에서의 큰 온도 구배
리드 와이어 오차	3와이어 RTD 에서 리드 와이어 저항의 차이
절연 저항	센싱소자와 덮개 사이의 낮은 저항 (션트 오차)
접촉 저항	온도센서 회로의 잘못된 연결
성층 오차	가스 또는 유체의 불완전한 혼합에 의한 온도 구배

EMF 오차는 다른 종류의 금속이 센서 혹은 확장와이어에 포함되어 있을 경우에 발생한다. RTD에 포함된 다른 종류의 금속 연결 부위가 온도차에 의해 늘어지게 되면, EMF 오차가 발생한다. RTD에서 EMF 오차를 완화하기 위해, 저항 측정 시에 AC 브리지(RTD에서 일반적으로 사용되는 DC 브리지에 반대)를 사용 할 수 있지만,

정밀한 교정 시설을 갖춘 곳 이외에서는 사용이 복잡하고, 비싸며, 실용성이 떨어진다. 따라서 산업공정에서 정확한 온도측정을 위해 EMF 오차를 작게 만드는 일은 대단히 중요하다.

표 6.6은 25개의 RTD에서 EMF 오차를 검증한 연구 결과이다.[1] 만약 EMF 오차가 존재한다면, 작은 전압(대략 수 μV)이 RTD 출력에서 측정될 것이다. 뿐만 아니라, 만약 DC 브리지 사용해서 측정도선을 거꾸로 연결함으로써 RTD의 저항을 두 번 측정하였을 때, 회로에 EMF 전압이 존재한다면 두 결과는 다를 것이다. 이 경우, RTD 저항의 실제 값은 전방/후방 저항측정으로 얻어진 값의 평균이 될 것이다.

표 6.6 대표적인 RTD에서의 RMF 영향의 결과

RTD 구분	EMF (μV)	저항 (Ω)		
		순방향	역방향	△R(Ω)
13A	0.1	429.009	429.092	-0.083
13C	2.2	428.984	428.965	0.019
3	2.0	424.765	424.787	-0.022
21	2.8	213.464	213.431	0.033
20	10.8	430.105	430.120	-0.015
11A	2.1	428.684	428.632	0.052
11C	1.0	428.636	428.657	-0.021
17A	10.4	424.857	424.844	0.013
17C	8.6	424.619	424.615	0.004
7	9.0	431.290	431.296	-0.006
16A	1.8	425.310	425.315	-0.005
16C	7.6	425.080	425.057	0.023
5A	15.5	213.493	213.438	0.055
5C	3.4	213.808	213.803	0.005
19	8.3	430.104	430.116	-0.012
9A	1.2	429.887	429.881	0.006
9C	1.3	430.018	430.012	0.006
18	3.9	432.059	432.032	0.027
15A	4.6	430.488	430.478	0.010
15C	2.8	430.689	430.680	0.009
22A	5.0	426.385	426.377	0.008
22C	6.1	426.190	426.174	-0.004
23	17.9	431.018	431.032	-0.014
24	16.7	425.260	425.305	-0.045
14	12.4	428.503	428.533	-0.030
300 ℃ 오일 욕조에서 측정한 결과				

표 6.7은 발전소에 설치되어 측정된 16개의 RTD에 대한 리드와이어 불균형 오차 값을 보여준다. 표에서 각각의 RTD에 설치된 3-와이어 저항 사이에 큰 차이가 있다는 것을 보여준다. 리드와이어 불균형 오차는 브리지의 두 팔과 가장 가까운 저항을 가진 두 개의 와이어와 브리지 출력의 세 번째 와이어를 연결함으로써 완화시킬 수 있다.

표 6.7 3 와이어 RTD에서 리드와이어의 불균형과 오차

태그	리드와이어 불균형 (Ω)	오차 (℃)
1	0.248	0.348
2	0.013	0.018
3	0.047	0.065
4	0.108	0.151
5	0.009	0.012
6	0.045	0.063
7	0.102	0.143
8	0.008	0.012
9	0.095	0.133
10	0.010	0.014
11	0.069	0.096
12	0.016	0.022
13	0.070	0.098
14	0.030	0.042
15	0.061	0.085
16	0.238	0.333

6.4 열전대의 교정

산업용 열전대는 보통 교정하지 않는다. 정확히 말하면, 열전대는 참조표를 사용하거나 국립표준기술연구소(National Institute of Standards and Technology, NIST) 또는 ASTM 등에서 공개한 다항식 자료를 사용한다. 열전대는 종류 별로 각각의 참조표 또는 다항식 자료를 가지고 있다. Appendix B는 8가지 기본 열전대에 대한 교정표를 제공한다. 열전대 와이어와 센서 제조사는 제작 후에 몇 개의 대표 샘플을 교정하고, 나머지 것들은 대표 샘플을 이용하여 교정을 수행한다.

표준 참조표는 표 6.8에서 제시한 정도의 공차를 가지고 있다. 제시된 오차가 용인되지 않는다면, 열전대 와이어 또는 센서의 대표 샘플은 더 높은 정확도를 달성하기 위해 실험실에서 교정되어야 한다. 표준형과 특수형 두 등급의 열전대가 존재하며, 두 열전대의 차이점은 와이어 금속에 따라 구분된다.

표 6.8 표준 및 특수형 열전대의 일반적인 공차

타입	공차	
	표준형	특수형
기본 금속		
E	1.7 또는 0.5%	1 또는 0.4%
J	2.2 또는 0.75%	1.1 또는 0.4%
K	2.2 또는 0.75%	1.1 또는 0.4%
N	2.2 또는 0.75%	1.1 또는 0.4%
T	1.0 또는 0.75%	0.5 또는 0.4%
특수 금속		
B	0.5%	0.25%
R	1.5 또는 0.25%	0.6 또는 0.1%
S	1.5 또는 0.25%	0.6 또는 0.1%

1. 공차는 0.25 – 3mm 직경의 신품 열전대 와이어에 적용한다.
2. 0℃ 이하에는 적용하지 않는다.
3. 모든 경우에 대하여 ±값을 가진다.

6.4.1 열전대 교정 절차

열전대는 두 가지 방법에 의해 교정된다: 비교법(Comparison Method)의 경우, 열전대 EMF가 다양한 온도에서 측정되고, SPRT 또는 타입 S 열전대와 같이 미리 교정된 참조 센서와 비교된다. 고정온도법(Fixed-Point Method)의 경우는, EMF가 특정 금속의 어는점과 같이 몇몇 참조 조건하에서 측정된다. 0 ℃ 이상에서 사용하는 열전대는 보통 아연(419.53 ℃), 은(961.78 ℃) 그리고 금(1064.18 ℃)의 어는점을 활용하며, 추가적으로, 630.74 ℃에서의 측정이 포함된다. 거의 대부분의 열전대 교정은 어는점 0 ℃에서 수행된다.

교정 자료는 열전대가 교정된 온도에 대해 EMF의 테이블로 만들어진다. EMF 및 온도 자료의 쌍을 *교정 포인트(Calibration Point)*라 부른다. 교정 포인트의 선정은 교정되는 열전대의 종류, 온도 범위, 정확도에 따라 달라진다. 보통 교정 포인트는 4 포인트가 적절하지만, 사용되는 열전대의 온도범위가 넓을 경우에 더 많은 포인트를 활용하기도 한다. 열전대의 정적 출력은 선형적이지 않기 때문에, EMF 및 온도의 관계는 넓은 온도범위에서 정확하게 모델링되기 어렵다. 현재까지 널리 통용되는 것은 K 타입을 제외한 열전대의 정상상태 거동은 다양한 차수의 다항식에 의해 적절히 표현된다는 점이다. K 타입 열전대에 대한 EMF 및 온도 관계를 나타내기 위해서는 지수 항이 추가되어야 한다.

열전대의 EMF 출력 및 온도를 나타내는 다항식의 일반적인 형태는 다음과 같다.

$$E = a_0 + a_1 T + a_2 T^2 + a_3 T^3 + \cdots + a_n T^n \tag{6.4}$$

여기서, a_0, a_1, a_2, $\cdots$ 은 다항식 계수로 불리는 상수이며 n은 다항식의 차수이다.

최고 차수는 열전대가 교정되는 온도범위와 타입에 따라 달라진다. 전체 작동 범위에 대해 열전대의 EMF 및 온도 관계를 표현하기 위해 하나 이상의 다항식이 사용된다. 가장 흔히 사용되는 8 종류의 열전대와 온도범위에 대해, 차수 n은 4에서 14 사이의 값을 갖는다(표 6.9).

표 6.9 표준 열전대를 위한 다항식의 차수

타입	온도 범위 (℃)	차수 (n)
기본 금속		
E	-270 – 0 0 – 1000	13 10
J	-210 – 760 760 – 1200	8 5
K	-270 – 0 0 – 1372	10 9
N	-270 – 0 0 - 1300	8 10
T	-270 – 0 0 - 400	14 8
특수 금속		
B	0 – 630.62 0 – 1820	6 8
R	-50 – 1064.18 1064.18 – 1664.5 1664.5 – 1768.1	9 5 4
S	-50 – 1064.18 1064.18 – 1664.5 1664.5 – 1768.1	8 4 4

열전대의 교정을 위해, 측정 접점은 보통 표준 열전대의 측정 접점에 용접된다. 만약 SPRT가 사용되었을 때와 같이 용접이 불가능할 경우, 열전대의 접점과 SPRT 팁은 와이어로 연결되거나 서로 인접한 곳에 놓여진다.

그림 6.8은 가열로 내에서 비교법을 이용해 열전대를 교정하는 절차를 보여준다. 덮개의 유무에 상관없이 동일한 방법으로 교정된다. 그림 6.8은 기준 및 특수 금속 열전대의 교정 과정을 보여준다. 두 열전대에 대한 교정과정은 약간 다르다. 기준 금속 열전대는 어닐링(Annealing)을 하지 않으며, 교정 자료는 사용자가 정한 범위대로 온도를 증가시키면서 수행된다. 반면에, 특수 금속 열전대는 교정 전에 어닐링을 하며, 교정은 고온에서 저온으로 진행된다. 기준 금속 열전대를 어닐링하는 대신에 균질성을 보장할 수 있는 새로운 열전대 와이어를 교정에 사용하기도 한다.

균질성 검사는 열전대가 교정되기 전에 수행되어야 하며, 이것은 특수 금속이든 기준 금속이든 상관없이 동일하다. 불균질한 부분을 가진 열전대에 대한 EMF-온도 관계는 비균질성 부분에 온도 구배 영향에 따라 교정 시간부터 가동시간까지 변화시킬 수 있다. 이것은 이전에 가열되거나 공정에 설치된 열전대가 가질 수 있는 비균질성 가능성 때문에 교정 전에 체계적으로 점검하는 것이다.

NIST 와 같은 국립연구소나 다른 곳에서는 단일 열전대 와이어도 교정한다. 이러한 와이어는 *열전소자(Thermoelement)*라 불린다. 단일 와이어는 Pt-67을 이용하여 NIST에 개발한 플래티넘 열전대 참조표준을 기준으로 수행된다. 기준 금속과 특수 금속 와이어 모두 Pt-67에 대하여 교정된다. 열전소자는 열전대를 구성하기 위하여 Pt-67와 함께 엮여 있으며, 그림 6.8에서 제시한 방법으로 교정된다.

앞에 언급한 것처럼, 비교 교정은 S 타입과 같은 표준 열전대 또는 참조용 SPRT을 사용해 수행된다. SPRT를 사용할 때, 교정은 가열로가 아닌 혼합용액 욕조에서 수행되며, 테스트 열전대의 측정 접점은 욕조 내에서 SPRT 팁에 용접 또는 접촉되지 않은 상태로 놓인다.

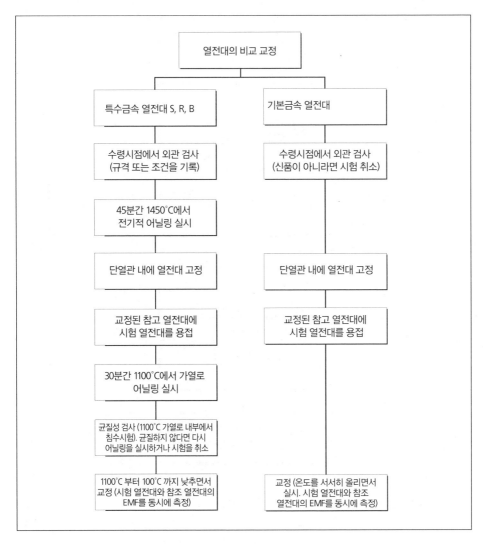

그림 6.8 비교법을 사용한 열전대 교정 절차

6.4.2 교정 데이터 처리

교정 데이터 처리는 측정된 EMF 와 테스트 열전대 또는 교정된 열전대에 대한 표준 참조표에 주어진 EMF 사이의 차이를 계산하는 것에서 시작된다. 모든 교정 점에 대한 차이값이 낮은 차수의 다항식에 피팅된다. 다항식 계수는 NIST 또는 ASTM에서 제시한 테스트 열전대에 대해 제시된 다항식에 피팅하는 과정에서 결정된다. 이와 같이 방법으로 교정 후 테스트 열전대의 EMF-온도관계를 나타내는 새로운 다항식을 만들어 낸다. 그림 6.9에 이러한 절차를 보여주고 있으며, 아래에서 요약하였다.

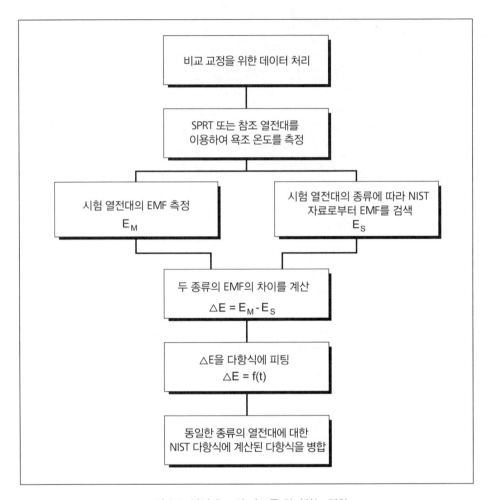

그림 6.9 열전대 교정 자료를 처리하는 절차

1. 참조센서(S 타입 열전대 또는 SPRT)의 중간 교정 온도(T) 측정

2. 온도 T에서 테스트 열전대의 EMF(E_M) 측정

3. 온도 T에서 테스트 열전대의 EMF에 대한 표준 참조표 이용 또는 EMF(E_S)를 얻기 위해 테스트 열전대에 대한 다항식 사용

$$E_s = a_0 + a_1 T + a_2 T^2 + a_3 T^3 + \cdots + a_n T^n \tag{6.5}$$

4. 측정된 EMF와 참조표의 EMF 차이 계산; $\triangle E = E_M - E_S$

5. 모든 교정 점에서 위의 과정 반복

6. 낮은 차수의 다항식에서 $\triangle E$ 피팅

$$\triangle E = b_0 + b_1 T + b_2 T^2 + \cdots + b_n T^n \tag{6.6}$$

b_0, b_1, b_2, $\cdots$ 은 피팅에 의해 결정된다. 보통 2차 또는 3차의 다항식이 사용된다. EMF 차이를 적절하게 피팅하는 다항식 차수를 결정하기 위한 최상의 방법은 오차-최소화 알고리즘을 사용하는 것이다.

7. 테스트 열전대에 대한 새로운 다항식을 구하기 위해 식 6.5와 식 6.6을 결합

$$E_0 = (a_0 + b_0) + (a_1 + b_1)T + (a_2 + b_2)T^2 + \cdots \tag{6.7}$$

이를 대신할 수 있는 데이터 처리 절차는 테스트 열전대에 대한 원본 교정 데이터를 다항식에 직접 피팅하고 가장 잘 맞는 다항식 차수를 선택하는 것이다. 이것은 계산기나 소형 컴퓨터에서 활용할 수 있는 훨씬 직접적인 방법이다. 앞의 일곱 개의 단계로 구성된 절차는 요즘과 같이 컴퓨터에서 데이터 처리가 간단히 되지 않을 때에 개발된 데이터 축소 방법임을 알려둔다.

압력 전송기의 정확도

* * *

온도센서와 마찬가지로, 압력 전송기의 정적성능 또는 정확도는 전송기가 얼마나 잘 교정 되었는지와 얼마나 교정 상태를 잘 유지할 수 있느냐에 달려있다. 압력 전송기의 교정 절차는 온도센서의 교정 절차와는 다르다.

압력 전송기의 교정은 센서내부의 전위계의 제로(Zero)와 스팬(Span)을 조정하게 된다. 이 방법은 온도센서가 데이터 기록과 피팅이 필요한 것과는 대조적이다. 이 장에서는 압력계의 교정 또는 정확도와 관련된 용어와 개념을 정의하고, 실제 절차에서 대해서 살펴볼 것이다.

7.1 용어와 정의

압력센서는 보통 입력과 출력 사이의 관계가 선형이라는 가정에서 설계된다. 그러므로, 직교좌표에서 압력센서에 대한 측정 곡선은 아래의 공식에 의해 곧은 직선으로 나타난다(그림 7.1).

$$y = mx + b \tag{7.1}$$

이 공식에서, m은 직선의 기울기, b는 절편이다. 기울기는 또한 *계인(Gain)*으로도 불리고, 절편은 *제로*, *옵셋(Offset)*, 또는 *바이어스(Bias)*로 불린다. 압력계 교정에서 흔히 사용되는 용어는 아래와 같고, 그림 7.2에 설명되어 있다.

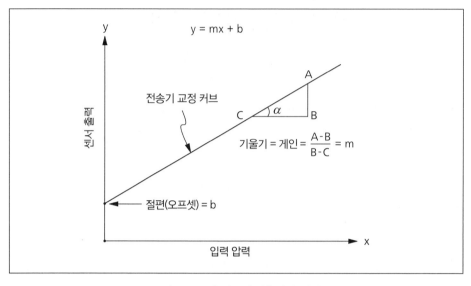

그림 7.1 교정 커브의 기울기와 절편

범위(Range):

범위는 전송기가 측정을 위해 설계되는 최소, 최대 압력이다. 입력범위는 압력 형태로 표현되며(1~2500 psi), 출력범위는 전기신호 형태로 표현된다(4~20 mA 또는 1~5 V).

제로:

교정된 전송기에서 가장 낮은 압력을 *제로*라고 한다. 제로는 절대값으로 영을 나타내는 것이 아닌 *오프셋*과 *바이어스*의 동의어로 사용된다.

스팬:

전송기는 압력계의 전체 범위의 일부 압력을 나타내도록 설계된다(예를 들어 0~2500 psi 의 범위를 가진 압력계의 경우 표시압력은 500~1500 psi). 이것을 *교정 범위* 또는 *전송기 스팬*이라고 한다.

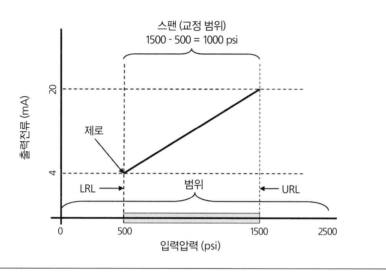

예제: 제작사에 의해 설계된 전송기는 0 psi부터 2500 psi까지 작동가능하다. 이것이 범위이다.
사용자는 500 psi 부터 1500 psi까지의 압력 범위를 측정하고자 한다.
전송기를 교정하기 위해서 사용자는 500 psi를 입력으로 주고 제로를 교정한다.
이것은 계측기가 발생시킬 수 있는 최소의 전류값이다.
다음 사용자는 1500 psi를 입력으로 가하고 스팬을 교정한다. 이것은 계측기가 발생시킬 수
있는 최대의 전류값이다. 따라서 계측기의 스팬 또는 교정 범위는 1000 psi가 된다.

그림 7.2 교정 용어

범위 상한치(Upper Range Limit, URL):

전송기에 측정을 위해 설정된 가장 높은 압력을 *범위 상한치* 또는 URL이라 한다.

범위 하한치(Lower Range Limit, LRL):

전송기에 측정을 위해 설정된 가장 낮은 압력을 *범위 하한치* 또는 LRL이라 한다.

제로 감소분(Suppression)/증가분(Elevation)

제로 감소분/증가분의 정의는 그림 7.3와 표 7.1에 나타나 있다. 제로 감소분은
전송기의 범위 하한치가 제로 압력보다 높은 압력을 갖는 조건을 나타내는 것이다.
예를 들면, 400 psi부터 500 psi까지 100 psi 스팬을 갖는 압력전송기는 400 psi
제로 감소분을 갖는다고 한다. 범위 하한치가 제로 압력보다 낮으면, 압력센서는

제로 증가분을 갖는다. 예를 들면, 20 psi부터 70 psi까지 90 psi 스팬을 나타내는 압력 송신기는 20 psi의 제로 증가분을 갖는다.

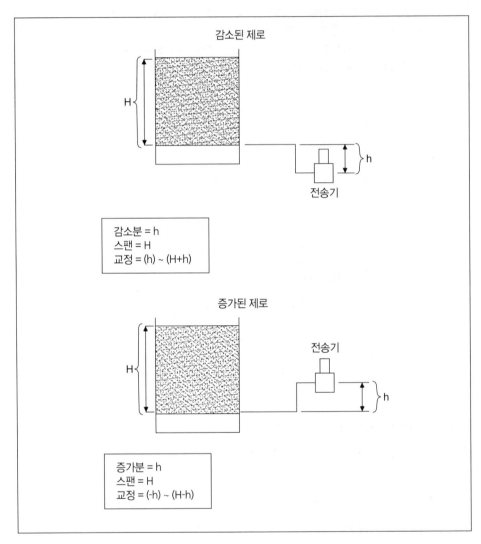

감소된 제로

전송기

감소분 = h
스팬 = H
교정 = (h) ~ (H+h)

증가된 제로

전송기

증가분 = h
스팬 = H
교정 = (-h) ~ (H-h)

그림 7.3 제로 감소분 및 증가분

표 7.1 전송기의 제로 감소분과 증가분의 정의

전송기 셋업	설정	교정범위	범위 하한치	범위 상한치	스팬
0 100	일반	0 – 100	0	100	100
20 100	감소된 제로	20 – 100	20	100	80
-25 0 100	증가된 제로	-25 – 100	-25	100	125

제로 시프트(Shift):

압력센서 교정은 제로, 스팬, 또는 둘 모두의 변화에 따라 달라진다. 제로에 대한 변화는 *바이어스 오차, 오프셋*, 또는 *제로 시프트*로 불린다. 제로 시프트는 모든 계측 범위에서 계기 눈금에 지속적인 오차(양수 또는 음수)가 나타나는 것을 말한다.

제로 시프트는 환경 온도 변화, 기계적 충격, 노화 효과와 같은 다양한 원인에 의해 발생 할 수 있다. 예를 들면, 계측 장비가 실내 온도에서 교정되고 다른 온도에서 사용 된다면, 장비의 측정값은 온도차에 의해 바이어스 오차(또는 제로 시프트)를 나타낼 것이다.

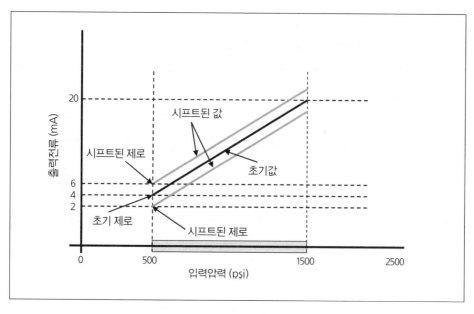

그림 7.4 제로 시프트

스팬 시프트

입력과 출력 관계에서 기울기의 변화는 스팬 시프트로 불린다. 스팬 시프트는 제로 시프트를 동반할 수도, 그렇지 않을 수도 있다. 그림 7.5는 제로 시프트를 동반했을 때와 그렇지 않았을 때의 스팬 시프트를 보여준다. 일반적으로, 스팬 시프트만을 포함한 경우는 드물게 나타난다. 관련 연구에서 압력 전송기에서 40 %는 제로 시프트, 30 %는 두 가지 모두, 그리고 20 %만이 스팬 시프트에 의해 오차가 발생한다고 보고하였다.[2] 나머지 10 %는 비선형성과 같이 다른 영향에 의해 발생한다.

히스테리시스

히스테리시스는 동일한 입력신호(증가하거나 감소하는)에 대해 다른 출력을 내는 현상이다(그림 7.6). 히스테리시스를 처리하기 위해, 계측장비는 증가하는 입력신호와 감소하는 입력신호 모두에 대해 교정된다. 그리고 두 결과의 평균값을 사용한다. 예를 들면, 압력 전송기는 다음 순서대로 입력신호를 사용해 교정된다: 스팬의 0, 25, 50, 75, 100, 75, 50, 25, 0 %

보통, 제조사는 히스테리시스, 선형성, 재현성, 그리고 계측장비의 입력/출력 관계에 영향을 미치는 다른 요소를 고려한 계측장비 정확도 설명서를 제공한다.

조정전(As-Found) / 조정후(As-Left) 교정 데이터

전송기의 교정은 시간이 지남에 따라 변할 수 있기 때문에, 주기적으로 교정을 한다. 주기적인 교정 절차는 일반적으로 두 가지 단계를 포함한다: (1) 교정이 필요 한지를 정하고, 필요하다면, (2) 전송기를 교정한다. 첫 번째 단계에서, 정해진 입력 신호 (스팬의 0, 25, 50, 75, 100 %)가 계측장비에 적용되고 그 출력값을 기록한다. 이렇게 생성된 자료를 *조정전 교정 데이터*라고 부른다(표 7.2). 만약 *조정전 자료*에 특별한 이상이 없다면, 교정은 필요하지 않을 것이다. 그렇지 않다면, 계측기에는 입력신호을 체계적으로 입력하여 센서가 허용 기준을 만족하도록 제로와 스팬을 조정하게 된다. 교정은 제로와 스팬을 설정하기 위해 최소/최대 압력 값을 적용해 수행되는 반면에, 중간값은 두 번째 단계에서만 활용하기도 한다.

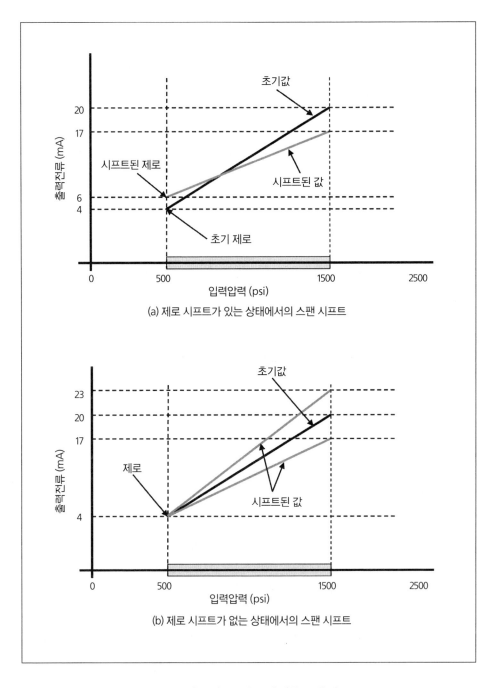

그림 7.5 제로 시프트 유무에 따른 스팬 시프트

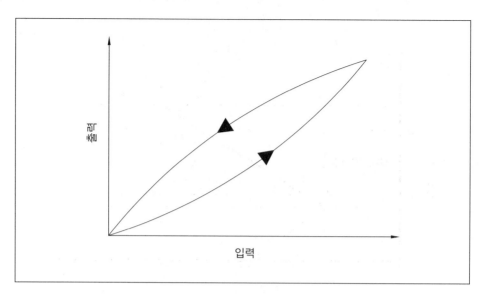

그림 7.6 히스테리시스

표 7.2 압력 계측기의 교정 데이터의 예

입력신호 (스팬 %)	정상 출력값 (mA)	조정전 데이터 (mA)	조정후 데이터 (mA)
0	4.00	3.93	3.99
20	8.00	8.03	8.01
50	12.00	11.92	12.03
75	16.00	16.09	15.98
100	20.00	20.12	19.97

교정 후의 입력/출력 데이터는 조정후 교정 데이터로 불린다. *조정전*과 *조정후* 데이터 사이의 차이는 *교정 드리프트* 또는 *교정 시프트*로 불린다. 그림 7.7은 공정 설정치에 관한 조정전, 조정후 값을 보여준다.

계측기가 교정되면 모든 교정 점들이 공정제어 또는 안전계통 작동을 위한 설정치에서 ± 허용오차 이내로 들어오는 것을 보증하기 위해 추가적인 작업이 필요 하다. 이러한 오차 범위는 그림 7.7에서 *조정후 제한치*와 동일한 의미이다. 보통 계측기는 1년에서 3년에 한번 진행되는 교정 주기 사이에 본래의 기능을 수행해야 한다. 교정시 기술자는 교정 이전에 계측기의 상태를 확인하고 교정된 각각의 지점에서 공정제어 또는 안전계통 설정치에서의 ± 오차범위를 결정한다. 이러한 밴드는 *조정전 제한치*와 동일한 의미를 갖는다. 따라서 만약 조정전 범위가 조정후 밴드보다 넓다면 계측기를 교정해야 한다.

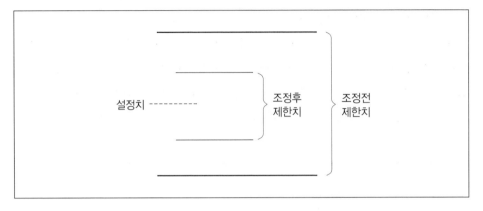

그림 7.7 조정전, 조정후 교정 제한치의 원리

7.2 압력 전송기 교정

　산업용 압력 전송기의 초기 교정(절대압 및 차압 전송기에 해당)은 *벤치(Bench) 교정*이라 한다. 이 단계는 사하중 시험기(Deadweight Tester)와 같은 고정된 압력 소스를 사용한다. 압력 소스는 8장에서 설명되는 국제표준에서 인증을 받아야 한다. 사하중 시험기로 센서에 일정한 압력 신호를 공급한다. 한편 센서의 출력은 가해진 압력에 비례하는 전기적 출력을 만들기 위해 조정이 된다. 예를 들면, 압력센서는 센서의 전체 스팬(0 에서 1500 psi)을 다루는 압력 신호에 대해 4에서 20 mA까지 출력을 생성하기 위해 교정이 필요하다. 압력이 전혀 가해지지 않으면, 전송기는 4 mA의 출력을 만들도록 조정된다. 다음으로 스팬의 100 %에 상응하는 압력이 사하중 시험기에 의해 생성되어 센서에 가해진다. 이때 출력은 20 mA를 나타내기 위해 조정된다. 이들의 조절은 *제로*와 스팬 교정을 위한 두 개의 전위계를 사용한다.

　압력 전송기의 제로와 스팬 조정은 보통 하나를 조정하였을 때에 다른 쪽이 변화된다. 따라서, 압력 전송기를 교정할 때, 엔지니어는 각각의 입력 압력에 대한 가능한 가장 정확한 출력을 생성하기 위해 제로와 스팬을 여러 번 조절해야 한다. 전송기를 교정하기 위한 스팬을 조정하고 다음으로 제로를 설정(또는 고정)하는 방법이 반복된다. 비록 압력 전송기가 선형적인 입력/출력 관계를 갖도록 설계되어도 일반적으로 비선형성이 포함된다. 그러므로, 아무리 제로와 스팬을 함께 교정해도 입력과 출력이 항상 완벽하기 일치하지는 않는다. 이런 문제를 극복하기 위해 어떤 압력 전송기는 입력 압력과 출력 전류 사이의 최상의 관계 획득에 도움을 주도록 제로 및 스팬 가변저항기 이외에 선형 조정기를 제공하기도 한다.

산업 현장에서는 사하중 시험기 대신 안정적인 압력 소스(예를 들어 압력 용기와 조절기)와 정밀 압력 게이지를 사용한다. 정밀 압력 게이지는 다수의 제조사에서 제공되며, 다양한 범위에서 정확하며, 디지털 기술과 통합된 자동 압력센서 교정 장비 또한 사용이 가능하다. 이 장비는 교정 정확도를 향상시킨 뿐만 아니라 편리성도 갖추었다.

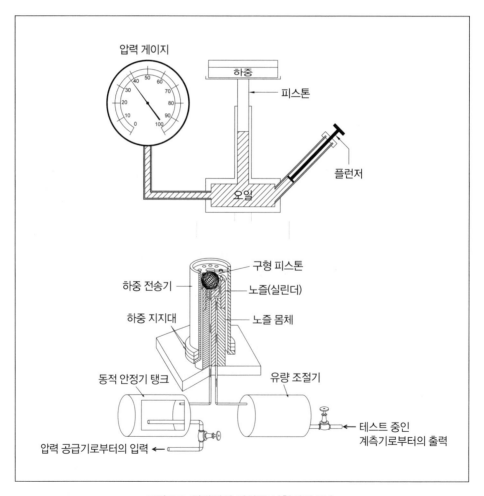

그림 7.8 일반적인 사하중 시험기의 모습

그림 7.9는 자동화된 압력센서교정 시스템의 작동 원리를 보여준다. 이 시스템은 교정될 전송기에 가해질 특정 압력 신호를 생성하기 위해 프로그램으로 작동이 가능한 압력 소스를 사용한다. 전송기의 출력은 기록되어, 조정전 데이터가 생성된다. 센서에는 히스테리시스를 고려하기 위해 입력 신호를 증가 또는 감소시키면서 적용한다. 다음으로, 시스템은 *조정전 데이터*를 압력 전송기에 대한 교정 허용 기준과 비교하고 교정 수행 여부를 자동적으로 결정한다. 만약 교정이 필요하면, 이 시스템은 교정에 필요한 입력 신호를 전송기에 제공하고 제로와 스팬 조정이 될 때까지 입력 신호를 일정하게 교정한다. 이렇게 생성된 입력/출력 데이터는 조정후 교정 데이터로 표기된다. 교정 시스템은 조정전과 조정후 데이터를 포함하는 교정 보고서를 제공하고 추이분석, 이상 상태 감지, 그리고 다른 목적을 위해 교정 정보를 저장한다.

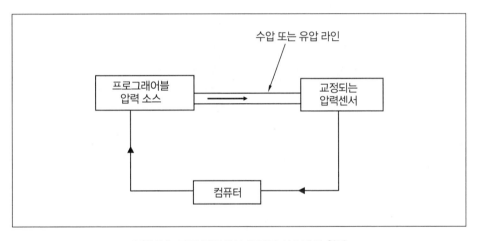

그림 7.9 자동 압력센서 교정기 시스템의 원리

7.3 압력 전송기의 정확도

교정 후의 압력 전송기의 초기 정확도는 교정 표준과 절차의 정확도로 결정된다. 정확도는 보통 스팬 퍼센트로 표현된다. 일반적으로, 압력 전송기의 정확도 사양은 정밀 센서의 경우 0.25 스팬 % 범위이며 그 이외의 센서에서는 1.25 스팬 %이다. 표 7.3부터 7.5는 세 곳의 제조사에서 나온 산업용 압력 전송기에 대한 정확도 사양에 대한 정보를 보여준다.

표 7.3 제조사 A의 압력 전송기에 대한 정적성능 명세서

전송기 특징	전송기 모델			
	A-1	A-2	A-3	A-4
타입	차압	게이지	게이지	차압
센싱소자	벨로스	부르동관	브르동관	벨로스
정확도 (스팬 %) 비선형성, 히스테리시스, 반복성의 영향 포함	± 0.25	± 0.25	± 0.5	± 0.5
범위	0 ~ 50" wc 0 ~ 300 psid	0 ~ 25 psi 0 ~ 5000 psi	0 ~ 100 psi 0 ~ 3000 psi	0 ~ 100" wc 0 ~ 300 psid
드리프트 (% 스팬/년)	N/A	N/A	± 1.0	± 1.0

표 7.4 제조사 B의 압력 전송기에 대한 정적성능 명세서

모델	종류	타입	센싱소자	범위	정확도 (± 스팬 %)	드리프트/년 (스팬 %)
B1	B1-1	하한 범위	다이아프램	0-70 mmHg	1.0	1.2
	B1-2	중간 범위	다이아프램	0-1520 mmHg	0.5 – 1.25	0.5
	B1-3	상한 범위	벨로스	0-750 psia	0.5	0.33
	B1-4	차압	벨로스	-180-3000 psi	0.5	0.25
	B1-5	게이지	벨로스	-15-3000 psi	0.5	0.25 – 0.40
	B1-6	게이지	브르동관	-15-6000 psi	0.5 – 1.25	0.33
B2	B2-1	차압	다이아프램	-25-25" wc	0.5	0.33
	B2-2	차압	다이아프램	-205-850" wc	0.5	0.25
	B2-3	차압	다이아프램	-205-850" wc	0.5 – 0.75	0.25

표 7.5 제조사 C의 압력 전송기에 대한 정적성능 명세서

전송기 특징	전송기 모델 번호			
	C-1	C-2	C-3	C-4
절대	V	V	V	
차압	V	V	V	V
게이지	V	V	V	V
정확도(± 스팬 %)	0.25 – 0.5	0.25	0.25	0.25
드리프트 (± 상한 범위 % / 6개월)	0.25 – 0.5	0.25	0.25	0.25

공정에 전송기가 설치 된 후에 압력 지시계의 정확도는 초기 교정 정확도와 환경적 영향, 정압 영향 그리고 계측기의 드리프트율에 의해 결정된다. 제조사는 일반적으로 이러한 정보를 제공하며 사용자가 오차를 조합하여 결정할 수 있도록 한다. 오차 조합을 위한 식의 예는 아래와 같다.

총 오차 = 우연 오차의 RRS + 바이어스 오차의 합

일반적인 공정 압력 측정에 대해서는 아래와 같이 쓰인다.

$$\text{총 오차} = \sqrt{(PMA)^2 + (PEA)^2 + (SCA + SD)^2 + (SPE)^2 + (STE)^2} + Bias$$

이 식에 사용된 용어는 표 7.6에 정의되어 있다. 이 식에 사용된 항들은 경우에 따라 있을 수도 있고, 그렇지 않을 수도 있다. 예를 들면, 수위 측정에 대해 PEA와 바이어스는 대게 포함되지 않는다. 이 식에서 수위 측정에 대한 값은 아래와 같이 계산될 것이다.

$$\text{오차(스팬 \%)} = \sqrt{(2.0)^2 + (1.5)^2 + (0.3)^2 + (0.5)^2} = 2.57$$

예제에서 수위 측정 오차는 2.57 스팬 %이다.

표 7.6 압력 전송기의 지시계에 존재하는 오차의 원인

PMA	공정계측 정확도. 이 오차는 공정과 워터 래그 교정, 엘보우 팁 오차, 밀도 교정과 같은 원인에서 발생하는 고유 잡음을 포함한다.
PEA	일차 센서의 정확도 (오리피스와 같은 측정 장비의 사용으로 발생하는 오차)
SCA	센서 교정 정확도. 제조사에서 제공되는 전송기의 초기 벤치마킹 교정에 대한 정확도이다.
SD	센서 드리프트. 일반적으로 제조사에서 제공한다.
SPE	센서 압력 영향
STE	센서 온도 영향
BIAS	유량 측정에서 바이어스 오차의 예는 엘보우 팁에 대한 측정오차를 들 수 있다.

온도와 압력센서의 교정이력 추적

* * *

교정 과정이 타당하고, 허용가능하며, 합법적임을 보증하기 위해 모든 교정이력은 직·간접적으로 국가 표준 또는 유사한 방법을 통해 추적 가능해야 한다. 미국에서, 장비 교정은 워싱턴 D.C.에 있는 미국 상무부의 산하의 NIST에서 이력을 관리하고 있다.

각 국가마다 압력, 온도, 전압, 저항, 무게, 시간/주파수 등에 대한 자국의 표준 교정 연구소를 갖고 있다. 국가 표준 연구소는 보통 *일차표준(Primary Standard)*이라 불리는 교정 업무를 담당한다. 일차표준은 국가 표준 연구소에서 교정되는 계기이고, 이를 이용하여 같은 종류의 다른 장비에 대한 교정을 실시한다. 예를 들어, RTD 교정에 적용되는 일차표준은 *백금저항온도계(SPRT)*라 불리는 정밀 RTD이다. 압력 전송기의 경우, 일차표준은 질량 세트이다. NIST에 의해 교정된 표준을 사용하는 실험실에서 교정한 결과는 NIST에서 수행한 것과 마찬가지의 효과를 나타내며, 이를 *직접 추적성(Direct Traceability)*이라 부른다. NIST가 교정한 표준이 없는 발전소에서는 그런 업무를 수행하는 실험실에 계기를 보내서 교정을 하는데 이를 *간접 추적성(Indirect Traceability)*이라 부른다.

NIST 같은 국가 표준 연구소에 의해 교정된 결과를 얻으려면, NIST에 제공된 일차표준이 특정 요건을 만족해야 한다. 그렇지 않으면, NIST는 그 계기를 교정할 수 없다. 국가 표준 연구소는 보통 일차표준을 유지하는 업무를 하므로, 범용 목적의 장비에 대한 교정은 일반적으로 수행하지 않는다.

일차표준 장비를 보호하기 위해, 이차표준(*변환 표준(Transfer Standards)*이라고도 함)을 사용할 수 있다. 이런 경우, 이차표준을 교정하기 위해 일차표준이 사용 되고, 이차표준은 다른 계기를 교정하는데 쓰인다. 이 방법의 장점은 일차 표준을 최소한으로 사용하여 건전성과 정확도를 유지할 수 있다는 것이다. 단점은 매번 계기가 다른 계기에 의해 보정되므로, 보정된 계기의 불확실성이 증가하거나 정확도가 감소할 수 있다.

일차표준에 드리프트 또는 다른 오류가 없음을 보장하기 위해 중요한 교정 전에 일차표준은 자체적으로 검사되어야 한다. 예를 들어, SPRT는 물의 삼중점에서 검사 된다. 측정 결과는 기준치와 비교되고 SPRT 자체 교정에 변화가 없음을 보장하기 위한 분석을 수행한다. 그림 8.1은 SPRT의 삼중점 저항을 측정하는데 쓰이는 삼중점셀의 사진을 보여준다. 적절한 조건에서라면 셀의 팁 온도는 0.01 ℃ 이다. 그림 8.1은 삼중점 셀 안에 삽입된 SPRT를 보여주고 있다.

기존에는 계기가 적어도 자신보다 네 배 이상 정확한 표준 계기를 사용하여 교정 되어야 한다는 요건이 있었다. 그러나 요즘은 계기들의 정확도가 너무 높아 종종 이 요건을 만족시키기가 어렵다. 표준 계기를 찾지 못할 수도 있다. 예를 들어, 압력전송기가 스팬의 0.4 %의 정확도로 교정되기 위해서, 표준 계기는 0.1 %의 정확도 혹은 그보다 우수해야 한다. 만약 이것이 불가능하다면, 교정되어야 하는 압력전송기에 요구되는 정확도는 이에 따라 감소한다. 일반적으로, 표준 계기는 교정 되는 계기보다 네 배 이상 정확하고, 전체 오차를 계산할 때 표준 계기의 오차는 포함되지 않는다. 만약 표준 계기가 네 배 보다 덜 정확하면, 전체 오차를 계산할 때에 표준 계기의 오차가 포함된다.

추적성 요건에 추가하여, 중요한 분야에 적용되는 특히 안전 관련 목적의 계기 교정은 공식적인 품질 보증(Quality Assurance, QA) 프로그램 하에 이루어져야 한다. 공식적인 QA 프로그램은 허가된 절차와 이력추적이 가능한 교정 장비를 사용하고 자격을 갖춘 엔지니어에 의해 진행된다. 특히 다음의 것이 일반적으로 요구된다:

1. 교정 자격을 얻기 위해서는 적절한 훈련이 필요하고 문서화된 자격증을 갖고 있어야 한다.

2. 미리 작성된 단계별 지시 절차를 사용해야 하고, 검사를 시행한 사람의 이름과 함께 작업 결과를 기록해야 한다. 계기를 교정하는데 사용된 장비의 교정 날짜가 명시 되어야 한다. 교정된 장비 또한 교정이 시행된 조건을 명시해야 하고 검사 중에 특이한 사항은 기록되어야 한다.

3. 계기 교정을 위해 사용된 장비는 그 자체에 대한 교정의 문서화를 통해 유효성을 지녀야 한다. 이 장비의 교정은 국가 표준을 따라야 한다.

일반적으로 교정은 1년 간 유효하다고 알려져 있다. 즉, 중요한 장비는 해마다 교정되어야 하고 교정 시 잠재적인 요인을 피하기 위해 통제된 환경이 유지되어야 한다. 교정의 유효성에 대한 1년은 지극히 임의적이다. 어떤 경우 장비의 교정 유효 기간은 1년 보다 짧을 수도 있고 길 수도 있다. 후자의 경우, 왜 교정 유효 기간이 기존의 경우보다 연장 되어야 하는지 타당한 이유가 제공되어야 한다.

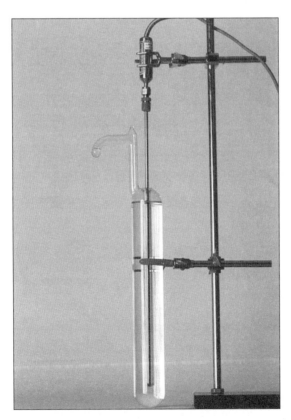

그림 8.1 SPRT의 교정을 검증하는 삼중점셀

동적 응답의 기본원칙

* * *

　센서(또는 시스템)의 동적 응답은 이론적 혹은 실험적인 방법으로 확인될 수 있다. 이론적인 접근 방법은 보통 센서의 설계, 상세 구조, 센서의 내부 재료의 특성과 규격, 그리고 센서를 둘러 싼 재료의 특성에 관한 완전한 자료를 필요로 한다. 그러나 이러한 정보는 완전하게 알려지지 않거나 공정 과정 또는 노화에 의해 변화하기 때문에 이론적인 접근은 대략적인 결과만을 제공한다. 이러한 문제에 대한 해결책으로 이론과 실험을 결합하는 것이 추천된다.

　이론은 시스템의 입력/출력에 관련된 *모델*이라 불리는 방정식을 통해 센서의 예상되는 거동을 결정하는데 사용된다. 시스템에 실험 입력 신호를 주고, 출력을 측정한 뒤, 모델과 일치시킨다. 모델 상수는 모델의 출력이 사전에 결정된 수렴조건과 일치할 때까지 반복적으로 변화된다. *피팅*이라 불리는 이러한 과정은 컴퓨터를 이용해 수행한다. 피팅이 성공적으로 완료 되면, 모델 상수가 얻어지며, 계산된 응답 시간으로부터의 센서의 동적 응답을 결정한다. 만약 센서가 1차(First Order) 모델로 나타낼 수 있다면, 피팅과정 없이 응답 시간은 센서의 출력으로부터 직접 결정할 수 있다. 이에 대해 다음 장에 상세하게 설명되어 있다.

　센서 혹은 시스템에 대한 모델은 *전달함수(Transfer Function)*로 불린다. 정상 상태에서 전달함수는 DC 입력에 대한 DC 출력의 관계이며, 게인이라 불리는 상수이다(그림 9.1). 게인은 *0차(Zero Order)* 전달함수라고도 한다. 동적 분석에서 전달함수는 시스템 입력에 따른 출력의 변화를 설명한 라플라스 변환(Laplace Transform)에 의해 정의된다(그림 9.2).

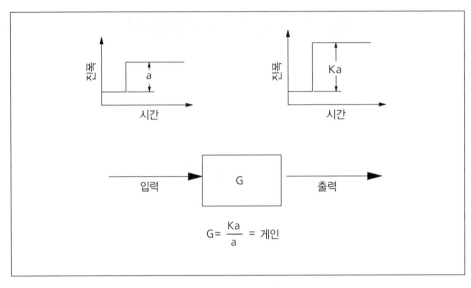

그림 9.1 0차 전달함수

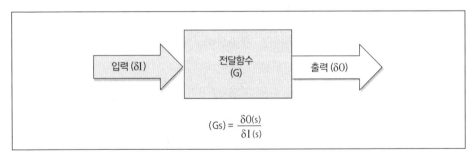

그림 9.2 동적전달함수의 일반적인 모습

$$G(s) = \frac{\delta O(s)}{\delta I(s)}$$ (9.1)

여기서

$G(s)$ = 전달함수

$\delta O(s)$ = 시스템출력변화

$\delta I(s)$ = 시스템입력변화

s = 라플라스변환 모수

9.1절에서는 시스템의 전달함수가 얻어지는 과정에 대한 간단한 예제를 보여준다. 또한, 전달함수를 통해 시스템 동적 응답을 결정하는 방법과 센서작동 시 주요 변수인 응답시간을 어떻게 확인하는지에 대해 설명한다.

9.1 단순한 시스템의 동적 응답

그림 9.3에 보여진 것과 같이 센서의 감지 부분은 열용량 c, 질량 m 으로 나타내지는 균질한 물질로 만들어졌다고 가정한다. 갑자기 온도가 T_f 인 물체에 노출되었을 때 이 시스템의 응답은 시스템을 묘사하는 열평형 방정식을 사용해서 이론적으로 유도될 것이다. 열전대 물질의 열전도도가 무한하다고 가정하면, 우리는 아래와 같이 쓸 수 있다.

$$mc \frac{dT}{dt} = hA(T_f - T) \tag{9.2}$$

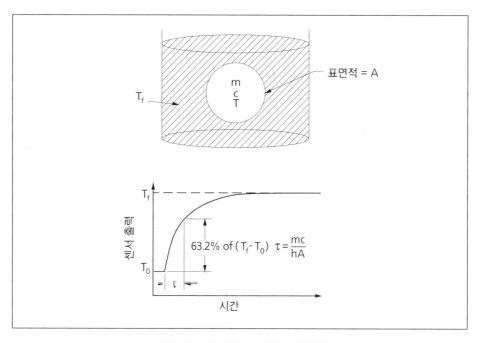

그림 9.3 1차 열적시스템의 스텝응답

식 9.2는 1차 열전달 모델의 동적 거동을 나타내는 미분 방정식이다. 모델의 질량은 균질하게 구성되어 있으며, 관련 변수는 아래와 같다.

h = 열전달 계수
A = 표면적
T = 시간 t의 함수로서 시스템의 온도 응답

식 9.2는 양변에 라플라스 변환을 취하여 계산한다. 그 결과는 아래와 같다.

$$sT(s) - T(0) = p[T_f(s) - T(s)] \tag{9.3}$$

여기서, s는 라플라스 변환 변수이고 p는 아래 식에 의해 주어진다.

$$p = \frac{hA}{mc} \tag{9.4}$$

식 9.3은 출력 $T(s)$의 라플라스 변환과 입력 $T_f(s)$의 라플라스 변환의 관계를 나타낸다. 계산을 간소화시키기 위해 $T(0)=0$으로 가정하면

$$G(s) = \frac{p}{s + p} \tag{9.5}$$

여기서, $G(s)$는 1차 시스템의 전달함수이다. 그리고 p는 전달함수의 폴(Pole)이라고 한다. p의 역수는 시간단위를 가지며 1차 시스템의 시간상수로 불린다.

$$\tau = \frac{mc}{hA} \tag{9.6}$$

전달함수 $G(s)$는 동적 응답을 결정하는데 사용될 수 있으며 스텝(Step), 램프(Ramp) 또는 싸인파(Sinusoidal) 입력과 같은 특정 입력에 대한 시스템 응답시간을 확인할 수 있다. 이것은 식 9.7, 9.8 그리고 9.9에서 유도된다. 여기에서 보면 응답시간을 확인하기 위해 스텝, 램프, 또는 싸인파를 사용하는 여부와 상관없이 1차 동적 시스템의 응답 시간은 동일한 수치가 얻어지는 것을 알 수 있다.

스텝 응답을 유도해보면 다음과 같다.

$$T_r(s) = \delta I(s) = \frac{a}{s} \tag{9.7}$$

여기서 a는 스텝 진폭이다. 식 9.7을 9.5에 대입하면

$$T(s) = \frac{pa}{s(s+p)} \tag{9.8}$$

식 9.8의 역 라플라스변환을 취하면 아래와 같이 스텝 응답을 나타낸다.

$$T(t) = a\left(1 - e^{-\frac{t}{\tau}}\right) \ \text{여기서} \ \ \tau = \frac{1}{p} \tag{9.9}$$

만약 1차 시스템에서 스텝 변화에 따른 출력을 측정하는 실험을 수행한다면, 데이터는 그림 9.4와 유사한 모양을 보여줄 것이다. 시간상수를 얻기 위해 이 데이터를 식 9.9에 피팅한다. 그러나, 식 9.9에서는 간단하게 $t=\tau$로 해결할 수 있기 때문에 피팅이 굳이 필요하지 않다.

$$T(t = \tau) = a(1 - e^{-1}) = 0.632\,a$$
$$T(t = \infty) = a\,; a = \text{최종값} \tag{9.10}$$

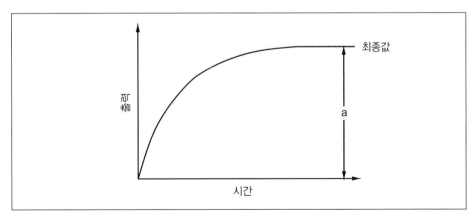

그림 9.4 1차 시스템의 스텝응답

그러므로, 1차 시스템의 시간상수는 그림 9.5에 있는 스텝 응답값으로부터 바로 계산될 수 있다. 이것은 최종 시스템 출력의 63.2 %에 도달하는데 소요되는 시간을 결정하는 것과 동일하다. 램프 응답은 램프 신호 $\dfrac{r}{s^2}$ 의 라플라스 변환과 식 9.5를 곱해서 얻어진다.

$$T(s) = \frac{rp}{s^2(s+p)} \tag{9.11}$$

여기서, rp는 우리가 k로 나타내는 상수이다. 이 식의 역 라플라스변환은 다음과 같다.

$$T(t) = k[t - \tau + \tau e^{-\frac{t}{\tau}}] \tag{9.12}$$

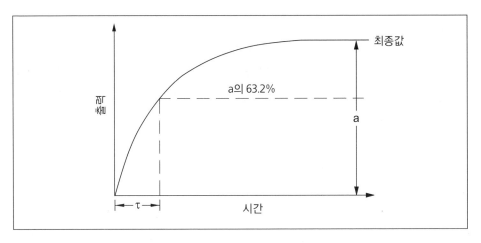

그림 9.5 1차 시스템의 스텝응답을 이용한 시간상수의 결정

이 식을 그려보면 그림 9.6과 같다. $t >> \tau$ 일 때, 지수 항은 무시할 수 있기 때문에 아래와 같이 쓸 수 있다.

$$T(t) = k(t - \tau) \tag{9.13}$$

시스템의 점근 응답은 스텝 응답에서의 시간상수와 동일한 값을 갖는 입력값에 대하여 지연된다. 싸인파 입력에 대하여, 응답시간은 주파수-응답 차트의 코너(Corner) 주파수의 역수(보데(Bode) 선도의 게인 부분에서 절점(Break)

주파수)로 표현된다. 만약 코너 주파수를 ω로 나타내면, 식 9.14와 9.15을 통해 $\frac{1}{\omega}$ 는 1차 시스템에 대한 시간상수와 동일하다는 것을 보일 수 있다.

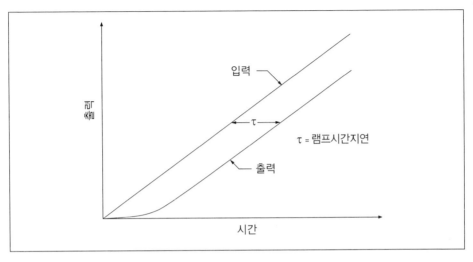

그림 9.6 램프응답

식 9.5에서 s는 $j\omega$로 대체하고, $1/p$를 τ로 대체하면 다음 식을 얻게 된다.

$$G(j\omega) = \frac{1}{j\omega\tau + 1} \tag{9.14}$$

여기서, ω는 각속도이며, $j = \sqrt{-1}$ 는 복수소이다. $G(j\omega)$의 크기는 아래와 같다.

$$|G| = \left(\frac{1}{\omega^2\tau^2 + 1} \right)^{\frac{1}{2}} \tag{9.15}$$

코너 주파수는 $|G| = 0.707$에서의 주파수이다. 이 값을 식 9.15에 대입하고 τ에 대하여 풀면 $\tau = \frac{1}{\omega}$ 를 얻을 수 있다.

9.2 1차 시스템의 특성

1차 시스템은 식 9.2와 같은 1차 미분 방정식으로 나타낼 수 있는 시스템으로 정의된다. 또한, 1차 시스템은 식 9.5와 같이 전달함수에서 단 하나의 폴을 갖는 시스템으로 정의된다.

1차 시스템의 응답 시간은 측정하는 방법에 따라 *시간상수*, *램프시간지연* 또는 *시간응답* 등으로 불리는 지표로 표현된다. 만약 스텝입력 신호를 사용해 측정된다면, 응답시간은 *시간상수*, 램프입력 신호를 사용하면 *램프시간지연*으로 표현된다. 그리고 싸인 곡선과 같은 주기 신호를 사용하면, 1차 시스템의 *시간응답*으로 불린다. 1차 시스템의 독특한 특징은 시간상수, 램프시간지연, 그리고 시간응답(코너 주파수의 역수)이 수치적으로 동일하다는 것이다. 그림 9.7은 네 종류의 다른 입력 신호에 대한 1차 시스템의 거동을 보여준다. 여기에서는 우연오차와 같은 비결정론적 입력신호에 대한 응답도 포함한다. 따라서 13장에서 논의할 센서 응답시간 시험을 위한 잡음 해석법의 기본 원리가 되기도 한다.

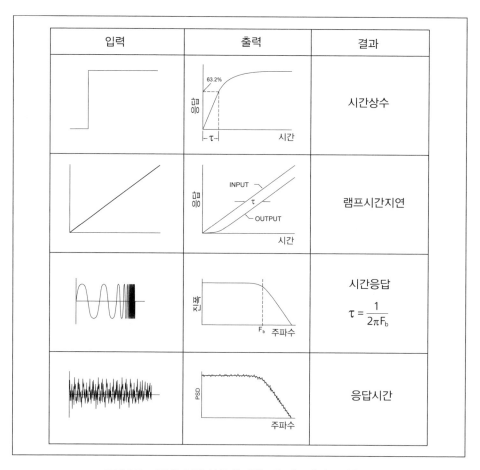

그림 9.7 다양한 입력 신호에 대한 1차 시스템의 동적응답

9.3 시간상수의 정의

일반적으로 시스템의 시간상수는 입력의 스텝 변화 후 최종 값의 63.2 %에 도달하는 시스템 출력까지 소요되는 시간으로 정의된다. 이러한 정의는 본래 1차 시스템(식 9.10)에서만 해당되지만 1차 시스템이 아닌 온도센서와 압력 전송기에서도 통상 동일하게 사용한다. 따라서, 시스템의 동역학적 차수에 관계없이 이 책에 있는 모든 시간상수는 이러한 정의를 사용한다.

동일한 시간상수를 갖는 두 개의 1차 시스템에 대한 정규화된 스텝 응답 거동은 서로 결합될 수 있다. 반대로, 동일한 시간에 63.2 % 수준을 넘어서는 두 개의 고차 시스템에 대한 스텝 응답 거동은 동일한 거동(그림 9.8)을 보일 수도 있고, 그렇지 않을 수도 있다. 즉 단일 시간상수가 1차가 아닌 동적 시스템의 응답을 적절히 특성화 하지 못함을 알 수 있다.

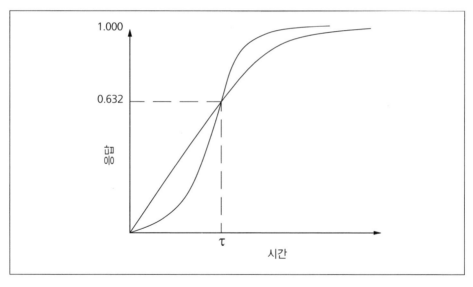

그림 9.8 고차 시스템의 응답 비교

9.4 고차 시스템의 응답

9.1에서 논의한 간단한 시스템은 1차 모델로 근사 할 수 있다. 그러나, 대부분의 과도 거동은 일반적으로 아래의 전달함수에 의해 나타내는 고차 모델을 활용한다.

$$G(s) = \frac{1}{(s-p_1)(s-p_2)\cdots(s-p_n)} \tag{9.16}$$

여기서, $p_1, p_2, \ldots, p_n$은 시스템 전달함수의 폴이라 한다. 폴은 시스템 응답 모드라고도 한다. 폴의 역수는 *모달시간상수(Modal Time Constant)*라고 하며 $\tau_1, \tau_2, \ldots, \tau_n$로 표시한다. 다음의 유도(식 9.17부터 9.24, 식 9.24부터 9.29) 과정을 통해 만약 센서의 모달시간상수를 알고 있다면 응답시간을 얻을 수 있음을 알 수 있다.

스텝 입력에 대한 고차 시스템의 응답은 식 9.16에 $\frac{1}{s}$를 곱하고 역 라플라스변환을 수행하여 유도된다.

$$T(t) = \frac{1}{(-p_1)(-p_2)\cdots(-p_n)} + \frac{e^{p_1 t}}{p_1(p_1-p_2)\cdots(p_1-p_n)} + \frac{e^{p_2 t}}{p_2(p_2-p_1)\cdots(p_2-p_n)} + \cdots \tag{9.17}$$

이것은 아래와 같이 쓸 수 있다.

$$T(t) = \frac{1}{(-p_1)(-p_2)\cdots(-p_n)} \left[1 + \frac{(-p_1)(-p_2)\cdots(-p_n)}{p_1(p_1-p_2)\cdots(p_1-p_n)} e^{p_1 t} + \frac{(-p_1)(-p_2)\cdots(-p_n)}{p_2(p_2-p_1)\cdots(p_2-p_n)} e^{p_2 t} + \cdots \right]$$

$$\tag{9.18}$$

여기에 모달시간상수$(\tau_i = \frac{1}{p_i})$를 도입한다.

$$e^{p_i t} = e^{-t/\tau_i} \tag{9.19}$$

우리는 정상상태 또는 스텝응답의 최종 값을 계산하였다. 식 9.18에 식 9.19을 대입하고, 지수 항이 소거되었을 때의 결과는 식 9.20과 같다.

$$T(\infty) = \frac{1}{(-p_1)(-p_2)\cdots(-p_n)} = \tau_1 \tau_2 \cdots \tau_n \tag{9.20}$$

따라서 최종 값과 스텝 응답의 비는

$$\frac{T(t)}{T(\infty)} = 1 + \frac{\dfrac{1}{\tau_1 \tau_2 \cdots \tau_n}}{\dfrac{1}{-\tau_1}\left[-\dfrac{1}{-\tau_1}+\dfrac{1}{\tau_2}\right]\cdots\left[\dfrac{1}{-\tau_1}+\dfrac{1}{\tau_n}\right]}\, e^{-\frac{t}{\tau_1}} + \frac{\dfrac{1}{\tau_1 \tau_2 \cdots \tau_n}}{\dfrac{1}{-\tau_2}\left[-\dfrac{1}{-\tau_2}+\dfrac{1}{\tau_1}\right]\cdots\left[\dfrac{1}{-\tau_2}+\dfrac{1}{\tau_n}\right]}\, e^{-\frac{t}{\tau_2}} + \cdots$$

$$(9.21)$$

우리는 모달시간상수(τ_1, τ_2, τ_3, ...)를 이용하여 시스템의 전체적인 응답시간에 대한 수식을 유도하였다. 고차 시스템의 동적응답을 설명할 때 *시간상수* 대신 *응답시간*을 사용하였다. 동적응답 곡선에 대한 저자의 경험에 따르면 일반적인 공정 센서에 대해 모달시간상수의 값은 τ_1에서 τ_n로 갈수록 빠르게 감소한다고 가정할 수 있다.

만약 τ_1 가장 느린 시간상수(최대값)이거나 두 번째 지수항을 $\dfrac{t}{\tau_1} = 1$으로 가정하면, 우리는 아래와 같은 값을 얻을 수 있다.

$\dfrac{\tau_1}{\tau_2}$	$e^{-\frac{t}{\tau_2}}\ (t=\tau_1 \text{에서})$
2	0.135
3	0.050
4	0.018
5	0.007

RTD와 같은 센서에서, $\dfrac{\tau_1}{\tau_2}$는 2보다 크다. 그러므로, τ_2의 기여도는 $t = \tau_1$ 까지 작다. τ_1은 τ에서 가장 중요한 역할을 하기 때문에 $t = \tau$ 일때 τ_2 이상의 항은 영향이 별로 없음을 알 수 있다. 따라서, 아래와 같이 쓸 수 있다.

$$\frac{T(t)}{T(\infty)} \approx 1 + \frac{\dfrac{1}{\tau_1 \tau_2 \cdots \tau_n}}{\dfrac{1}{-\tau_1}\left[-\dfrac{1}{-\tau_1}+\dfrac{1}{\tau_2}\right]\cdots\left[\dfrac{1}{-\tau_1}+\dfrac{1}{\tau_n}\right]}\, e^{-\frac{t}{\tau_1}}$$

$$(9.22)$$

$\dfrac{T(t)}{T(\infty)}$를 0.632로 지정할 수 있으며, τ에 대해 계산할 수 있다.

$$e^{-\tau/\tau_1} = 0.368 \left(1 - \frac{\tau_2}{\tau_1}\right)\left(1 - \frac{\tau_3}{\tau_1}\right) \cdots \left(1 - \frac{\tau_n}{\tau_1}\right) \qquad (9.23)$$

또는

$$\tau = \tau_1 \left[1 - \ln\left(1 - \frac{\tau_2}{\tau_1}\right) - \ln\left(1 - \frac{\tau_3}{\tau_1}\right) - \cdots \ln\left(1 - \frac{\tau_n}{\tau_1}\right)\right] \qquad (9.24)$$

램프 응답을 계산하기 위해 식 9.16에 $\frac{k}{s^2}$ 을 곱한다. 여기서 k는 램프율이다.

$$T(s) = \frac{k}{s^2(s-p_1)(s-p_2)\cdots(s-p_n)} \qquad (9.25)$$

센서응답은 역 라플라스변환에 의해 계산된다. 위의 식을 부분분수 전개하면 다음과 같다.

$$O(s) = \frac{A_1}{s^2} + \frac{A_2}{s} + \frac{A_3}{s-p_1} + \frac{A_4}{s-p_2} + \cdots + \frac{A_n}{s-p_n} \qquad (9.26)$$

완벽한 응답을 계산하려면 모든 상수 A_i를 구해야 하지만, 우리는 단지 램프 시간 지연에만 관심이 있다. 결과적으로 지수항은 필요가 없고, A_1과 A_2만 고려하면 된다. 따라서 다음과 같은 결과가 도출된다.

$$A_1 = k$$
$$A_2 = -k\left[\tau_1 + \tau_2 + \tau_n\right] \qquad (9.27)$$

그러므로

$$O(t) \approx k\left[t - (\tau_1 + \tau_2 + \cdots + \tau_n)\right] \qquad (9.28)$$

이 경우에 다음과 같은 결과를 얻을 수 있다.

$$\text{램프지연시간} = \tau_1 + \tau_2 + \cdots + \tau_n \qquad (9.29)$$

식 9.29와 9.24는 1차 시스템의 시간상수는 시스템의 램프시간지연과 동일하다는 것을 보여준다. 시스템의 차수가 증가함에 따라 시간상수와 램프시간지연은 서로 다른 값을 나타나게 된다.

온도센서의 응답시간 측정

* * *

10.1 플런지 시험

과도상태의 온도를 측정함에 있어 응답시간은 중요한 역할을 한다. 플랜트 엔지니어는 실험실 환경에서 온도의 단계 변화에 센서를 노출시켜 온도센서의 응답시간을 측정한다. 여러 가지 방법으로 가능하지만 플런지(Plunge) 시험이 가장 일반적인 방법이다. 이 방법은 실온에 놓아둔 센서를 다른 온도에서 회전하는 물탱크로 삽입한다. 온도센서의 응답시간은 유체의 유량에 영향을 받기 때문에, 계측/제어 분야에서는 플런지 시험이 1 m/s의 유량에서 수행되어야 한다고 정하였다. RTD 시험에 대해서는 ASTM E-644에 제시되어 있다.[3] 또한 ANSI/ISA-67.06.01-2002에도 플런지 시험이 수록되어 있다.[4]

그림 10.1은 플런지 시험 과정을 보여준다. 플런지 시험으로 인하여 센서의 결과가 기록되면 응답시간을 측정하는 것은 간단하다. 9장에서 설명한 시간상수의 개념을 이용하여 정상상태의 63.2 %에 센서출력이 도달하는 시간을 측정한다.

그림 10.2는 이중채널 기록계에 기록된 플런지 시험의 데이터와 이를 이용하여 센서의 응답시간을 계산하는 법을 나타낸다.

그림 10.3에서와 같이 회전하는 물탱크를 이용하여 플런지 시험을 하기 위한 시설을 만든다. 여기에서는 센서를 탱크의 회전 속도와 센서가 설치된 반경방향의

위치를 이용하여 유량이 계산된다. 실험의 결과로 30 rpm의 속도로 회전하는 지름이 0.7 m인 탱크에서는 0.15 m/s에서 1.5 m/s의 유량이 흐를 수 있다는 것을 알 수 있다.

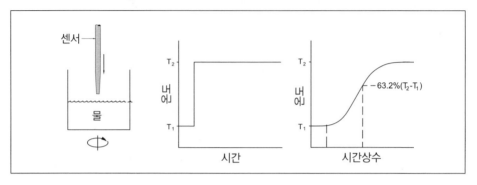

그림 10.1 플런지 시험 과정

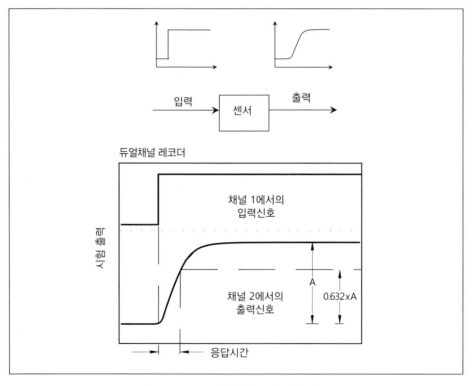

그림 10.2 플런지 시험 원리와 응답시간 계산

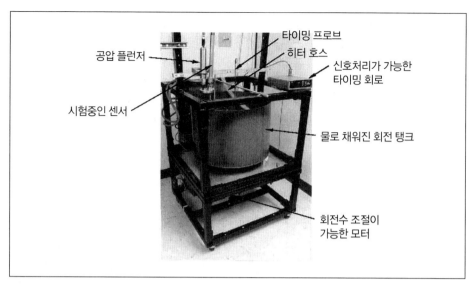

그림 10.3 온도센서의 플런지 시험을 위한 회전 탱크

항공우주산업과 같은 일부 공정에서는 공기나 기체의 흐름에서의 센서 응답시간이 중요하다. 이를 위해서 그림 10.4와 같이 공기유량을 조절하는 시설을 이용하여 응답시간을 측정할 수 있다. 그러나 공기 중에서의 시험은 물에서와 같은 공용 기준이 없다. 시험은 기본적으로 응답시간 정보가 필요한 사안에 따라 개별적으로 수행된다.

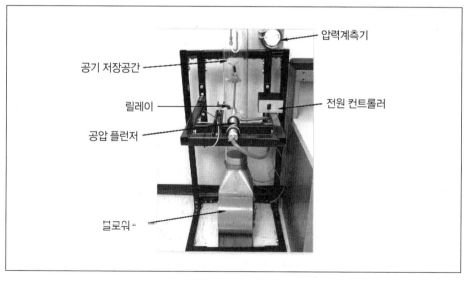

그림 10.4 온도센서의 플런지 시험을 위한 공기유량 실험장치

10.2 응답시간과 공정조건의 상관관계

이전 절에서 설명했듯이, 온도센서의 응답시간은 실험실에서 간편한 매질을 이용하여 측정될 수 있다. 그리고 이 측정결과는 다른 매질 또는 다른 테스트 조건에서의 응답시간을 예측하는데 사용된다. 이 예측방법은 본래 원자로의 액체 소듐의 온도를 측정하는 열전대를 선택할 목적으로 개발되었다. 이 방법은 원자로 작동시 원자로에 설치되 열전대에 요구되는 응답시간을 찾을 수 있는 결정적인 역할을 했다. 또한 센서 제작사도 새로운 센서가 특정 응답시간 요건을 만족하는지를 시험하는 방법으로도 사용하고 있다. 이 방법은 아래의 유도 과정에 따른다.

RTD나 열전대 같은 온도센서의 응답시간은 내부 부품과 표면 부품에 관련되어 있다. 내부 부품이 대개 열전도계수 k에 영향을 받는 반면 표면 부품은 막 열전달계수 h에 영향을 받는다. 내부 부품은 재료의 특성에 대한 온도의 영향을 제외한 공정 조건에 대해서 독립적이다. 표면 부품은 대부분 유량, 온도, 조금 적지만 공정 압력과 같은 조건에 의존한다. 이러한 매개변수들은 막 열전달계수에 영향을 미친다. 유량과 온도와 같은 공정 변수의 값이 증가하면 열전달계수도 증가한다. 그림 10.5는 h의 증가에 따라 온도센서의 응답시간이 어떻게 감소 하는지를 보여 준다. 이 그림에서는 센서 내부에서의 재료 특성에 대한 온도의 영향은 무시하였다.

응답시간에 대한 공정의 영향을 알기 위해서 고려해야 할 또 다른 요소는 외부 열전달 저항에 대한 내부 열전달 저항의 비이다. 이 비는 *비오트 모듈러스(Biot Modulus, N_{Bi})*라 하며, 다음과 같다.

$$N_{Bi} = \frac{\text{내부 열전달 저항}}{\text{외부 열전달 저항}} = \frac{hr_0}{k}$$

만약 비오트 모듈러스가 크면, 응답시간은 h의 증가와 함께 아주 조금 변할 것이다. 반대로 비오트 모듈러스가 작으면, 응답시간은 h의 변화에 따라 민감하게 반응한다. 특히 h가 작은 낮은 열전달 물질에서 민감하게 반응할 것이다. 열보호관이 있을 때와 없을 때, 플런지 시험을 수행한 두 개 센서의 응답시간과 유량을 그림 10.6에 나타내었다. 시험은 1 m/s으로 흐르는 상온의 물에서 실행되었다. 그림 10.6에서 보여지는 응답시간의 결과는 쉽게 비교하기 위하여 정규화 된 값이다. 센서와 열보호관의 내부 저항은 표면 저항에 비하여 매우 크지만 열보호관이 없는 센서의 내부 및 외부 저항은 서로 비슷하기 때문에, 열보호관에서 시험 했을 때 유량에 대한 응답시간은 많이 향상 되지 않는다.

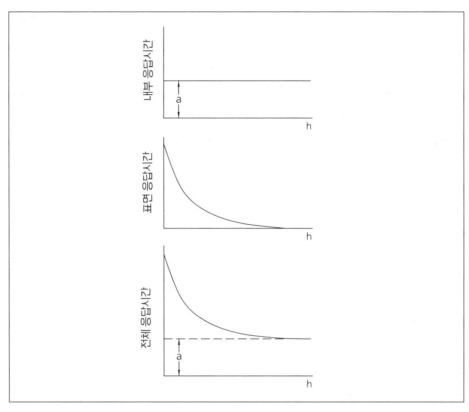

그림 10.5 열전달계수의 함수로 나타난 내부 및 표면 부품의 응답시간

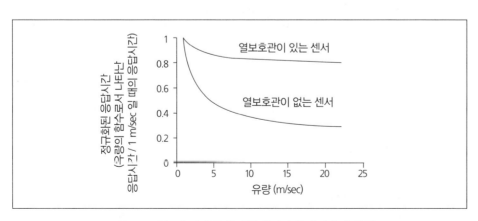

그림 10.6 열보호관 유무에 따른 센서의 응답시간 대 유량

앞에서 언급했듯이, 온도센서의 응답시간은 열전달계수가 증가함에 따라 감소한다. 응답시간 τ 과 열전달계수의 상관관계를 유도하기 위하여, 아래의 식을 이용한다.

$$\tau = \frac{mc}{UA} \tag{10.1}$$

위 식에서 m과 c는 각각 질량과 감지부분의 비열용량을 의미하고, U와 A는 각각 총 열전달계수와 온도센서의 유효표면적을 의미한다. 막 열전달계수 h 대신 총 열전달계수 U를 사용한다. 총 열전달계수는 센서의 내부 저항 및 표면 저항에 대한 열전달을 모두 고려한 계수이다. 좀 더 구체적으로 표현하면 다음과 같다.

$$UA = \frac{1}{R_{tot}} = \frac{1}{R_{int} + R_{surf}} \tag{10.2}$$

위 식에서

여기서:

R_{tot} = 총 열전달 저항

R_{int} = 내부 열전달 저항

R_{surf} = 표면 열전달 저항

균일한 관에 대하여, 내부 및 외부 저항은 집중 모델에 대해 다음과 같이 나타낸다.[5]

$$R_{int} = \frac{\ln(r_0 / r_i)}{2\pi kL} \tag{10.3}$$

$$R_{surf} = \frac{1}{2\pi hLr_0} \tag{10.4}$$

여기서:

r_0 = 센서의 외경

r_i = 센서의 내경

k = 센서물질의 열전도

L = 유효 열전달 길이

h = 막 열전달계수

식 10.1과 식 10.2에 식 10.3, 식 10.4를 대입하면:

$$\tau = \frac{mc}{UA} = mc\left(\frac{\ln(r_0 / r_i)}{2\pi kL} + \frac{1}{2\pi hLr_0}\right) \tag{10.5}$$

$m = \rho\pi r_0^2 L$라 하면, 다음과 같이 나타낼 수 있다.

$$\tau = \frac{\rho c r_0^2}{2k}\left(\ln\left(r_0 / r_i\right) + \frac{k}{hr_0}\right) \tag{10.6}$$

여기서 ρ는 센서 물질의 밀도이다. 식 10.6의 두 번째 항은 비오트 모듈러스($N_{Bi}=hr_0/k$)의 역수이다.

두 상수 C_1과 C_2를 써서 식 10.6을 나타내면 다음과 같다.

$$\tau = C_1 + C_2/h \tag{10.7}$$

여기서:

$$C_1 = \frac{\rho c r_0^2}{2k}\ln(r_0 /r_i) \tag{10.8}$$

$$C_2 = \frac{\rho c r_0}{2} \tag{10.9}$$

실험실에서 측정된 응답시간을 바탕으로 현장 설치 후 온도센서의 응답시간을 예측하기 위해서 식 10.7을 이용할 수 있다. h가 다른 두 개의 열전달 물질에서 측정한 실험값을 찾고, C_1과 C_2를 확인하기 위한 과정이다. 일단 C_1과 C_2가 정해지면, 식 10.7로부터 다른 매질에서의 온도센서의 응답시간을 예측할 수 있다. 공정 매질의 h는 매질의 종류와 온도, 압력, 유량 조건에 따라 추정이 가능하다. 식 10.7은 실험실 세트에서 얻어진 특정 유량에서의 응답시간을 이용하여 온도센서의 응답시간을 추정하는데 활용할 수 있다. 즉 식 10.7에서의 열전달계수(h)와 유량(u)의 관계를 알아냄으로써 응답시간 대 유량의 상관관계를 유도할 수 있다.

레이놀즈넘버(Reynold Number), 프란틀넘버(Prandtl Number), 그리고 넛셀넘버

(Nusselt Number)를 포함한 일반적인 열전달 상관관계를 이용하여 열전달계수를 구할 수 있다. 상관식은 다음과 같다.

$$Nu = f(\text{Re,Pr}) \tag{10.10}$$

이 식에서, 넛셀넘버 $Nu = hD/K$, 레이놀즈넘버 $Re = Du\rho/\mu$, 그리고 프란틀넘버 $Pr = Cu/k$ 이다. 이러한 열전달 넘버들은 무차원수이다.

h = 열전달계수
D = 센서 직경
k = 공정유체의 열전도도
u = 평균유속
ρ = 유체의 밀도
μ = 유체의 점성도
C = 유체의 비열용량

식 10.10에 대하여, 문헌에서는 단일 원통을 지나는 유체에 대한 몇 가지 옵션을 제안하고 있다. 로젠아워-최(Rohsenow-Choi)[6] 상관식과 퍼킨스-레퍼트 (Perkins-Leppert)[7] 상관식이 일반적이다. 로젠아워-최 상관식은 다음과 같다.

$$Nu = 0.26Re^{0.6}\,Pr^{0.3} \quad for \quad 1,000 < Re < 50,000 \tag{10.11}$$

퍼킨스-레퍼트 상관식은 다음과 같다.

$$Nu = 0.26Re^{0.5}\,Pr^{1/3} \quad for \quad 40 < Re < 10^5 \tag{10.12}$$

두 번째 상관식은 넓은 영역의 레이놀즈넘버를 다루고, 첫 번째 상관식은 물에 대해 적절한 반면 두 번째 상관식은 공기에 적합하다. 식 10.11과 식 10.12을 식 10.10에 대입하면 다음과 같다.

$$h = C_{1'} u^{0.6} \quad \text{or} \quad h = C_{2'} u^{0.5} \tag{10.13}$$

여기서, $C_{1'}$ 과 $C_{2'}$ 는 상수이고 u는 유체의 유량이다. 식 10.13을 식 10.7에 대입하면, 응답시간과 유량의 상관관계를 알 수 있다.

$$\tau = C_1 + C_3 u^{-0.6} \quad 물 \tag{10.14}$$

또는

$$\tau = C_1 + C_4 u^{-0.5} \quad 공기 \tag{10.15}$$

식 10.14 또는 식 10.15를 이용하여 물 또는 다른 매질에서 둘 이상의 유량에 대한 측정값을 구함으로써, 주어진 센서에 대하여 응답시간 대 유량 상관식의 두 상수를 알수 있다. 일단 두 상수가 구해지면, 유량을 알고 있는 다른 매질에서의 센서 응답시간을 예측하는데 이용될 수 있다.

응답시간 대 유량을 예측하는 것 외에, 열전대를 유량센서로 이용하여 아주 적은 유량의 액체 또는 기체를 진단하는 목적으로 식 10.14과 식 10.15를 적용할 수 있다. 열전대의 응답시간은 적은 유량에 대해 매우 민감하므로 적은 유량에서 시간변화를 감지하기 위하여 사용할 수 있는 반면, 대부분의 유량센서는 극히 적은 유량에서 충분히 민감하지 않기 때문에 열전대가 적은 유량에서의 유량센서로 이용된다는 것은 의미가 있다. 그림 10.7은 유량의 작은 변화를 감지하는 실험 결과를 보여준다. 이것은 차압센서와 열전대를 이용하여 물에서 실험한 결과이다.

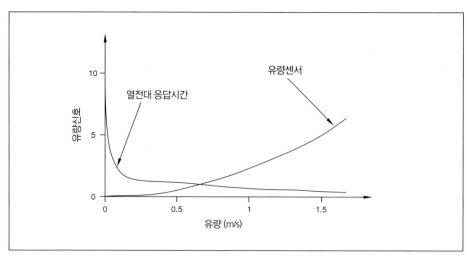

그림 10.7 저유량에서의 변화를 감지하기 위한 열전대 응답시간

유량과 달리, 온도센서 응답시간에 대한 온도의 영향을 예측하는 것은 크게 신뢰하기 어렵다. 왜냐하면 온도는 온도센서의 응답시간을 증가시킬수도 감소시킬 수도 있기 때문이다. 온도는 내부 및 외부 부품의 응답시간에 모두 영향을 미친다. 부품 외부에서의 영향은 유량의 영향과 흡사하다. 즉, 온도가 올라갈수록 일반적으로 열전달계수 h는 증가하고 외부 부품의 응답시간은 감소한다. 그러나 내부 부품의 응답시간에 대한 온도의 영향은 파악하기 어렵다. 높은 온도는 센서 내부물질의 물성치와 구조에 따라 내부 부품의 응답시간을 감소시킬 수도 있고 증가시킬 수도 있다. 센서와 피복재 안에 있는 내부 물질의 팽창계수에 차이가 있기 때문에, 높은 온도에서 센서 내부의 단열 재료가 더 조밀하게 압축되거나 덜 조밀하게 압축될 수 있다. 따라서 센서 재료의 열전도도와 내부 응답시간은 증가하거나 감소할 수 있다. 또한 센서 설치 재료에 틈과 균열과 같은 빈 공간은 높은 온도에서 팽창하거나 수축할 수 있다. 이것은 기포의 크기, 방향, 그리고 위치에 따라 응답시간을 증가시키거나 감소시킨다. 높은 온도에서는 센서 안에 있는 피복재와 단열재의 경계면에서 공기 틈이 형성되어 피복재가 많이 팽창되기도 한다. 이런 경우 응답시간은 온도에 따라 크게 증가할 수 있다.

캐롤(Carroll)과 쉬파드(Shepard)[8]는 산화마그네슘 단열재와 피복재가 접합된 12개 이상의 K 타입 열전대의 응답시간에 대한 온도의 영향을 실험하였다. 이 실험은 오크리지 국립연구소(Oak Ridge National laboratory, ORNL)의 소듐 냉각루프에서 수행되었다. 실험을 통해 모든 열전대가 높은 온도에서 긴 응답시간을 보였음을 알아냈다. 그림 10.8은 ORNL의 결과중에서 두 가지 예를 보여준다. ORNL 실험은 모두 외경이 0.16 cm인 열전대를 사용하였으며, 소듐 유동 하에서 실험을 하였다. 실험결과 다양한 열전대에 대하여 응답시간에 대한 온도의 영향은 상이하다는 결론을 내렸다. 즉 캐롤과 쉬파드는 똑같은 열전대 그룹에 대한 온도의 영향이 서로 다름을 확인하였다. 그러므로 일반적인 응답시간 대 온도의 관계는 확인할 수 없었다.

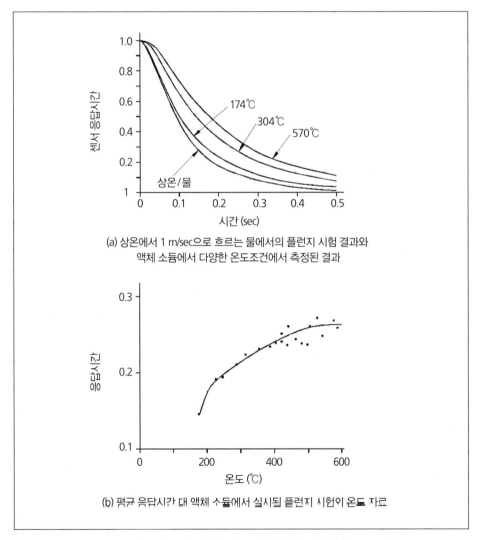

(a) 상온에서 1 m/sec으로 흐르는 물에서의 플런지 시험 결과와
액체 소듐에서 다양한 온도조건에서 측정된 결과

(b) 평균 응답시간 대 액체 소듐에서 실시된 플런지 시험의 온도 자료

그림 10.8 온도에 따른 덮개가 있는 열전대의 응답시간 (ORNL 자료)

이것은 공정이 운전되는 온도조건에서 온도센서의 실제 응답시간을 얻기 위해서는 LCSR 방법이 유일함을 말해준다. 이 방법은 12장에서 설명한다.

부품 표면에서의 응답시간에 대한 온도의 영향을 고려하는 것은 중요하다. 내부 부품의 온도 영향을 무시하게 되면 식 10.14의 C_1항은 변하지 않을 것이다. 그러므로 식 10.14의 두 번째 항에 대한 온도의 영향만 고려해야 한다. 기준 유량에 대하여 식 10.14의 두 번째 항은 다음과 같이 온도에 영향을 받음을 알 수 있다.[9]

$$C_3(T_2) = C_3(T_1) \frac{h(T_1)}{h(T_2)} \tag{10.16}$$

그러므로 상온(약 21℃)에서의 C_3 값과 $h(21\,℃)/h(T_2)$를 알면 T_2에서의 C_3를 알 수 있다. 식 10.11 (로젠아워−최 상관식)에 따라 다음과 같이 쓸 수 있다.

$$h(21\,℃)/h(T) = (4.3612)K(T)^{-0.7}\mu(T)^{0.3}\rho(T)^{-0.6}C_p(T)^{-0.3} \tag{10.17}$$

퍼킨스−레퍼트 상관식에 의하면 다음의 식을 얻을 수 있다.

$$h(21\,℃)/h(T) = (3.3603)K(T)^{-2/3}\mu(T)^{1/6}\rho(T)^{-0.5}C_p(T)^{-1/3} \tag{10.18}$$

물에 대하여 식 10.17과 10.18을 그림 10.9에 도식화하였다.

그림 10.9의 자료는 약 140 bar (약 2,000 psi)의 압력에서의 결과이다. 그러나, 물의 물성치가 압력에 크게 영향을 받지 않기 때문에 데이터는 140 bar에서 ±30 %의 범위 안으로 유지되어야 한다. 그림 10.9에서 두 곡선 사이에는 큰 차이가 있음을 주목해야 한다. 이는 다른 두 상관식을 이용한 결과라 할 수 있다.

그림 10.9의 데이터는 실온에서 얻어진 측정 결과를 이용하여 특정 온도에서 C_3을 계산하기 위한 식 10.16에서 요구되는 열전달 비를 구하는데 사용된다. 센서의 응답시간 대 유량 곡선을 정하기 위하여 C_3은 식 10.14에 사용된다. 그림 10.10은 RTD에 대한 다른 두 온도에서의 응답시간 대 유량을 보여준다. 이러한 결과는 상온의 물에서 서로 다른 유량에 대하여 RTD의 플런지 시험으로부터 얻어진 결과이다. 플런지 시험으로 얻어진 응답시간은 이 장에서 설명한 보정과 그림 10.9의 로젠아워−최 상관식을 사용하여 그림 10.10과 같은 결과를 얻을 수 있다.

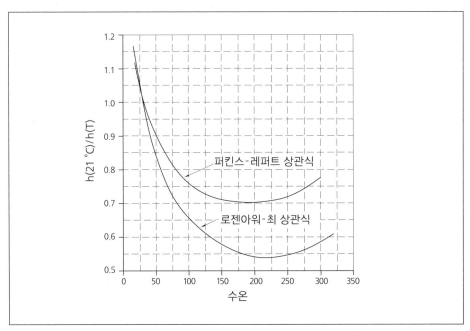

그림 10.9 온도센서의 응답시간과 온도와의 상관관계

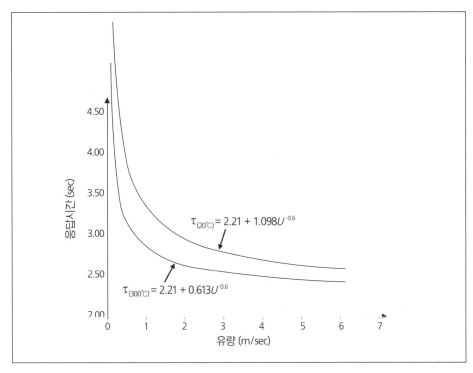

그림 10.10 다른 온도에서 유량과 RTD의 응답시간과의 한계

압력 전송기의 응답시간 측정

*　　*　　*

압력 전송기에 대한 응답시간을 시험하는 방법은 어떤 시험신호를 선택하느냐에 따라 세 가지 방법으로 나뉜다.

램프시험. 이 시험은 압력 램프신호를 시험대상 압력 전송기와 초고속 기준 전송기에 모두 보낸다(그림 11.1). 시험 결과로서 나타나는 두 전송기 결과값 사이의 점근적인 지연이 전송기의 응답시간으로 결정된다. 이 방법을 *램프시험*이라 하고, 이 시험의 결과는 *램프지연시간*, *응답시간*, 또는 *점근램프지연시간*이라고 한다. 시험에서 사용되는 장치는 *유압 램프신호발생기(Hydraulic Ramp Generator)*라 한다. 압력 전송기의 램프시험을 위한 전체 시스템 사진과 함께 이 장치의 간단한 개략도가 그림 11.2에 제시되었다. 이 시스템은 유압 램프신호발생기와 신호처리, 데이터 수집, 그리고 데이터 분석 장치를 포함한다.

스텝시험. 이 시험은 램프압력신호 이외에 스텝압력신호를 사용한다는 것을 제외하면 램프시험과 비슷하다. 램프 시험에 사용되는 같은 장치 또는 압력소스와 빠르게 응답하는 솔레노이드 밸브를 포함한 좀 더 간단한 장비를 이용하여 시험을 수행할 수 있다. 스텝시험으로부터 얻어진 응답시간은 입력신호의 한 스텝 변화 후 최종 정상상태의 63.2%에 센서출력이 도달하는데 요구되는 시간과 같다.

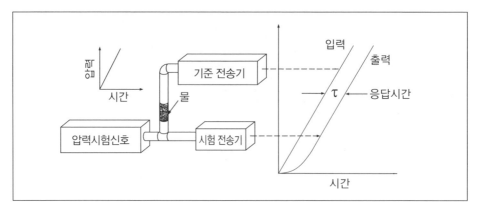

그림 11.1 램프시험의 원리

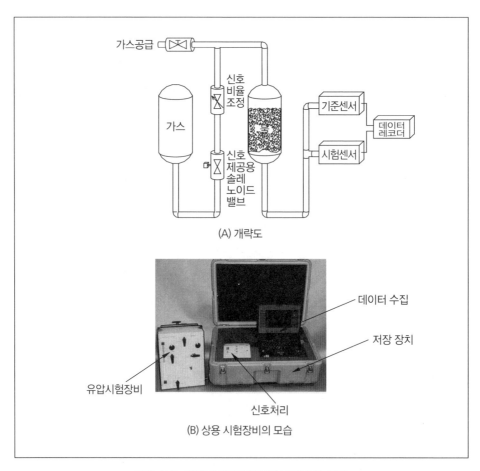

그림 11.2 유압압력신호발생기 개략도와 사진

주파수시험. 이 시험은 싸인파 압력신호를 제공하기 위하여 압력파형발생기를 이용한다. 싸인파 신호는 기준 전송기와 시험대상 전송기로 각각 보내진다. 두 전송기의 출력은 보데 선도(출력과 입력 대 주파수의 비)를 만들어내는데 사용된다. 이 선도로부터 센서의 응답시간을 추정할 수 있다(그림 11.3). 주파수시험은 시험에 사용되는 센서의 작동 범위에 따라 두 가지의 다른 장치를 포함한다. 저압력 시험장치와 고압력 시험장치를 그림 11.4와 그림 11.5에 각각 제시하였다. 저압력 시험을 위해서는 유체 위를 이동하는 실린더의 내부 및 외부에 있는 피스톤을 움직임으로써 싸인파와 비슷한 시간에 따라 주기적으로 변하는 신호를 제공한다. 시험 장치는 변하는 신호 주파수가 허용될 수 있도록 송신 시스템과 함께 장착되어 있다. 고압력 장치는 압력 증폭기로부터 시간에 따라 변하는 증폭된 시험 신호를 발생하기 위하여 전류-압력(Current-to-Pressure) 변환기를 사용한다.

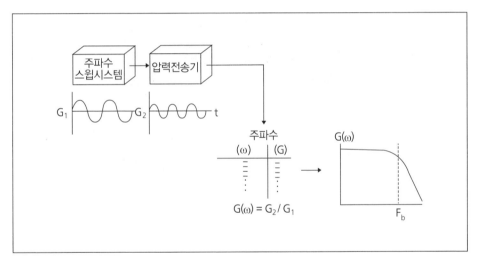

그림 11.3 주파수시험의 원리

그림 11.4 저압용 주파수시험장비 (연구실 프로토타입)

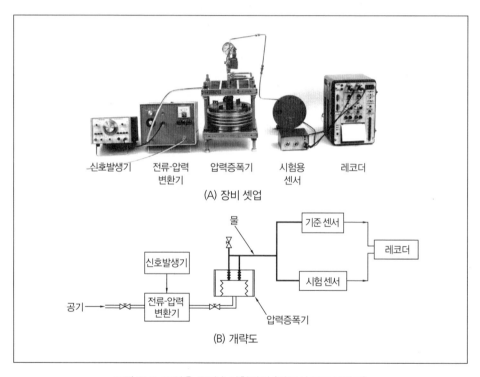

그림 11.5 고압용 주파수시험장비 (연구실 프로토타입)

표 11.1는 앞서 설명한 세 가지 방법을 이용하여 실험실 세트에서 시험한 14개의 전송기의 응답시간 측정 결과이다. 세 가지 시험의 결과가 대체로 일치해야 합리적일 것이다. 결과를 살펴보면 세 가지 방법이 합리적인 정확도를 갖고 압력 전송기의 응답 시간을 제공할 수 있음을 보여주고 있다.

표 11.1 시험 방법에 따른 응답시간 비교

센서 I.D.	응답시간 (sec)		
	램프	스텝	주파수
1	0.13	0.12	0.15
2	0.21	0.30	0.32
3	0.11	0.11	0.13
4	0.16	0.15	0.16
5	0.12	0.12	0.16
6	0.16	0.10	0.09
7	0.29	0.50	0.42
8	0.05	0.05	0.05
9	0.08	0.09	0.10
10	0.05	0.05	0.03
11	0.17	0.23	0.19
12	0.07	0.05	0.05
13	0.17	0.29	0.19
14	0.33	0.43	0.47

이론적으로 선형 1차 전송기의 경우 세 가지 방법은 동일한 응답시간 결과를 내야 한다. 그러나, 압력 전송기에는 어느 정도의 비선형성이 존재한다. 따라서 시험 방법에 따라 응답시간 결과에 차이를 보인다. 표 11.2는 다섯 개의 선형 압력 전송기와 두 개의 비선형 압력 전송기에 대한 램프시험 결과를 보여준다.

표 11.2 램프 방향에 따른 선형/비선형 전송기의 영향

센서 선형성	응답시간 (sec)	
	증가 램프	감소 램프
비선형	0.21	0.03
비선형	0.20	0.03
선형	0.13	0.14
선형	0.16	0.12
선형	0.05	0.05
선형	0.17	0.22
선형	0.07	0.06

각각의 전송기는 증가하는 램프신호와 감소하는 램프신호에 대하여 두 번의 시험이 수행되었다. 선형 전송기는 램프신호의 방향에 크게 영향을 받지 않는다. 그러나 비선형 전송기의 경우 응답시간은 램프신호의 방향에 따라 크게 다름을 알 수 있다.

온도센서의 가동중(IN-SITU)
응답시간 시험

* * *

앞서 실험실 세트에서 플런지 시험 방법으로 온도센서의 응답시간을 어떻게 측정하는지에 대하여 설명하였다. 이 방법에서 측정된 응답시간은 시험조건에 대한 설명이 첨부되어야 하는 상대적 지표이다. 온도센서의 응답시간은 센서가 삽입되는 매질의 물성치에 크게 영향을 받기 때문에 중요하다. 이러한 이유로 공기, 물 등의 매질의 형태뿐만 아니라 속도, 온도, 그리고 압력은 응답시간 결과와 함께 항상 구체적으로 명시되어야 한다.

유체의 속도는 보통 온도와 압력 다음으로 가장 중요한 요소이다. 앞서 설명했듯이, 이러한 매개변수는 응답시간과 관련하여 센서 표면에서 막 열전달계수에 영향을 미친다. 특히, 높은 유속은 센서 표면에서의 막 열전달계수를 증가시켜 응답시간이 감소된다. 온도는 복합적인 효과를 갖는다. 일단 온도는 유속과 같은 거동을 보이는데 즉, 높은 온도는 막 열전달계수를 증가시켜 응답시간이 감소된다. 다른 한편으로, 높은 온도는 응답시간을 증가시키거나 감소시키는 센서 내부의 재료 물성치에 영향을 미칠 수 있다. 압력이 열전달 계수에 영향을 주는 유체의 물성치와 관련이 있다는 것을 제외하면 압력은 보통 센서의 응답시간에 영향을 미치지 않는다. 공정으로부터의 영향뿐만 아니라, RTD와 열전대의 응답시간은 대개 센서가 설치되는 특성, 특히 센서가 열보호관에 사용되는 경우 많이 달라진다.

표 12.1과 12.2는 매질과 온도센서의 응답시간의 효과를 입증하기 위한 실험실

세트에서의 시험 결과를 보여준다. 표 12.1는 물과 공기에서의 플런지 시험을 수행한 세 가지 RTD의 결과이다. 시험은 1 m/s 유속의 물에서, 그리고 5 m/s 유속을 갖는 공기에서 수행되었다. 물과 공기의 결과는 크게 다르다.

표 12.1 매질에 따른 RTD의 응답시간

RTD	응답시간 (sec)	
	물 (1 m/sec)	공기 (5 m/sec)
1	2.0	14.4
2	2.7	22.0
3	3.6	24.0
위의 값은 실온의 실험실에서의 플런지 시험 결과이다.		

표 12.2 열보호관의 유무에 따른 RTD의 응답시간

RTD	물(1 m/sec)에서의 응답시간 (sec)			
	열보호관 없음	열보호관 1	열보호관 2	열보호관 3
1	1.7	4.8	5.2	6.0
2	1.8	3.6	4.1	4.6
3	1.9	4.4	4.9	5.9
위의 값은 실온의 실험실에서의 플런지 시험 결과이다.				

표 12.2는 1 m/s로 흐르는 물에서 시험한 세 개의 RTD에 대한 플런지 시험결과를 보여준다. 각각의 RTD를 열보호관이 없는 상태에서 우선 시험한 다음 다시 동일한 열보호관에서 시험하였다. 모든 RTD는 같은 제조과정을 거쳤고, 시험에 사용된 열보호관에 맞게 설계되었다. 열보호관들은 동일한 설계와 크기임에도 불구하고 결과는 각각 달랐다. 즉 RTD의 응답시간이 종류가 다른 열보호관에서 측정된다면 결과가 다를 것임을 의미한다. 이러한 이유로, 이미 공정에 설치 된 후의 센서의 응답시간은 실험실 세트에서의 플런지시험 결과를 이용하여 외삽적으로 예상하는 불가능하다.

온도센서의 응답시간이 설치 조건과 공정 조건에 크게 영향을 받기 때문에, 기준 조건에서의 플런지 시험과 같은 실험실 세트에서의 측정은 센서의 가동중(In-service) 응답시간에 대한 정확한 정보를 제공할 수 없다. 그러므로 공정의 운전조건에서 구현될 수 있는 방법을 사용해야 한다. 이를 위하여 루프전류스텝응답(Loop Current Step Response, LCSR)이 가동중 응답시간 시험 기능을 제공하기 위해 개발되었다. 이 장에서는 LCSR 방법에 대해 구체적으로 설명한다.

12.1 LCSR 시험 설명

LCSR 시험은 온도센서를 가열하기 위하여 확장리드선에 전류를 가하면서 수행된다. 전류는 센서에 줄(Joule) 가열을 하여 센서의 온도가 주위 온도보다 높게 올라가도록 한다. 전류뿐만 아니라 LCSR 시험에서의 온도 상승은 센서에 따라서도 달라진다. RTD에는 보통 30 mA에서 50 mA 사이의 DC 전류를 흐르게 한다. 이 정도면 RTD의 열전달 특징과 RTD를 둘러싸고 있는 유체의 조건에 따라 다르지만 센서 내부 온도를 주위 온도보다 약 5~10 ℃ 더 높게 올린다. 열전대의 경우는 이보다 높은 대략 500 mA의 전류가 필요하다. 이것은 RTD의 저항이 주로 센서의 끝에 존재하는 센싱소자에 집중되어있는 반면, 열전대는 리드의 길이에 따라 저항이 분포하게 때문이다. 이와 같이, LCSR 전류는 열전대의 측정 접점뿐만 아니라 와이어 전체를 가열하게 된다.

그러나 LCSR 방법을 사용하여 열전대 시험하는 경우 열전대 측정 접점에서의 열전달이 유일한 관심사이다. 따라서 열전대의 LCSR 시험은 우선 열전대를 가열하고 가열전류를 차단시킨 후 출력을 측정한다. 이 출력은 측정 접점의 냉각되는 정도를 표현할 것이고 열전대의 응답시간을 알기 위해 필요한 정보를 포함하고 있다. 또한 열전대 시험에서는 열전대 접점에서의 펠티에(Peltier) 가열 및 냉각을 피하기 위하여 DC 전류 보다는 AC 전류를 사용한다. 펠티에 가열 또는 냉각은 DC 전류가 흐를 때 측정 접점에서 발생할 수 있다. DC 전류의 방향은 측정 접점이 냉각되는지 가열되는지를 알려준다.

12.1.1 RTD의 LCSR 시험

그림 12.1에서와 같이, RTD에 대한 LCSR 시험은 휘트스톤 브리지 전기회로를 사용한다. RTD는 브리지의 하나의 팔에 연결한다. 회로에 전류가 낮게 흐르는 (스위치가 열려있는) 동안에는 브리지가 균형을 유지한다. 다음은 브리지 출력을 기록하면서 전류를 높인다. 그림 12.2는 이 과정을 나타낸다. 그림 12.3은 상용 LCSR

시험 장치 사진과 회로의 간단한 개략도를 보여준다. 이 사진은 동시에 다섯 개의 RTD를 시험할 수 있는 다중채널 LCSR 시험 장치이다. 각각의 채널은 자체 LCSR 회로를 갖는다. 이 장비는 데이터 수집과 분석을 위한 컴퓨터를 함께 사용한다.

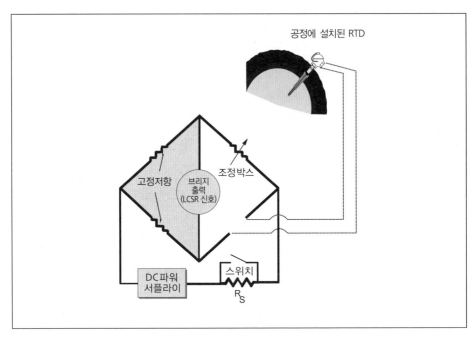

그림 12.1 RTD의 LCSR 시험을 위한 휘트스톤 브리지

저전류는 1~2 mA, 고전류는 약 30~50 mA 의 범위를 갖기 때문에 엔지니어는 RTD 종류와 작동하는 환경에 따라 LCSR 시험장치의 출력을 조절한다. 또한 엔지니어는 브리지로부터 5~10 V 범위의 출력이 나오도록 증폭기 이득을 선택할 것이다. 그림 12.4는 운전 중인 발전소에서 200-Ω RTD에 대하여 약 40 mA의 전류로 시험한 LCSR 데이터를 보여준다. 대부분의 발전소에서 공정 온도가 다소 변하기 때문에 LCSR 과도 상태에서도 변동이 관찰된다. 따라서 엔지니어는 동일한 RTD로 LCSR 시험을 여러 번 반복하고, 매끄러운 LCSR 상태를 얻기 위하여 결과를 평균 내는 방법을 사용한다.

그림 12.4에서 LCSR 시험의 지속기간은 30초이다. 이것은 흐르는 물에서 시험되는 고속 응답 열보호관 삽입형 RTD의 전형적인 값이다. 주어진 조건과 RTD의 응답시간에 따라 다르지만, 2~6초의 응답시간이 예상된다면 보통 LCSR 시험은

20~60초간 지속되어야 한다. 공기에서 시험하는 경우, LCSR 시험지속 기간은 센서 주변 공기의 속도에 따라 다르며 보통 훨씬 더 길어야 한다.

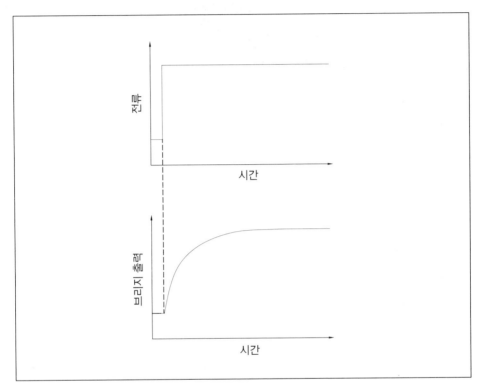

그림 12.2 LCSR 시험의 원리

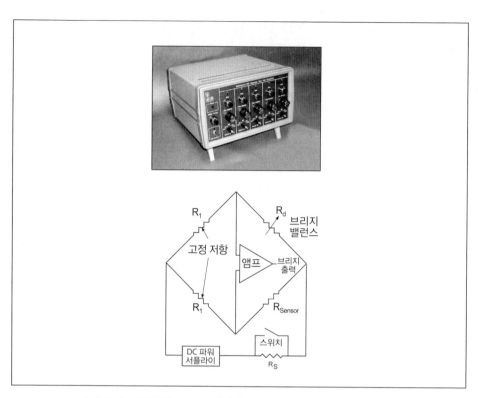

그림 12.3 다중채널 LCSR 시험장비와 각 채널별 LCSR 회로의 개략도

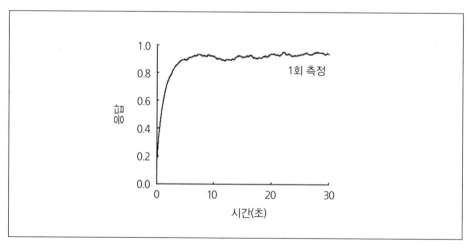

그림 12.4 LCSR 시험 (1회 측정)

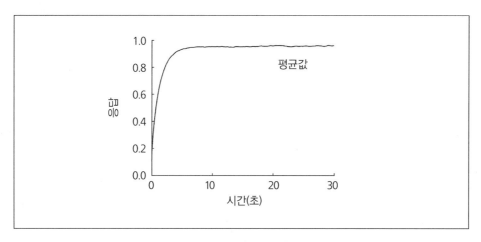

그림 12.5 LCSR 시험 (다중 측정 평균)

12.1.2 열전대의 LCSR 시험

열전대의 LCSR 시험장치는 열전대에 AC 전류를 공급하는 간단한 회로로 구성되어있다. 그림 12.6은 열전대의 LCSR 시험을 위한 장비의 개략도이다. 보통 LCSR 시험은 열전대를 주위 온도 이상으로 가열하기 위하여 열전대에 몇 초 동안 시험전류를 공급한다. 다음은 전류의 공급을 끊고, 센서가 주위온도로 다시 냉각되는 과정에서 열전대의 출력을 기록한다(그림 12.7). 출력은 열전대의 접합부분이 냉각되는 과정을 나타내는 결과이다. 과도상태의 변화율은 열전대의 동적 응답시간에 따라 변한다. 그림 12.8은 흐르는 공기에서 시험한 열전대에 대한 LCSR 과도상태를 보여준다. 이 신호는 0에서 시작하도록 표준화 과정을 거쳤고 (+) 방향으로 연장 되었다.

RTD와 같이, 열전대의 LCSR 과도상태는 공정 온도에서의 변동 때문에 잡음 나타날 수 있다. 이러한 잡음을 극복하기 위하여 엔지니어는 LCSR 시험을 여러번 반복하고 매끄러운 LCSR 데이터 세트를 만들어내기 위하여 평균을 취한다. 더욱이 열전대로부터 제공된 LCSR 신호는 보통 필터링이 되어야 할 불필요한 고주파 잡음을 포함한다. 이러한 잡음을 제거하기 위하여 열전대의 LCSR 장치는 저역통과 필터를 포함하고 있다.

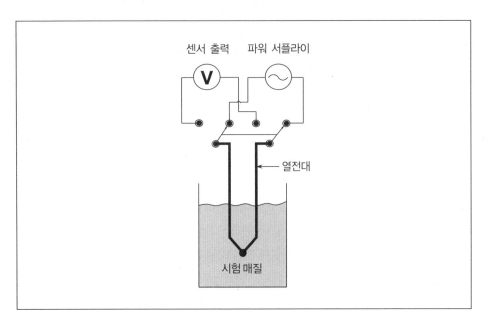

그림 12.6 LCSR 시험 장비의 개략도와 열전대

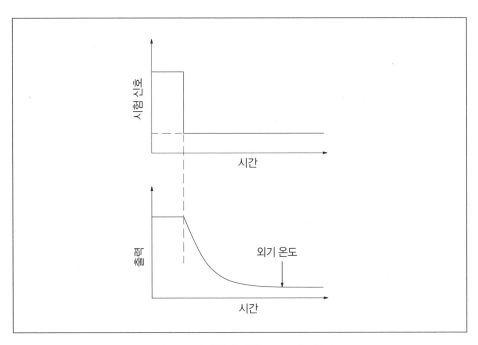

그림 12.7 열전대에 대한 LCSR 시험 원리

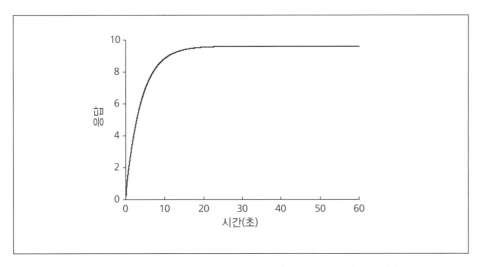

그림 12.8 공기에서 덮개형 열전대의 LCSR 시험 결과 (실험실 시험)

12.2 LCSR 데이터 처리

센서의 응답시간을 알기 위하여 LCSR 시험으로부터 얻어진 원자료를 분석하는 것은 쉬운 일은 아니다. 정작 알고 싶은 응답시간은 센서 외부온도의 단계적 변화로부터 알 수 있는 반면에, LCSR 시험 데이터는 센서 내부온도의 단계적 변화에 의해서 얻어지기 때문이다. 다행히 내부 온도변화에 의한 센서 응답시간(LCSR 시험)과 외부 온도변화에 의한 응답시간(플런지 시험) 사이에는 상관관계가 있다. 좀 더 구체적으로 설명하면, 센서 내부로부터 주위 유체로의 열전달은 유체에서 센서로의 열전달과 같이 동일한 재료를 통과한다(그림 12.9). 그러므로 센서에서의 열전달이 주로 단일 방향성(반경방향)을 갖고 센서의 감지소자가 큰 열용량를 갖고 있지 않는다고 가정하면, 내부 및 외부의 상황은 어떤 관련이 있음을 알 수 있다. 다행히 대부분의 상용 온도센서는 위의 두 가지 조건을 만족하고 있다.

LCSR 시험이 RTD 또는 열전대에 대하여 유효하다는 것이 입증되었음에도 불구하고, 플런지 시험과 LCSR 방법을 이용한 실험실 세트에서의 실험은 두 시험이 동등한 결과를 낸다는 것을 확인하기 위하여 각각의 센서에 대하여 수행되어야 한다. *LCSR 검증*이라 부르는 이 과정은 LCSR 가정들이 충족되는지를 확인할 수 있다. 표 12.3부터 12.5까지 RTD와 열전대의 LCSR 검증 시험에 대한 대표적인 결과를 보여준다. 표 12.3은 열보호관에 설치된 RTD와 직접침수형 RTD에 대한 결과를 나타낸다. 표 12.4와 12.5는 물과 공기에서 다른 형태의 열전대를 각각 플런지 시험한 결과이다. 이들은 열보호관이 없이 시험된 커버형 열전대 집합체이다.

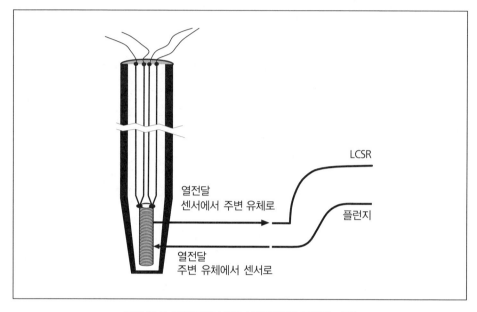

그림 12.9 플런지와 LCSR 시험에서의 열전달 과정

대부분의 센서에서 LCSR 시험 및 플런지 시험의 열전달 경로는 유사하기 때문에, LCSR 시험을 할 수 있고, 센서외부에서 단계적인 온도변화가 발생한다면 센서의 응답이 어떤 결과를 보일지 데이터를 분석하여 결정할 수 있다. 다음 절에서는 두 가지 상황이 수학적으로 같음을 설명한다.

표 12.3 산업용 RTD에 대한 LCSR 검증 결과

RTD	응답시간 (sec)	
	플런지	LCSR
열보호관 RTD		
1	6.3	6.6
2	4.9	4.9
3	2.8	2.6
4	3.5	3.3
5	2.7	2.9
직접침지형 RTD		
1	0.38	0.42
2	3.1	3.1
3	2.3	2.1
4	2.0	2.1
5	2.9	2.8
위의 값은 상온, 물의 유속 1 m/sec에서의 플런지와 LCSR 시험 결과이다.		

표 12.4 물에서의 열전대 LCSR 검증 결과

I.D. 번호	외경 (mm)	응답시간 (sec)	
		플런지	LCSR
타입 E			
1	6	1.9	1.6
2	5	1.9	1.8
3	3	1.4	1.3
4	2	0.3	0.4
타입 J			
5	6	1.8	1.5
6	5	1.4	1.1
7	3	1.8	1.4
8	2	0.4	0.4
타입 K			
9	6	2.7	2.7
10	5	2.7	2.4
11	3	0.7	0.6
12	2	0.3	0.2
위의 값은 상온, 물의 유속 1 m/sec에서의 플런지, LCSR 시험 결과이다. 센서는 열보호관 없이 테스트된다.			

표 12.5 공기에서의 열전대 LCSR 검증 결과

I.D. 번호	외경	응답시간 (sec)	
		플런지	LCSR
타입 E			
1	노출형	1.1	0.8
2	2	3.9	4.5
3	3	10.6	12.1
4	5	17.1	22.3
5	6	23.9	32.6
타입 J			
6	노출형	1.3	1.2
7	2	3.2	3.8
8	3	9.9	12.1
9	5	17.5	21.3
10	6	24.9	35.9
타입 K			
11	노출형	0.5	0.3
12	2	3.7	3.9
13	3	10.0	11.3
14	5	17.1	23.0
15	6	25.2	29.7
12	2	0.3	0.2
위의 값은 상온, 물의 유속 1 m/sec에서의 플런지, LCSR 시험 결과이다. 센서는 열보호관 없이 테스트된다.			

12.2.1 LCSR 시험 이론

내부온도의 단계적 변화가 있는 센서의 출력은 센서외부에서의 단계적 온도변화와 동등한 응답을 보이는 것과 같이 변환될 수 있다는 원리를 바탕으로, LCSR 시험 결과를 이용하여 온도센서의 응답시간을 알 수 있다(그림 12.10). 외부온도의 단계변화에 대한 응답을 나타내는 열전달 함수는 아래 방법에 의하여 내부온도의 단계변화에 대한 열전달 함수와 관련 지을 수 있다.

$$G_{Plunge} = \frac{1}{(s-p_1)(s-p_2)\cdots(s-p_n)} \tag{12.1}$$

$$G_{LCSR} = \frac{1}{(s-p_1)(s-p_2)\cdots(s-p_n)} \left[(s-z_1)(s-z_2)\cdots(s-z_n) \right] \qquad (12.2)$$

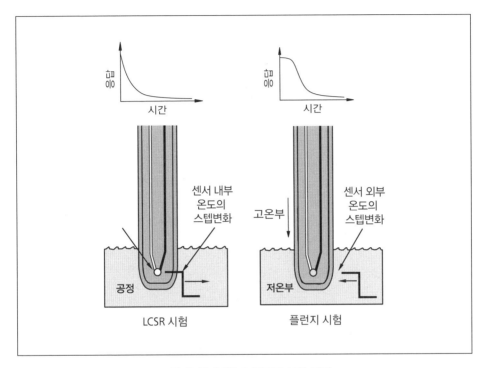

그림 12.10 LCSR과 플런지 시험 과정

여기서 G_{Plunge}는 플런지 시험으로 얻어질 응답, G_{LCSR}은 LCSR 시험으로부터 얻어질 응답을 나타낸다. 플런지 응답은 LCSR 응답의 일부임을 알 수 있다. 즉, LCSR 응답을 알면 p_1, p_2, . . .,p_n을 알 수 있고 G_{Plunge}를 얻기 위하여 사용할 수 있다. 식 12.1과 12.2에 대한 유도과정은 다음 절에서 설명한다.

12.2.2 온도센서의 열전달 해석

식 12.1 과 12.2의 G_{Plunge}와 G_{LCSR}는 센싱소자와 이를 둘러싸고 있는 매질 사이의 열전달이 1차원(반경방향)으로만 발생한다는 가정하에 유도되었다. 이 가정은 통하여 센싱소자와 센서를 둘러싸고 있는 매질(유체) 간의 열전달은, 그림 12.11에서와 같이 집중변수(Lumped Parameter) 네트워크에 의해 나타낼 수 있다. 이 네트워크에 대하여, 노드 i에 대한 과도상태 열전달 식은 아래와 같다.

$$mc\,\frac{dT_i}{dt} = \frac{1}{R_1}(T_{i-1} - T_i) - \frac{1}{R_2}(T_i - T_{i+1})$$ (12.3)

여기서 m과 c는 노드에서 재료의 질량과 비열용량이며, R_1과 R_2는 열전달 저항을 의미한다. 식 12.3은 다음과 같이 나타낼 수 있다.

$$\frac{dT_i}{dt} = a_{i,i-1}\,T_{i-1} - a_{i,i}\,T_t + a_{i,i+1}\,T_{i+1}$$ (12.4)

여기서

$$a_{i,i-1} = \frac{1}{mcR_1}$$

$$a_{i,i} = \frac{1}{mc}\left(\frac{1}{R_1} + \frac{1}{R_2}\right)$$ (12.5)

$$a_{i,i+1} = \frac{1}{mcR_2}$$

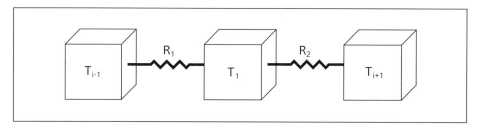

그림 12.11 LCSR 분석을 위한 집중변수 모델

$$\frac{dT_1}{dt} = -a_{11}T_1 + a_{12}T_2$$

$$\frac{dT_2}{dt} = a_{21}T_1 - a_{22}T_2 + a_{23}T_3$$

$$\frac{dT_3}{dt} = a_{32}T_2 - a_{33}T_3 + a_{34}T_4$$ (12.6)

$$\vdots$$

$$\frac{dT_n}{dt} = a_{n,n-1}T_{n-1} - a_{n,n}T_n + a_{n,F}T_F$$

노드의 식은 중앙에서 가장 가까운 노드($i=1$)를 시작하여 표면에서 가까운 노드($i=n$)를 끝으로 연립방정식으로 적용할 수 있다.

여기서

T_i = i번째 노드의 온도 (초기유체온도에 상대적인 값으로 측정)

T_F = 초기값에서의 유체온도 변화

이 식들은 아래의 행렬로 나타낼 수 있다.

$$\frac{d\overline{x}}{dt} = A\overline{x} + \overline{f}T_F \tag{12.7}$$

여기서

$$\overline{x} = \begin{bmatrix} T_1 \\ T_2 \\ T_3 \\ \cdot \\ \cdot \\ \cdot \\ T_n \end{bmatrix} ; A = \begin{bmatrix} -a_{11} & a_{12} & 0 & 0 & 0 & 0 \\ a_{21} & -a_{22} & 0 & 0 & 0 & 0 \\ 0 & a_{32} & -a_{33} & a_{34} & 0 & 0 \\ 0 & \cdot & \cdot & \cdot & \cdot & \cdot \\ 0 & \cdot & \cdot & \cdot & \cdot & \cdot \\ 0 & \cdot & \cdot & \cdot & \cdot & \cdot \\ 0 & \cdot & \cdot & \cdot & a_{n,n-1} & -a_{n,n} \end{bmatrix} ; \overline{f} = \begin{bmatrix} 0 \\ 0 \\ 0 \\ \cdot \\ \cdot \\ \cdot \\ a_{n,F} \end{bmatrix} \tag{12.8}$$

라플라스 변환으로 나타내면

$$[sI - A]\overline{x}(s) = \overline{f}T_F(s) + \overline{x}(t=0) \tag{12.9}$$

　　중앙 노드에서의 온도에 대한 풀이 $x_1(s)$는 크라머 법칙(Cramer's Rule)에 의해 다음과 같다.

$$T_1(s) = \frac{B(s)}{\left| sI - A \right|} \tag{12.10}$$

여기서

$$B(s) = \begin{bmatrix} T_1(0) & a_{12} & 0 & \cdot & \cdot & 0 \\ T_2(0) & (s+a_{22}) & -a_{23} & 0 & \cdot & \cdot \\ T_3(0) & -a_{32} & (s+a_{33}) & -a_{32} & \cdot & \cdot \\ \cdot & 0 & & \cdot & \cdot & \cdot \\ \cdot & 0 & \cdot & \cdot & \cdot & 0 \\ \cdot & 0 & \cdot & \cdot & \cdot & 0 \\ [T_n(0)+a_n T_F(s)] & 0 & 0 & 0 & \cdots & -a_{n,n-1}(s+a_{n,n}) \end{bmatrix}$$

(12.11)

이 라플라스 변환은 1차원 문제로서 정확도는 사용하는 노드의 수에 따라 다르다. LCSR 시험과 플런지 시험에 해당하는 다른 두 가지 초기조건에 대한 식 12.9의 풀이는 다음 절에서 설명된다. LCSR 시험에서 중앙 노드의 온도(센서의 감지소자)는 $t=0$일 때의 주위 온도와 다른 반면, 플런지 시험에서는 $t=0$일 때의 주위 온도는 중앙 노드에서의 온도이다.

12.2.3 LCSR 방정식 유도

LCSR 시험에서는 초기 온도분포가 주어진다. 이것은 모든 항목이 0이 아닌 벡터이다. 이는 행렬 12.11에서 $B(s)$의 첫번째 열이 모두 0이 아님을 의미한다.

식 12.10의 행렬식 B(s)와 $|sI-A|$를 계산하면 다음이 유도된다.

$$G(s) = \frac{T_1(s)}{T_F(s)} = K \frac{(s-z_1)(s-z_2)\cdots(s-z_{n-1})}{(s-p_1)(s-p_2)\cdots(s-p_n)} \tag{12.12}$$

여기서 각 z_i는 제로($G(s)$가 0이 되도록 하는 수), p_i는 폴($G(s)$가 무한대가 되도록 하는 수), 그리고 K는 식을 간단하게 하기 위하여 일정하게 지정할 수 있는 상수 게인 이다. 스텝변화에 대한 응답시간 $T_1(t)$는 유수정리를 이용하여 얻을 수 있다(모든 폴에 대하여 가정):

$$T_I = \frac{(-z_1)(-z_2)\cdots(-z_{n-1})}{(-p_1)(-p_2)\cdots(-p_n)} + \frac{(p_1-z_1)(p_1-z_2)\cdots(p_1-z_{n-1})}{(p_1-p_2)(p_1-p_2)\cdots(p_1-p_n)}e^{p_1 t}$$
$$+ \frac{(p_2-z_1)(p_2-z_2)\cdots(p_2-z_{n-1})}{(p_2-p_1)(p_2-p_3)\cdots(p_2-p_n)}e^{p_2 t} + \cdots + \frac{(p_n-z_1)(p_n-z_2)\cdots(p_n-z_{n-1})}{(p_n-p_1)(p_n-p_2)\cdots(p_n-p_n)}e^{p_n t}$$

(12.13)

이것은 다음과 같이 나타낼 수 있다. (T_I을 T_{LCSR}이라 하겠음)

$$T_{LCSR}(t) = A_0 + A_1 e^{p_1 t} + A_2 e^{p_2 t} + \cdots A_n e^{p_n t}$$
$$A_0, A_1, A_2, \ldots = f(p_1, p_2, \ldots, p_n, z_1, z_2, \ldots, z_n)$$

(12.14)

식 12.12는 *LCSR 열전달 함수* (G_{LCSR})에 적합하고, 식 12.14는 *LCSR 과도상태 방정식*으로 적합하다. 만약 LCSR 시험에서의 데이터가 수학적으로 식 12.14에 맞는다면, $p_1, p_2, \ldots, p_n$의 값을 구할 수 있고, 플런지 시험에서의 과도상태를 만드는데 사용될 수 있다. 플런지 시험에서의 과도상태를 만들기 위한 식은 다음 절에서 유도한다.

12.2.4 플런지 시험식 유도

유체온도의 작은 단계변화에 대하여 $T_F(s)$는 0이 아니다. 그러나 초기온도분포가 일정하고 초기 유체온도와 동일하기 때문에 $\bar{x}\,(t=0)$의 모든 항목은 0이다. 즉 행렬 12.11의 $B(s)$의 첫번째 열은 마지막 행을 제외하고 모두 0이 된다. 따라서 행렬 12.11에서 $B(s)$는 다음과 같이 나타난다.

$$B(s) = \begin{bmatrix} 0 & a_{12} & 0 & \cdot & \cdot & & \cdot \\ 0 & (s+a_{22}) & -a_{23} & 0 & \cdot & & \cdot \\ 0 & -a_{32} & (s+a_{33}) & -a_{34} & \cdot & & \cdot \\ \cdot & \cdot & \cdot & \cdot & \cdot & & \cdot \\ \cdot & \cdot & \cdot & \cdot & \cdot & 0 & \\ \cdot & \cdot & \cdot & \cdot & \cdot & 0 & \\ a_{nF}T_F(s) & 0 & 0 & 0 & \cdot & -a_{n,n-1} & (s+a_{n,n}) \end{bmatrix}$$

(12.15)

행렬식을 계산하기 위하여 라플라스 확장방법을 이용하면,

$$B(s) = a_{nF}T_F(s)(-1)^{n+1}\begin{bmatrix} a_{12} & 0 & 0 & 0 & \cdots \\ (s+a_{22}) & -a_{23} & 0 & 0 & \cdots \\ -a_{32} & (s+a_{33}) & -a_{34} & 0 & \cdots \\ 0 & -a_{43} & (s+a_{44}) & -a_{45} & \cdots \\ \cdot & \cdot & \cdot & \cdot & \cdots \\ \cdot & \cdot & \cdot & \cdot & \cdots \\ \cdot & \cdot & \cdot & \cdot & \cdots \end{bmatrix} \qquad (12.16)$$

이것은 하대각 행렬이고 이 행렬의 행렬식은 대각선의 곱이다.

$$B(s) = a_{nF}T_F(s)(-1)^{n+1}(a_{12}a_{23}a_{34}\cdots a_{n-1,n}) \qquad (12.17)$$

그러므로

$$T_1(s) = \frac{a_{nF}T_F(s)(-1)^{n+1}}{(s-p_1)(s-p_2)\cdots(s-p_n)} \qquad (12.18)$$

그리고 열전달 함수 $\dfrac{T_1(s)}{T_F(s)}$는

$$G(s) = \frac{K}{(s-p_1)(s-p_2)\cdots(s-p_n)} \qquad (12.19)$$

여기서 K는 식을 간략하게 하기 위하여 동일하게 지정할 수 있는 상수이다. 유수 정리를 이용하여 유체의 온도단계변화에 대한 다음의 식을 얻을 수 있다(단위 스텝의 라플라스 변환, $T_F(s) = \dfrac{1}{s}$):

$$T_1(t) = \frac{1}{(-p_1)(-p_2)\cdots(-p_n)} + \frac{1}{p_1(p_1-p_2)(p_1-p_3)\cdots(p_1-p_n)}e^{p_1 t}$$

$$+ \frac{1}{p_2(p_2-p_1)(p_2-p_2)\cdots(p_2-p_n)}e^{p_2 t} + \cdots \tag{12.20}$$

이 식은 아래와 같다. (T_1을 T_{Plunge}이라 하겠음)

$$T_{Plunge}(t) = B_0 + B_1 e^{p_1 t} + B_2 e^{p_2 t} + \cdots B_n e^{p_n t}$$

$$B_0, B_1, B_2, \cdots B_n = f(p_1, p_2, \cdots p_n) \tag{12.21}$$

다음과 같은 사실이 유체온도의 플런지에 대하여 확인될 수 있다.

1. 식 12.21의 지수 항(p_1, p_2, ..., p_n)은 LCSR의 그것과 같다. 지수가 오직 열전달 저항과 열용량에 의해서만 달라지는데 이것은 예상되는 결과이다. LCSR 시험과 플런지 시험에서 이들은 동일하다.

2. 식 12.21에서 지수를 곱한 계수는 폴의 값에 의하여 결정되지만 0은 아니다. 그러므로, 이러한 계수와 지수를 결정하기 위해서는 폴에 대해서만 알면 충분하다.

12.3 LCSR 데이터 분석 과정

LCSR 과도상태를 변환하기 위하여 이전 절에서 유도한 결과와 함께 다음의 4단계 절차를 사용한다. 계산될 수 있는 센서의 응답시간을 이용하여 동일한 플런지 시험 과도 상태를 만들 수 수 있다.

1. 시험을 수행하고 컴퓨터를 이용하여 데이터를 샘플링한다.

2. T_{LCSR}에 대한 식 12.14에 LSCR 데이터를 맞추고, p_i를 구한다. A_i는 구하지 않아도 된다.

3. T_{Plunge}를 알기 위하여 식 12.21의 p_i를 이용한다.

4. 센서의 응답시간을 알기 위해 최종 정상상태일 때 값의 63.2 %에 도달하는데 걸리는 시간을 정하기 위하여 T_{Plunge} 과도상태를 이용한다.

   응답시간을 구하는데 자주 사용되는 또 다른 방법으로는, 9장에서 유도한 아래의 응답시간 식에 p_1, p_2, ... 를 대입하는 것이다.

$$\tau = \tau_1 \left[1 - \ln\left(1 - \frac{\tau_2}{\tau_1}\right) - \ln\left(1 - \frac{\tau_3}{\tau_1}\right) \cdots \right] \qquad (12.22)$$

이 식에서 τ 는 전체 응답시간, 반면 τ_1, τ_2 는 센서의 모달시간상수이다.

12.4 자가 가열시험

자가 가열시험은 종종 RTD의 LCSR 시험에 부수적으로 사용되는 방법이다. LCSR 시험과 같이, 자가 가열시험은 작은 DC 전류를 RTD의 확장 리드에 공급하여 내부적으로 RTD가 가열되는 원리를 기반으로 한다. 이 시험에서, 정상상태일 때의 RTD의 저항(R)은 공급되는 전류(I)의 값에 따라 측정된다. 결과 데이터는 RTD 소자에서 얻은 RTD 저항 대 전기출력($P=I^2R$)을 좌표에 나타낸다. 이 좌표는 RTD의 *자가 가열곡선*으로 알려져 있다. 그림 12.12는 가동중 발전소에서 시험한 전형적인 RTD 자가 가열곡선을 보여준다.

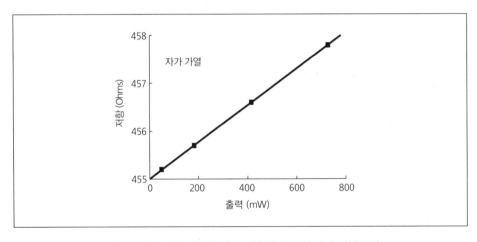

그림 12.12 가동중 발전소에서 시험된 RTD의 자가 가열곡선

백금 RTD의 경우, 가열지수(Self-Heating Index, SHI)를 기울기로 하는 자가 가열곡선은 RTD의 응답시간에 비례하는 직선이다. 그러므로 자가 가열시험은 RTD의 응답시간의 변화를 확인하고 RTD의 경년열화를 확인하는데 사용할 수 있다.

RTD의 SHI와 응답시간 간의 상관관계는 RTD의 센싱부 설계뿐만 아니라 설비와 시험하는 RTD의 공정 조건에 따라 다르다. 어떤 경우는 큰 상관관계를 가질 수도 있고 그렇지 않을 수도 있다. 작은 상관관계란 SHI 변화가 상당히 커야만 RTD의 응답시간에서 유효한 변화를 나타내는 것을 의미한다. 반대의 경우도 마찬가지이다. 표 12.6은 몇 가지 상용 RTD의 자가 가열지수와 이에 해당하는 응답시간 결과를 나열한 것이다. 이 결과는 RTD 유형에 따라 응답시간과 자가 가열지수 간의 상관관계를 보여준다. 빠른 응답시간을 갖는 RTD가 반드시 작은 SHI를 보이지는 않으며, 그 반대의 경우도 마찬가지이다. 즉, 응답시간과 SHI는 RTD 설계에 따라 유일하게 결정된다.

표 12.6 RTD에 따른 응답시간과 자가 가열지수의 비교

RTD 제조사	응답시간 (sec)	SHI (Ω/Watt)
A	3.8	7.8
B	5.0	4.4
C	1.3	19.3
D	2.7	23.1
E	6.5	6.3
위의 값은 상온, 물의 유속 1 m/sec 또는 가동중인 발전소에서의 플런지와 가열지수시험 결과이다.		

압력 전송기의 가동중(IN-SITU)
응답시간 시험

※ ※ ※

압력 전송기의 응답시간은 일반적으로 공정 조건 또는 전송기의 설치 조건에 영향을 받지 않기 때문에 앞서 설명한 응답시간 시험방법은 현장에서도 충분하다. 그럼에도 불구하고, 특별히 압력 전송기용 가동중 시험방법이 개발되었다. 이러한 방법들은 전송기에 물리적인 접촉 없이 의 응답시간 시험을 원격으로 수행할 수 있다.

압력 전송기 응답시간의 가동중 시험에는 *잡음해석법*과 *전원중단(Power Interrupt: PI)* 시험 두 가지 방법을 사용한다. PI 시험은 힘밸런스 압력 전송기의 응답시간 시험에만 사용된다. 반면 잡음해석법은 대부분의 상용 압력 전송기의 가동중 응답시간 시험에 사용할 수 있다.

13.1 잡음해석법

이 기술은 공정 가동 중에 압력 전송기 출력에 나타나는 배경 변동을 감시하는 방법이다. 이 개념을 설명하기 위해 우선 압력 전송기의 출력을 발전소 정상운전 중 시간에 대한 함수로서 그림 13.1에 제시하였다. 공정이 정상 운전이면, 센서의 출력은 전송기에 의해 정상적인 압력 값을 나타낸다. 이 정상상태 값은 흔히 그림 13.1에서와 같이 DC 성분이라고 한다. 또한 그림 13.1은 DC 성분 이외에 센서의 출력에 자연적으로 나타나는 작은 변동 신호를 나타내기 위하여 센서의 출력을 확대하여 보여준다. 신호의 잡음 또는 AC 성분이라 하는 변동신호는 두 가지 이유로 나타난다. 우선 압력은 난류, 열전달, 진동과 같은 고유의 변동을 갖는다. 또 다른 이유는 전기적 간섭을 받는 신호에 원인이 있다. 두 현상은 다른 주파수 영역에서 나타나므로 필터링에 의해 구분될 수 있다. 잡음분석에서는 공정에서 발생한 변동만이 관심이기 때문에 두 가지 잡음은 구분해야 한다.

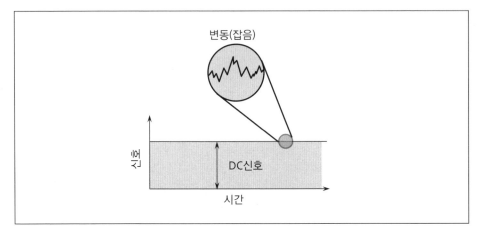

그림 13.1 센서의 정상적인 출력에 나타나는 공정 잡음

그림 13.2는 DC 및 AC 성분을 모두 포함한 원신호로부터 잡음을 추출하는 과정을 보여준다. 그림 13.2와 같이, 첫 번째 단계는 DC 성분을 제거하는 것이다. 이는 센서의 출력에 부의 바이어스를 더하거나 고주파통과 필터를 사용한다. 다음은 신호를 증폭시키고 저주파통과 필터를 통과시킨다. 저주파통과 필터는 불필요한 잡음을 제거하고 아날로그─디지털 변환기(Analog-to-Digital, A/D)를 통하여 데이터 수집 장치로 신호를 보내기 전에 안티앨리어싱(Anti-Aliasing) 기능을 제공 한다. 데이터 수집 장치는 적절한 샘플링 속도에 따라 데이터를 샘플링하고 저장한다. 그림 13.3은 가동중인 발전소의 압력 전송기로부터 얻어진 잡음 데이터의 원본을 보여준다. 이 데이터는 자연적으로 발생하는 공정변동을 나타내며 데이터를 제공하는 압력 전송기의 응답시간을 추정하는데 필요한 정보를 포함한다. 이 데이터는 압력 전송기로 부터 샘플링한 잡음 기록의 일부이며, 전체 잡음 기록은 보통 약 30~60분 동안 수행된다.

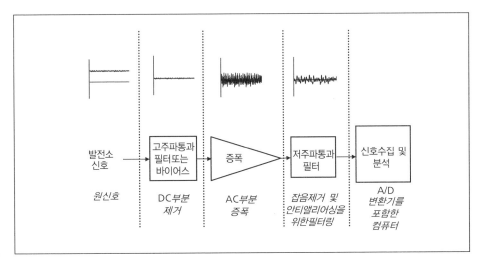

그림 13.2 잡음신호 수집과정

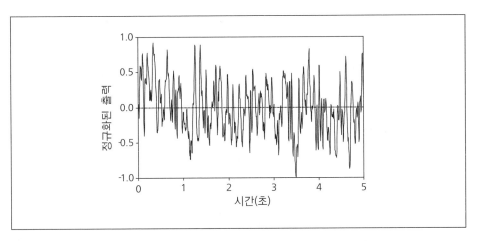

그림 13.3 가동중 공정에서 얻은 압력 전송기의 잡음 데이터

    압력센서의 응답시간을 얻기 위해서는 잡음 데이터를 분석해야 한다. 잡음 데이터를 분석하기 위해서는 *주파수영역분석*과 *시간영역분석*, 두 가지 옵션을 사용할 수 있다. 주파수영역분석에서 데이터의 스펙트럼은 *고속푸리에변환(Fast Fourier Transform, FFT)*과 같은 기술을 사용하여 계산할 수 있다. 그림 13.4는 가동중인 발전소의 압력 전송기로부터 나온 잡음 신호의 스펙트럼을 나타낸다. 스펙트럼은 *파워스펙트럼밀도(Power Spectral Density, PSD)*로 나타낸다. PSD는 주파수의 함수로서 좁은 주파수 밴드 내에서의 신호의 분산이다.

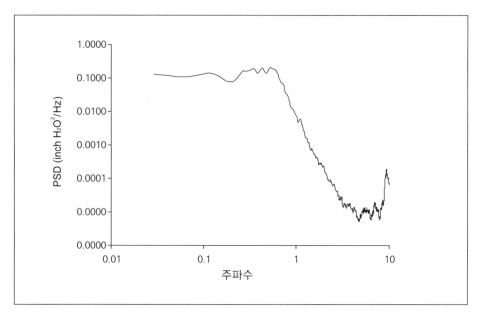

그림 13.4 압력 전송기 잡음 데이터의 스펙트럼

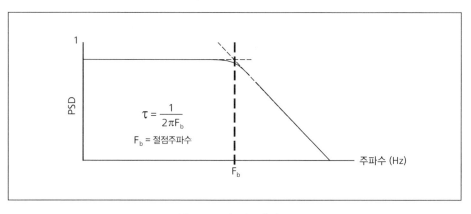

그림 13.5 1차 시스템의 PSD

    간단한 1차 시스템에서는 PSD을 이용하여 센서의 응답시간을 계산할 수 있다. 그림 13.5와 같이 응답시간은 PSD의 절점 주파수(F_b)를 측정하여 결정한다. 그러나 압력센서가 1차 시스템이 아닌 경우도 있으며, 그림 13.5와 같이 실제 공정으로부터 얻어진 PSD 선도에서 F_b를 측정하기는 어렵다. 사실 PSD에는 공명현상이나 응답시간을 결정하는 과정을 복잡하게 만드는 다른 요소도 포함되어 있다. 따라서 잡음 해석법을 이용하여 압력 전송기의 응답시간을 결정하기 위해서는 경험과 전문지식이 필요하다. 예를 들어, 센서 응답시간의 계산을 위해 PSD 선도를 사용하려면 센서의 동적 모델이 있어야 한다. 일반적인 주파수영역 방정식 모델은 모델 매개변수를 구하기 위하여 PSD에 피팅시키는 과정을 거친다. 이 매개변수들은 압력센서의 응답시간을 계산하기 위하여 사용한다. 그림 13.6은 PSD와 PSD에 적용한 모델 피팅을 나타낸다. 이는 운전 중인 유량 센서에 대한 결과이다.

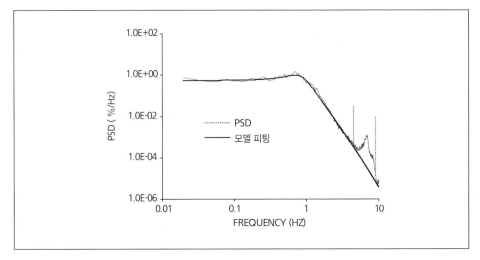

그림 13.6 압력 센서의 PSD와 PSD에 피팅한 모델

압력 전송기의 주파수영역분석에 대한 모델은 전송기의 입력 및 출력과 관련된 전달함수 G 로 나타낼 수 있다. 그림 13.7은 시간에 대한 입력 δI에 따라 출력 δO이 변하는 전송기를 나타낸다. 이들의 관계는 다음으로 표현된다.

$$G = \frac{\delta O}{\delta I} \quad \text{또는} \quad \delta O = G\delta I \tag{13.1}$$

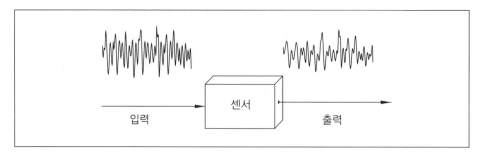

그림 13.7 입출력 잡음모델

여기에는 세 가지 요소인 입력, 출력, 그리고 전달 함수가 포함되어 있다. 세 항 중에 어느 두 가지를 알면, 나머지 하나를 알 수 있다. 잡음분석으로 출력을 측정할 수 있고 입력에 대한 가정을 만들 수 있다. 입력은 확률변수이므로 결정론적인 방법으로 특징지을 수는 없기 때문에 통계적으로 나타낸다. 식 13.1은 입력과 출력신호의 PSD를 이용하여 표현될 수 있다.

$$(PSD)_O = |G|^2 (PSD)_I \qquad (13.2)$$

만약 공정압력이 정상(Stationary)인 확률변수라면 이것은 PSD가 상수가 되는 백색잡음신호(White Noise Signal)라고 한다.

$$(PSD)_O = (Constant) |G|^2 \qquad (13.3)$$

식 13.3에서 압력 전송기의 출력 변동에 대한 PSD는 응답시간으로 계산한 센서의 전달함수에 비례하다. 따라서 전송기 출력의 잡음 데이터에 대한 PSD가 있으면 센서의 전달함수와 응답시간을 구할 수 있다. 이를 위해서는 입력 잡음(공정 변동)이 백색잡음 이라는 가정이 뒷받침되어야 한다.

주파수영역에서 잡음 데이터를 분석하는 과정을 그림 13.8에 제시하였다. 여기에는 PSD를 얻기 위하여 전송기의 출력신호에 FFT를 수행하는 과정을 보여주고 있다. 함수 (즉, 전송기 모델)는 PSD에 피팅이 되고 전송기의 응답시간을 계산하는 함수의 모수를 얻을 수 있다.

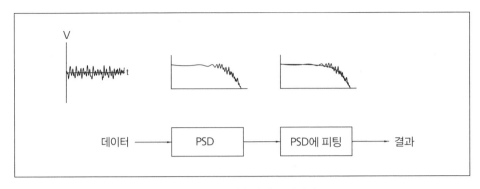

그림 13.8 주파수영역 분석절차

시간영역에서 잡음 데이터를 분석하기 위해서는 일반적으로 자동회귀 (Autoregressive, AR) 모델을 사용한다. AR 모델은 잡음 데이터를 피팅시켜 모수를 계산할 수 있는 시계열 모델이다. 모수들은 센서의 응답시간을 계산하기 위하여 사용된다. 시간영역분석은 보통 컴퓨터 프로그램을 이용하여 처리하는데, 종종 센서의 응답시간과 관련이 없는 데이터를 자동적으로 제거하는 것이 어려운 경우가 있다. 예를 들어, 만약 잡음 데이터가 매우 낮은 주파수의 공정 변동을 갖는다면 AR 모델은 응답시간의 값을 제공하는데 이러한 변동을 적용하게 되고, 이러한 경우 AR 모델은 응답시간에 큰 오류가 발생한다. 반대로 주파수영역분석에서는 데이터에 영향을 주는 느린 변동을 제거하거나 센서를 가장 잘 나타내는 데이터에 PSD를 적용하는 측면에서 용이하다.

압력 전송기의 응답시간을 시험하는데 있어 잡음해석법의 타당성은 여러 제작사에서 수행된 전송기 시험 결과로부터 얻어졌다. 표 13.1은 일반적인 램프시험과 잡음 해석법 으로 얻어진 응답시간의 결과를 정리한 것이다.

표 13.1 잡음해석법에 대한 실험실 검증 결과

전송기 구분	응답시간 (sec)	
	램프시험	잡음해석법
제조사 A		
1	0.05	0.06
2	0.32	0.28
3	0.07	0.08
4	0.07	0.05
5	0.10	0.07
6	0.11	0.08
7	0.09	0.08
8	0.10	0.09
9	0.09	0.09
제조사 B		
1	0.05	0.09
2	0.17	0.20
3	0.17	0.25
4	0.12	0.15
5	0.12	0.20
6	0.11	0.15
7	0.12	0.18
8	0.11	0.18
9	0.11	0.16
제조사 C		
1	0.13	0.16
2	0.21	0.18
3	0.11	0.14
4	0.16	0.13
5	0.09	0.12
6	0.29	0.30
7	0.28	0.25
8	0.15	0.13
9	0.17	0.20
기타 제조사		
1	0.15	0.15
2	0.21	0.18
3	0.02	0.08
4	0.03	0.07
5	0.08	0.11
6	0.15	0.27
7	0.33	0.37
8	0.02	0.02
9	0.02	0.02

그림 13.9는 상업용 발전소의 압력 전송기 가동중 응답시간 시험을 위한 장비 세트를 보여준다. 그림에서와 같이 잡음 데이터 수집 장치는 보통 제어실에 설치되어 있고 데이터는 처리 계장 캐비닛에 있는 전류 루프로부터 확보된다.

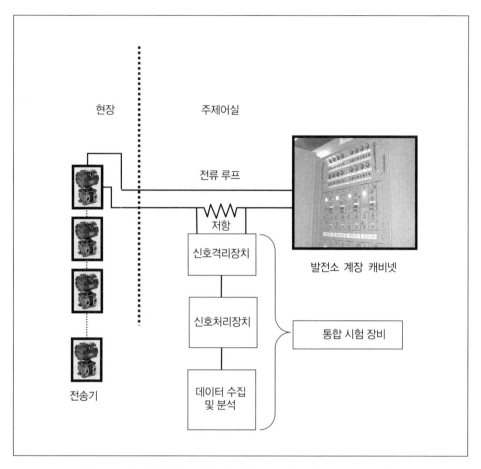

그림 13.9 잡음해석법을 이용한 압력 전송기 시험 장치 (발전소 설치 모습)

13.2 전력차단(PI) 시험

시작부분에서 언급했듯이, PI 시험은 힘밸런스 압력 전송기의 응답시간을 가동중 상황에서 시험하기 위한 방법이다. 이 방법은 전송기를 작동하는데 사용되는 전력공급을 순간적으로 차단하는 것이다. 즉, 몇 초 동안 전송기의 전원을 내렸다가 올린다. 전원을 켜면, 전송기는 응답시간을 구하기 위하여 필요한 출력 변화를 제공한다. 이 응답시간은 일반적인 스텝시험 또는 램프시험으로 얻어질 수 있는 전송기의 응답시간과 일치한다.

그림 13.10은 발전소의 힘밸런스 압력 전송기에 대한 PI 시험결과를 나타낸다. 또한 힘밸런스 압력 전송기에 대한 스텝시험 결과를 비교하여 나타냈다. 이는 PI 시험의

출력이 스텝시험에 대한 응답시간과 동일함을 나타낸다. 그림 13.10에 따르면 PI 시험의 일부(0.3초) 만이 응답시간 결정에 사용됨을 알 수 있다.

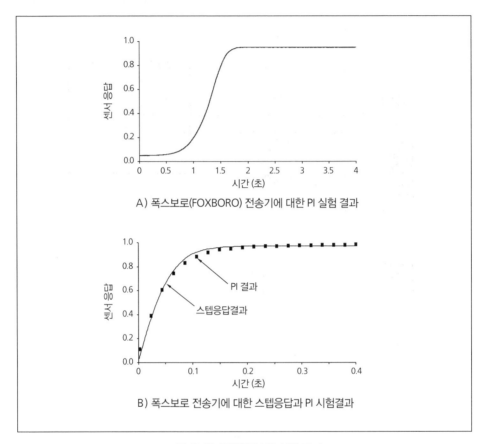

그림 13.10 전형적인 PI 시험 결과

PI 시험의 타당성은 실험실에서 수행된 광범위한 압력 전송기의 시험에 의하여 검증되었다. 표 13.2는 개별 전송기에 대하여 얻어진 응답시간을 나타내는 램프시험 및 PI 시험결과를 보여준다. 램프시험과 PI 시험 결과가 일치하는 것은 PI 시험의 타당성을 입증해준다.

그림 13.11은 PI 시험 장비를 보여준다. 장비는 보통 주제어실에 공정계측 캐비닛에 설치되어있다. 그림 13.11에 보이는 바와 같이, PI 시험 데이터는 전류루프에 시험 장비를 설치하여 취득한다.

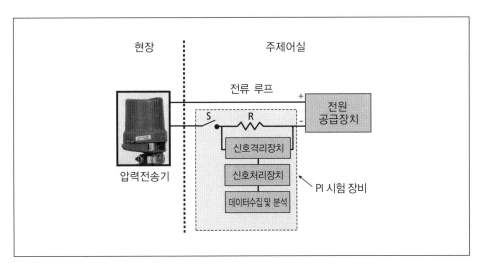

그림 13.11 PI 시험 장비

표 13.2 PI 시험에 대한 실험실 검증 결과

전송기 구분	응답시간 (sec)	
	램프	PI
1	0.16	0.20
2	0.21	0.21
3	0.20	0.21
4	0.13	0.15
5	0.12	0.18
6	0.17	0.22
7	0.11	0.13
8	0.13	0.15
9	0.16	0.17
10	0.29	0.34
11	0.25	0.31
12	0.15	0.17
13	0.17	0.25
14	0.01	0.03

압력 센싱라인 문제 및 해결방안

* * *

　임펄스라인이라고도 불리는 센싱라인은 전송기의 성능과 수명에 영향을 미치는 주위 온도의 효과를 줄이기 위하여, 공정으로부터 멀리 떨어뜨려 설치할 때 사용한다. 주위 온도가 높으면 전송기의 기계 부품에 영향을 주고 반도체 전자장치의 수명을 단축시킬 수 있다. 공정으로부터 전송기를 멀리 설치하는 또 다른 이유는 진동의 효과를 줄이고 교체 또는 점검시 전송기에 대한 접근을 용이하게 하기 위함이다.

　그림 14.1과 14.2는 센싱라인을 두 가지 방법으로 나타냈다. 그림에서와 같이 센싱라인은 압력 전송기를 공정과 연결한다. 경우에 따라, 하나의 전송기에 하나 또는 두 개의 센싱라인이 있다. 액체충전 및 기체충전 센싱라인이 산업 공정에서 사용된다. 액체센싱라인은 설계에 따라 약간 다르지만, 일반적으로 공정 액체 또는 공정 오일을 장입한다. 기체센싱라인은 증기, 공기, 질소 또는 다른 기체를 포함하며, 때때로 오일 또는 물과 같은 다른 매질과의 연결부가 있다. 다른 매질로의 연결부에 대한 센싱라인에는 다이아프램, 벨로스, 또는 응축폿(Condensate Pot)이 사용된다.

　센싱라인은 보통 1.5에서 2 cm의 작은 직경으로 약 2 mm 두께의 스테인리스강, 탄소강, 또는 구리 튜브로 만들어진다. 누선에 의한 영향을 감수시키는 위해 센싱라인은 배관 위쪽에 설치한다. 센싱라인은 경우에 따라 길이가 다양하다. 짧게는 몇 m에서, 길게는 200 또는 300 m가 될 수도 있다. 평균길이는 10에서 50 m이다. 센싱라인의 길이는 압력 계측기의 총 응답시간에 영향을 미치기 때문에 가능한 짧게 만든다.

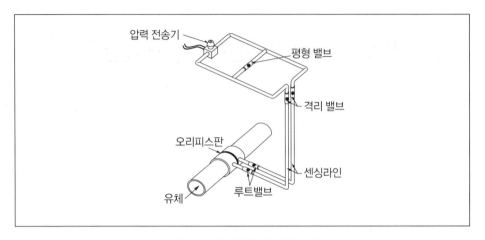

그림 14.1 압력 전송기 설치의 예

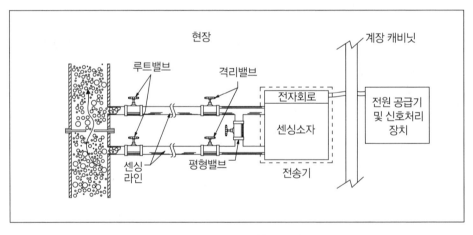

그림 14.2 압력 계측 시스템

센싱라인 설치는 열팽창과 진동에 의한 변형이 없도록 하며, 중력에 의해 배수할 수 있으며, 자체적으로 벤팅될 수 있도록 설계된다. 액체센싱라인의 경우 하향으로 경사가 있어 라인 내부의 기체가 배출될 수 있도록 한다. 센싱라인의 경사는 m 당 약 10 cm 정도이다. 센싱라인의 경사를 만들기 어렵다면 높은 지점에 벤팅이 제공되어야 하며, 기체센싱라인은 낮은 지점에 벤팅이 제공되어야 한다.

14.1 센싱라인 문제

센싱라인은 정확도와 응답시간에 다양한 영향을 줄 수 있다. 이 장에서는 이러한 문제에 대하여 논의하겠다.

14.1.1 기준랙 비등현상

그림 14.3은 기준랙 비등현상(Reference Leg Boil-off)이 어떻게 센싱라인에 문제를 야기할 수 있는지 보여준다. 그림에서 차압 전송기가 하단에는 물을, 상단에는 증기를 담고 있는 용기의 수위를 측정하기 위하여 사용되고 있다. 보통 전송기는 기준랙이 알려진 높이의 물기둥으로 차있다는 가정에 기반하여 교정을 한다. 응축폿은 시스템 내의 정해진 지점에서 증기를 물로 응축시킴으로서 이 가정을 만족하도록 만든다. 그러나 발전소 과도상태 또는 사고 조건에서는 기준랙의 물이 증기로 뿜어지면서 주위온도는 증가하고 압력은 감소할 것이다. 이 때문에 수위의 정확도가 떨어진다. 이는 센싱라인에 격리 다이아프램 또는 격리 벨로스를 사용하여 해결할 수 있다(그림 14.4).

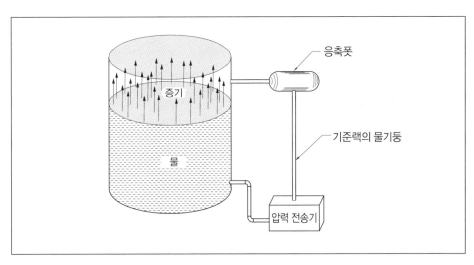

그림 14.3 수위 측정 장치

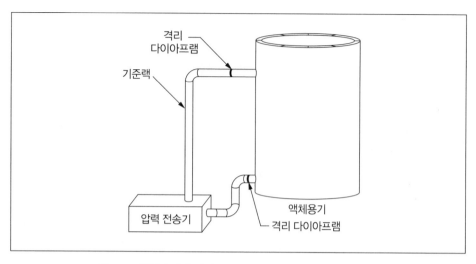

그림 14.4 센싱라인에 격리 다이아프램을 설치한 수위 측정 장치

14.1.2 수위 측정 문제

비응축성 기체가 센싱라인의 기준랙에 들어 있으면 수위 측정 문제가 발생할 수 있다. 특정 압력 아래로 공정이 빠르게 감압하는 동안 용해된 기체가 다시 나타날 수도 있다. 좀 더 구체적으로는 정상운전시 용해된 기체가 빠르게 작동 유체에서 빠져나와, 기준랙의 물을 밀어내게 된다. 이는 기준랙의 수위를 낮춰 결과적으로 높은 수위가 측정되는 문제가 발생한다.

14.1.3 기포, 폐색, 결빙

센싱라인의 기포, 폐색, 결빙은 압력 측정에서 오류를 야기할 수 있고, 압력센싱 시스템의 동적 응답시간에 영향을 미칠 수 있다. 설계 과정에서 이러한 문제를 피하기 위하여 노력은 하지만 여전히 산업공정에서는 자주 발생하는 현상이다.

- **기포**: 액체센싱라인에 갇혀있는 공기 또는 기체는 음향공명현상을 일으켜 잘못된 압력 수치, 느린 응답시간, 그리고 잡음 등을 야기할 수 있다. 예를 들어, 차압 측정에서 저압력 쪽의 기포 주머니는 정상적일 때보다 높게 압력을 표시할 수 있다. 이것은 압력정보의 전송을 지연시킬 수도 있다. 장치에서 기포를 제거하는 것은 쉽지 않다. 일반적으로 산업용 압력 측정에서는 높은 압력 때문에 기포 주머니가 액체에 용해되는 것을 기대할 수는 있지만, 여전히 기포 문제는 발생할

수 있다

- **폐색:** 센싱라인에서의 폐색현상은 물과 슬러지를 처리하기 위해 사용되는 화합물이 굳거나 기타 오염물질이 축적될 때 발생한다. 또한 이러한 폐색현상은 격리 및 평형밸브가 센싱라인에 잘못 정렬될 때 발생하기도 한다. 부분적인 폐색현상은 동적 응답시간에만 부정적인 영향을 주고, 일반적인 출력에는 영향을 미치지 않는다. 그러나 라인이 완전히 막힌다면, 압력 정보를 잃게 된다.
- **결빙:** 추운 날씨에 유체의 결빙을 방지하기 위하여 사용하는 센싱라인의 히터가 노화되거나 손상되면 결빙이 발생할 수 있다. 만약 결빙이 되어 일정한 압력으로 고정이 되면 결빙 사실을 모르고 계속 운전을 할 수도 있다.

14.1.4 누설

압력 센싱라인은 누설이 발생할 여지가 많다. 센싱라인은 누설을 야기할 수 있는 루트밸브, 격리밸브, 평형밸브, 기타 다수의 연결 부위를 갖는다. 특히 높은 압력에서 운전되는 경우 더 많은 누설이 발생할 수 있다. 센싱라인에서의 심각한 누설 또는 유체 상실은 잘못된 압력표시를 야기할 수 있다.

14.1.5 공통센싱라인

어떤 경우에는 다수의 압력 전송기가 센싱라인을 공유한다. 공통센싱라인에서는 공통 랙에서의 누설, 폐색, 또는 기포가 있을 때 한꺼번에 고장이 날 수 있다.

이외에도, 센싱라인을 공유하는 압력 전송기 그룹의 동적 응답시간은 공통 랙에서 가장 느린 전송기에 의해 결정이 된다. 따라서 공통센싱라인의 모든 전송기가 가장 느린 전송기의 응답속도를 갖게 된다.

14.1.6 센싱라인의 잡음

공정변동, 진동, 음향공명, 증기라인공명, 제어시스템 고장, 그리고 액체충진 센싱라인에서의 용해되지 않은 공기 주머니 등에 의하여 잡음이 발생할 수 있다. 잡음의 효과를 감소시키기 위해, 종종 압력센싱라인에 방진장치가 사용되기도 한다. 방진장치는 압력센싱시스템의 동적 응답시간을 증가시켜 잡음의 효과를 감소시킨다. 그러므로, 응답시간을 중요시 하는 경우에 신중하게 사용되어야 한다.

방진장치에 대한 대체방안으로 조절식 저주파통과 필터가 있다. 이 필터는 잡음을 감소시킬 수 있지만, 방진장치와 같이 시스템의 응답시간을 증가시킨다. 필터의 이점은 기계적 또는 음향잡음뿐만 아니라 전기적 잡음도 제거할 수 있다는 점이다. 또한 정확하게 제거하기를 원하는 주파수를 갖도록 설계할 수 있다. 필터의 단점으로는 방진장치와는 달리, 공정 압력 변동으로 발생한 높은 주파수 진동에 의한 기계적 피로로부터 압력 전송기의 센싱소자를 보호할 수는 없다.

14.2 센싱라인이 압력 전송기의 응답시간에 미치는 영향

액체충진 센싱라인의 응답시간은 *음파지연(Sonic Delay)* 및 *수력지연(Hydraulic Delay)*의 두 가지 요소를 갖는다. 음파지연은 압력신호가 완전히 충전된 센싱라인을 통하여 공정에서 전송기까지 음속으로 전달하는데 걸리는 시간이다. 물로 충전된 30 m 정도의 센싱라인에서 약 21 msec의 음파지연을 갖는다. 음파지연은 *음향지연 (Acoustic Delay)*이라고도 한다.

센싱라인에서 수력지연은 공정으로부터 전송기로 압력변화를 보내기 위해 이동되는 유체의 부피에 주로 영향을 받는다. 그림 14.5는 압력을 표시하기 위하여 거리 x의 일부 또는 전체를 이동해야 하는 센싱소자를 갖는 압력 전송기 라인을 보여준다. 센싱소자를 지나는 거리 x는 압력 전송기의 설계에 따라 다르다.

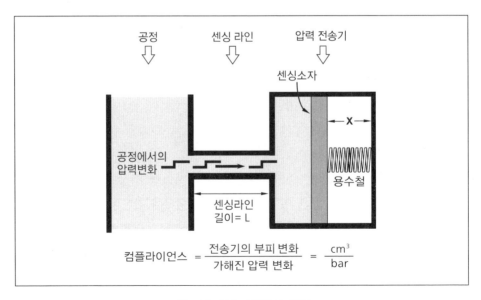

그림 14.5 전송기 컴플라이언스

로즈마운트 등에서 제작된 압력 전송기의 센싱소자는 압력을 표시하기 위한 유체의 움직임이 거의 없다. 바톤(Barton)이 제작한 전송기의 센싱소자는 압력을 표시하기 위하여 어느 정도 유체가 움직여야 하는 벨로스 형태이다. 센싱소자의 이동은 센싱라인에 있는 액체의 이동을 필요로 한다. 그러므로, 긴 센싱라인은 유체가 요구되는 거리를 움직이기 위하여 더 많은 시간을 필요로 하며, 유체가 흐르기 위한 추가적인 저항을 극복해야 한다.

이전 그래프에서 거리 x는 센싱라인 지연과 압력 전송기의 설계 특징의 관계를 묘사하기 위하여 사용하였다. 그러나 실제로 센싱라인에서 수력지연의 제어하는 요소는 x가 아니라 전송기 내부의 부피 변화이다. 또 다른 요소는 부피변화를 나타내기 위하여 요구되는 압력이다. 이 두 요소를 결합한 변수는 전송기의 부피 변화에 도달하기 위하여 요구되는 압력변화의 비로 정의되는데 이를 *전송기 컴플라이언스 (Compliance)*라고 한다. 전송기 컴플라이언스는 제작사에 의해 결정되는 값이다.

표 14.1은 세 개의 다른 압력 전송기의 컴플라이언스를 보여준다. 큰 컴플라이언스를 갖는 전송기는 큰 부피의 유체가 센싱라인을 통해 이동한다. 이러한 경우, 공정과 전송기의 출력에 대한 압력 계측기의 총 응답시간은 센싱라인의 길이 및 직경과 연관성이 강한 함수이다. 큰 컴플라이언스를 갖는 전송기의 응답시간은 센싱라인 내의 기포 또는 장해물에 크게 영향을 받는다. 그림 14.6은 센싱라인의 폐색 현상에 의하여 압력 전송기의 응답시간이 어떻게 증가하는 지를 보여준다. 이 자료는 센싱라인의 폐색 현상을 시뮬레이션 하기 위하여 사용된 방진장치(그림 14.7)를 이용하여 실험한 결과를 포함하고 있다. 방진장치가 압력 센싱라인에서의 폐색 현상을 정확하게 시뮬레이션 하기는 어렵다. 그래서 그림 14.6의 데이터는 단지 전송기의 응답시간에 대한 센싱라인 폐색 현상만의 효과를 보여주고 있다.

표 14.1 대표적인 압력 전송기의 컴플라이언스 값

제조사	모델	컴플라이언스 (cm³/bar)
Barton	764	9.51
Foxboro	E13DM	0.12
Rosemount	1153RC7	0.01

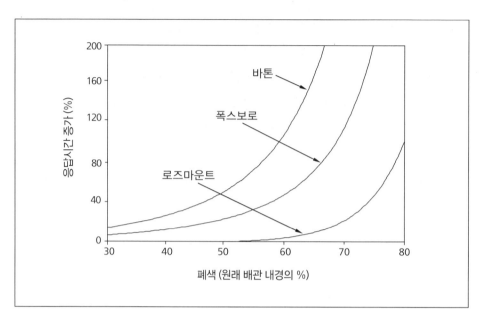

그림 14.6 센싱라인 폐색이 압력 전송기의 응답시간에 미치는 영향 (실험결과)

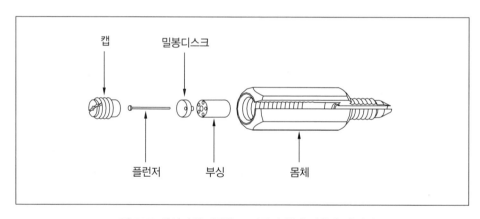

그림 14.7 센싱라인 폐색을 모사하기 위해 사용된 방진기

　그림 14.6에서 보면 폐색 현상에 대하여 컴플라이언스에 따라 서로 다르게 영향을 받는다는 것을 알 수 있다. 예를 들어, 그림 14.6에 보이는 바와 같이 바톤 전송기의 응답시간은 폐색이 직경의 65 %에 가까이 진행되는 경우 두 배 이상 증가한다. 반면에 로즈마운트 전송기의 응답시간은 같은 조건에서 10 % 정도만 증가하였다.

　센싱라인의 기포와 폐색 현상을 제거하는 해결책은 센싱라인을 정기적으로 취출하거나 배수하는 것이다. 또 다른 방법으로는 센싱라인에서의 기포와 폐색을 시험하고 감시하는 것이다. 이는 앞서 설명한 잡음해석법을 사용함으로써 가능하다. 사실, 잡음해석법을 이용한 응답시간 시험의 주된 이점 중 하나는 이것의 결과가 센싱라인의 영향을 포함한다는 것이다. 즉, 잡음분석을 통하여 얻어진 압력 전송기에 대한 응답시간 결과는 센싱라인에 나타날 수 있는 폐색 현상, 기포, 누설, 또는 결빙뿐 아니라 센싱라인의 길이와 직경에 대한 설명도 가능하다.

그림 14.8은 센싱라인 내에 공기의 유무 상태에 대하여 실험한 PSD를 나타낸다. 센싱라인에서 기포의 효과는 PSD의 공명과 낮은 절점 주파수에 의해 나타난 것이다. 낮은 절점 주파수에서 PSD가 감소하기 시작하면 시스템 내에 기포에 의해 전송기의 응답시간이 더 커 진다는 것을 알려주는 것이다.

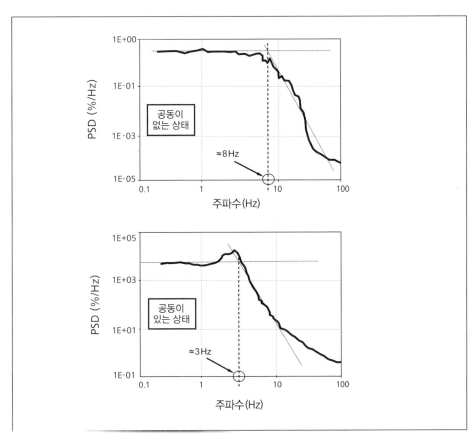

그림 14.8 센싱라인의 공기 유무에 따른 압력 계측기의 PSD

그림 14.9는 발전소에서 시험한 압력 전송기와 폐색 현상이 제거 된 후의 센싱

라인의 PSD를 비교한 것이다. 이 경우에서 폐색 현상은 전송기 응답시간을 적어도
10배 이상 증가시키고 있다.

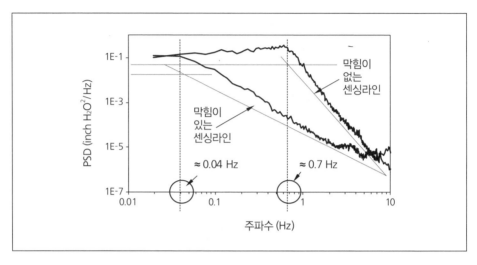

그림 14.9 센싱라인에서 폐색을 제거하기 전후의 바톤 전송기 PSD 분석 결과

14.3 온라인 센싱라인 감시를 위한 잡음해석법의 타당성

수많은 실험과 다양한 압력 전송기를 이용하여 수행한 발전소 실증시험을 통하여
잡음해석법이 센싱라인의 폐색 현상을 온라인으로 감시할 수 있음이 입증되었다.[10]
표 14.2는 바톤 압력 전송기를 이용한 시험 결과를 나타낸다. 전송기를 단독으로
시험하는 경우, 30 m 센싱라인 튜브와 함께 시험하는 경우, 그리고 마지막으로 센싱라인
내 방진장치와 함께 시험한 경우가 제시되었다. 전송기의 응답시간과 센싱라인에
부착된 전송기의 응답시간은 통상의 램프시험과 잡음분석에 의해 측정된다. 공정
변동을 시뮬레이션 하기 위하여 설계된 시험 루프에서 고의로 잡음을 발생시켰다.
결과에서 알 수 있듯이, 잡음분석은 전송기와 센싱라인의 응답시간을 정확하게
계산하였고, 응답시간에 미치는 센싱라인의 길이 및 방진장치에 의해 시뮬레이션 된
폐색 현상도 고려되었다.

표 14.2 압력 전송기와 센싱라인의 응답시간에 대한 잡음분석 결과

전송기 시험	응답시간 (sec)	
	램프 시험	잡음분석시험
전송기 단독 시험	0.12	0.17
30m 센싱라인 튜브와 함께 시험	0.27	0.28
센싱라인 내 방진장치와 함께 시험	3.00	2.94

계측기의 교정상태를 확인하는
가동중 방법

✳   ✳   ✳

15.1 서론

공정과 전력 산업에서 중요한 역할을 하는 온도, 압력, 그리고 기타 계측기들은 신뢰할 수 있는 측정을 보장하고 설비의 안전을 위하여 주기적으로 교정이 된다. 이러한 교정은 공정과 계기의 특징에 따라 매 해 혹은 격년에 한 번씩 수행된다. 교정 작업은 계기를 탈착하고, 교정하고, 다시 부착하는 과정을 거치므로 노동력을 필요로 한다. 최근 현장에서 공정 계측기들의 교정 이력을 검토한 결과 고품질의 계측기들은 보통 한 두 해 이상 교정 상태를 그대로 유지하고 있으며, 따라서 교정이 자주는 필요 없음을 알게 되었다. 이것이 공정 및 전력 산업계에서 계측기를 교정 할 시기를 결정하기 위한 방법을 찾게끔 하는 계기가 되었다. 이러한 노력이 이 장에 기술된 온라인 드리프트 감시(On-line Drift Monitoring)와 교차교정기술(Cross Calibration Technique)의 개발을 이끌었다. 이 기술은 공정 계측기의 교정 간격을 연장하는데 사용되며, 센서, 전송기, 그리고 이와 관련된 신호변환과 신호처리장치까지 전체 계측 채널을 아우를 수 있게 되었다. 이러한 기술을 사용함으로써 얻는 최고의 장점 중 하나는 센서 및 전송기의 교정 간격을 늘릴 수 있다는 것이다. 이 장에서는 센서와 전송기의 교정 필요성을 확인하는데 초점을 맞출 것이다.

15.2 가동중 교정 필요성의 확인 방법

공정 계측기의 전형적인 교정 방법은 다음의 두 단계로 구성된다:

1. 교정이 필요한지 결정
2. 필요시 교정

첫 번째 단계는 드리프트를 확인하기 위하여 발전소 운전 중에 공정 계측기의 정상상태 출력을 샘플링하는 방법에 의해 자동화 될 수 있다. 만약 계측기의 드리프트를 감지하면 교정된다. 드리프트가 거의 없거나 전혀 없다면 교정되지 않거나 교정 횟수를 줄이게 된다. 이러한 방법을 *온라인 교정감시* 또는 *가동중 교정 필요성의 확인 (In-situ Calibration Verification)* 이라고 한다.

공정 드리프트와 계측기 드리프트를 구분하기 위하여 혹은 드리프트를 감지하기 위한 기준을 세우기 위하여, 공정을 감시하는 계측기의 개수에 따라 다양한 기술이 사용될 수 있다. 예를 들어, 계측기가 같은 공정 변수를 중복적으로 측정한다면, 중복된 계기의 평균값은 드리프트 감지를 위한 기준이 될 수 있다. 이러한 경우 중복된 계측기의 출력값을 읽어 평균을 한 다음, 평균값을 각각의 계측기의 값에서 뺀다. 이를 통해 각 계측기에 대해 평균으로부터의 편차를 계산하게 된다. 이 방법은 RTD 또는 열전대의 교정 여부를 검증하기 위하여 중복된 온도 측정을 사용하는 것이며, *교차교정시험(Cross Calibration Test)* 이라고 한다.

15.3 교차 교정 시험

표 15.1은 원자력발전소 내의 20개의 중복 RTD에 대한 교차 교정 결과를 보여준다. RTD들은 발전소가 등온조건일 때 같은 온도에 노출되었다.

표 15.1 중복설치된 RTD에서의 교차교정시험의 결과

항목 (i)	RTD 태그 넘버	온도 (℃)				평균 온도 $\bar{T}_i$(℃)	편차 $\bar{T}_i - \bar{T}$(℃)
		시험 1	시험 2	시험 3	시험 4		
1	INCRD5420	259.9659	260.1017	260.1075	260.2619	260.109	0.064
2	INCRD5421	259.9238	260.0531	260.0631	260.2131	260.063	0.018
3	INCRD5422	259.9335	260.0602	260.0738	260.2147	260.071	0.026
4	INCRD5430	259.9407	260.0533	260.0777	260.2070	260.069	0.024
5	INCRD5440	259.8537	259.9649	259.9961	260.1182	259.983	-0.062
6	INCRD5460	259.9462	260.0567	260.0901	260.2043	260.074	0.029
7	INCRD5461	259.9448	260.0516	260.0898	260.1978	260.071	0.026
8	INCRD5462	259.9024	260.0049	260.0483	260.1496	260.026	-0.019
9	INCRD5470	259.8393	259.9386	259.9815	260.0784	259.959	-0.086
10	INCRD5480	259.9291	260.0244	260.0727	260.1628	260.047	0.002
11	INCRD5500	259.9472	260.0154	260.0858	260.1704	260.054	0.009
12	INCRD5501	259.9513	260.0123	260.0932	260.1692	260.057	0.012
13	INCRD5502	259.9567	260.0158	260.0943	260.1681	260.059	0.014
14	INCRD5510	259.9404	259.9822	260.0826	260.1491	260.038	-0.007
15	INCRD5520	259.8816	259.9324	260.0326	260.0899	259.984	-0.061
16	INCRD5540	260.0715	260.1244	260.2198	260.2736	260.172	0.127
17	INCRD5541	259.9433	259.9862	260.0889	260.1390	260.039	-0.006
18	INCRD5542	260.0275	260.0671	260.1809	260.2161	260.123	0.078
19	INCRD5550	259.8212	259.8556	259.9646	260.0021	259.911	-0.134
20	INCRD5560	259.9659	260.1017	260.1075	260.2619	260.109	0.064
총 평균 온도= $\left[\dfrac{\sum_i^n T_i}{n} \right] = \bar{T}$ =260.045℃							

교차교정시험을 수행하기 위하여, 신호취득시스템(그림 15.1)은 RTD의 지시값을 읽거나 RTD의 저항을 측정하고 그들을 RTD 교정표에 따라 해당되는 온도로 변환한다. 이 단계는 네 번 반복되며, 각각의 RTD의 계측값은 표 15.1과 같이 평균을 취한다. 모든 RTD들의 평균값을 다시 평균하고 이를 총 평균온도라고 한다. 총 평균온도는 공정의 실제 온도와 매우 밀접하다고 가정한다.[11] 다음은 각각의 RTD의 평균 계측값을 총 평균에서 감하고 그 결과값을 *RTD의 편차*라 정의한다. 이 편차는 온도 측정의 정확도 유지를 위하여 발전소 요건을 기반으로 정해진 허용 기준(예컨대

±0.3 ℃)과 비교된다. 허용 기준을 초과한 RTD는 이상치로 간주하고 전체의 평균을 계산하는 과정에서 제외된다. 이러한 계산과정은 모든 이상치가 인지될 때까지 반복된다. 비슷한 절차가 중복 열전대의 교차 교정에 사용된다.

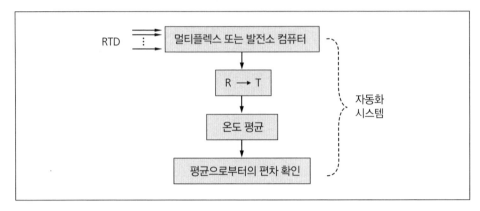

그림 15.1 교차교정을 위한 장비

이상치 RTD는 교체되거나 이상치를 위한 새로운 교정표를 생성하게 된다. 이상치를 위한 새로운 교정표를 만들기 위하여, 등온조건에서의 발전소 기동 혹은 정지기간 동안 세 곳 이상의 넓은 범위의 온도에서 RTD에 대한 교차교정 데이터가 수집되어야 한다.

데이터는 온도가 일정한 상태로 유지되거나 선형으로 변화하는 조건에서 얻어질 수 있다. 이러한 데이터로 셋 이상의 온도에서 이상치의 저항이 확인되고 이상치에 대한 저항 대 온도 데이터는 새로운 교정표를 산출하기 위하여 캘린더 방정식에 피팅된다. 이 절차는 이상치의 가동중 교정에 해당되며, 대규모의 중복 RTD중에서 소수의 이상치 (예컨대 15% 미만)인 경우에만 사용될 수 있다.

RTD 가동중 교정을 위한 교차교정시험 이외에 RTD 소자로부터 *존슨잡음 (Johnson Noise)*을 이용하는 방법을 사용할 수 있다.[12] 존슨잡음은 열적으로 진동하는 저항체에서 하전 입자의 움직임으로부터 발생하는 매우 작은 전압이다. 존슨잡음은 전기적 저항 혹은 열전 전위 같은 온도에 대한 반응이라기 보다 기본적인 온도의 표현이기 때문에, RTD 재료의 화학적, 물리적 변화에 대해 둔감하다. 그렇기 때문에 저항체 존슨잡음을 온라인으로 측정하여 RTD 저항 대 온도 관계를 계속적으로 교정할 수 있다. 존슨잡음은 μV 혹은 그보다 작은 신호이기 때문에, 정확하게 측정하고 해석하기 위해 요구되는 전자공학 기술과 신호처리 방법이 어렵고 비용이 많이 든다. 하지만 전자공학 기술이 진보함에 따라 존슨잡음 측정은 좀 더 용이해지고 있다.

15.4 온라인 교정 감시

위에서 설명된 RTD/열전대의 교차교정시험은 오랜 기간 원자력발전소에서 성공적으로 사용되어 온 중복성 기반의 교정필요성 확인 방법의 하나이다. 센서의 교정 필요성을 검증하기 위하여 개별 센서의 표시값과 실제 공정의 예측값을 비교하는 기본 원칙은 센서의 형태에 상관없이 적용이 가능하다.

온라인 교정 감시는 발전소 운전 중 공정 계측기의 정상적인 출력값을 감시하고 이 데이터를 계측기가 측정중인 공정 변수의 예측치와 비교한다. 평균 또는 해석적 모델링을 포함하는 다양한 방법을 사용하여 공정 변수의 예측치를 얻을 수 있다(그림 15.2). 이 방법에서는 센서의 출력이 공정 변수의 예측치에 대한 드리프트를 식별하기 위하여 감시된다. 만약 드리프트가 감지되면 센서는 교정된다. 그렇지 않으면 센서는 교정되지 않거나 교정 횟수를 줄이게 된다. 이 방법은 모든 형태의 공정 센서에 적용할 수 있고 전체 계측기 채널의 교정을 포괄적으로 다룰 수 있다. 그러나 이 방법의 가장 좋은 사례는 압력, 수위, 또는 유량 전송기의 교정 검증을 하는 경우이다. 압력, 수위 그리고 유량 전송기에 대한 내용에 초점을 맞추어 설명을 하겠다.

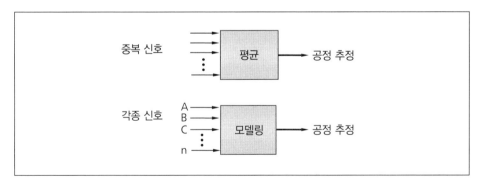

그림 15.2 평균과 모델링을 이용한 공정 예측

그림 15.3은 가동중 발전소에서 측정된 네 개의 증기발생기 수위 전송기들의 온라인 감시 데이터를 나타낸다. 이 그림에서 y축은 각각의 전송기의 출력값과 네

개의 전송기의 평균값의 차이이며 *x*축은 월 단위의 시간을 나타낸다. 그림은 발전소가 운전 중이었던 30개월 동안의 데이터를 나타낸 것이다. 네 개의 신호들은 30개월 동안 심각한 드리프트가 나타나지 않았다. 즉 전송기들의 교정이 필요치 않았다.

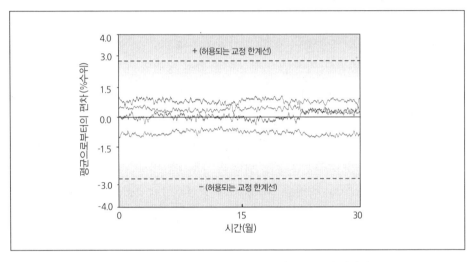

그림 15.3 증기발생기 수위 전송기의 온라인 감시 데이터

온라인 교정감시 개념을 설명하기 위해 그림 15.3에서는 30개월 동안의 데이터를 보여주고 있지만, 이와 같은 오랜 기간의 표본 데이터가 필수적인 것은 아니며, 연속적으로 데이터를 추출하는 것 또한 필수적이지 않다. 감시되고 있는 센서의 정확도 요건과 데이터 분석 방법에 따라 샘플링되는 기간은 달라질 수 있다.

위의 예에서 어떤 공통모드 드리프트를 제거하기 위하여 네 개의 전송기 중 하나를 교정할 수 있다. 계통(Systematic) 드리프트는 모든 전송기 드리프트가 한 방향으로 생길 때 나타난다. 이 경우 평균으로부터의 편차는 공통모드 드리프트를 감지하지 못할 것이다.

계통 드리프트 검출을 위한 다른 방법은 독립적인 방법으로 감시되는 공정의 예측치를 얻고 이 예측치를 계측기의 값과 비교하면서 추적하는 것이다. 많은 해석적 기술들을 통해 독립적인 방법으로 공정 변수의 값에 대한 예측치를 얻는 것이 가능하다. 이것들은 경험적 모델(Empirical Model)과 물리적 모델(Physical Model)로 구분될 수 있다. 각 모델은 감시된 변수와 관련 있는 다른 변수를 기반으로 공정변수의 값을 예상할 수 있다. 예를 들면 비등 과정에서 온도와 압력은 단순 모델에 의해 관련

지어진다. 그렇기 때문에 만약 이 공정에서 온도가 측정되면, 이에 상응하는 압력은 쉽게 계산되며 계통 드리프트 식별을 위한 기준값으로서 측정된 압력과 비교될 수 있다. 이 방법은 중복성이 없거나 중복성을 더해야 할 필요가 있는 경우 드리프트를 검출하기 위한 기준을 제공하는데 사용될 수 있다. 이 방법으로 단일 계기의 교정 드리프트도 추적이 가능하며 온라인으로 검증될 수 있다. 즉, 어떤 가상의 센서가 모델링 기술에 의해 만들어 질 수 있고 드리프트 검출을 위한 기준값으로 또는 중복 센서로서 사용될 수 있다.

위에서 다루었던 비등 과정에 대한 모델링 예는 가장 단순한 경우 중 하나이다. 그러나 실제로 공정 변수는 다른 하나의 단일 변수의 측정으로 쉽게 식별할 수 없다. 예를 들면, 물리적인 모델링에서 변수 사이에는 복잡한 관계가 존재한다. 더욱이 물리적 모델을 사용하여 합리적인 예측치를 제공하기 위해서는 공정과 물질의 특성에 대한 기본적인 지식이 요구된다. 그래서 온라인 교정 검증에서는 경험적인 모델을 선호한다. 일반적으로 경험적인 모델은 단일 출력 혹은 다중 출력을 생성하기 위해 다중 입력값을 사용한다. 이를 위하여 경험적 방정식, 신경회로망, 패턴 인식, 데이터 군집분석을 위한 퍼지 방법론 등이 사용되어왔다.[13] 이러한 기술들은 우선 다양한 공정 운전 조건에서 훈련되고 난 다음에 온라인 감시에 사용된다. 경험적 모델링이 어떻게 온라인 교정 감시를 수행하기 위한 공정 예측치를 만드는지를 설명하기 위해 간단한 신경회로망(Neural Network)을 예를 들어 설명하기로 한다.

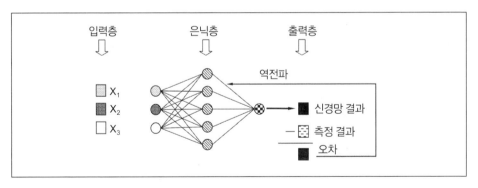

그림 15.4 간단한 신경회로망의 훈련

그림 15.4는 간단한 신경회로망과 이것이 어떻게 훈련되는지를 나타낸다.

기본적으로 출력 변수(y)가 측정 입력 변수인 x_1, x_2, x_3 로부터 예측되는 것이라면 신경회로망은 모델을 훈련하기 위하여 출력값 뿐만 아니라 입력값을 필요로 한다. 이러한 훈련 과정에서 신경회로망내의 가중 인자는 신경회로망의 예상 출력값과 실제로 감시 되고 있는 공정 변수의 값인 목표 출력값 사이의 차에 기반하여 조정된다. 즉 첫번째 실행에서 신경회로망은 입력값에 기반하여 출력값의 초기 예측값을 얻는다. 이 예측값과 목표 출력값 사이의 차이가 계산되고 신경회로망의 변수를 조정하는데 사용된다. 이 훈련 방법을 신경회로용어에서 *역전파(Back Propagation)*라고 한다. 훈련은 신경회로망에 제공되는 입력값과 출력값을 더해가며 계속되고, 차츰 측정된 결과와 신경회로망의 예측 결과의 차이는 어떤 허용 기준에 수렴한다. 이 지점에서 신경회로망의 훈련은 완료되고 준비는 마무리 된다. 이 예에서 신경회로망은 주어진 공정 운전 조건에서 세가지 입력값과 출력값 사이의 관계를 습득한다. 만약 다양한 운전 조건에서 훈련이 수행된다면 신경회로망은 학습된 전체 범위의 측정된 입력값을 기반으로 출력값의 예측치를 제공하게 된다.

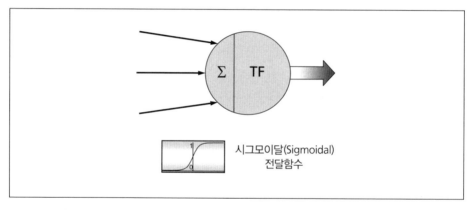

그림 15.5 신경회로망의 노드 (뉴런)

그림 15.4의 신경회로망에서 입력값은 검정색으로 칠해진 원으로 표시된 회로망의 중심 노드(Node)로 향하고 있다. 중앙의 노드를 통칭하여 신경회로망의 은닉층 *(Hidden Layer)*이라고 한다. 은닉층이라는 용어는 입력과 출력이 접근할 수 없기 때문이다. 은닉층 노드에서는 실제로 계산이 수행되므로, 뉴런(Neuron)이라고 한다. 반면에 입력 노드는 계산을 수행하지 않고 단순히 데이터를 은닉층으로 보낸다. 계산 노드는 수학적 계산을 수행하는 곳이다. 더 자세히 말하자면 은닉층으로 들어오는 입력값에 가중치를 곱하고 서로 합산한다. 그리고 그 합은 전달함수를 통해 보내진다.

다양한 전달함수가 신경회로망에서 쓰일 수 있다. 온라인 교정 감시에서는 S자형 전달 함수가 적절하다. 그림 15.5는 신경회로망 노드와 S자형 전달함수를 보여주고 있다.

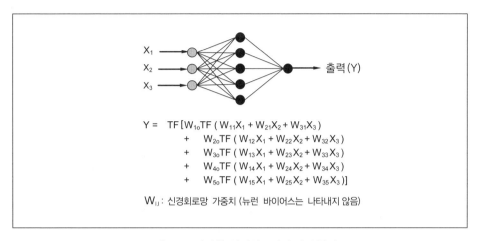

$$Y = TF[W_{1o}TF(W_{11}X_1 + W_{21}X_2 + W_{31}X_3)$$
$$+ W_{2o}TF(W_{12}X_1 + W_{22}X_2 + W_{32}X_3)$$
$$+ W_{3o}TF(W_{13}X_1 + W_{23}X_2 + W_{33}X_3)$$
$$+ W_{4o}TF(W_{14}X_1 + W_{24}X_2 + W_{34}X_3)$$
$$+ W_{5o}TF(W_{15}X_1 + W_{25}X_2 + W_{35}X_3)]$$

W_{IJ} : 신경회로망 가중치 (뉴런 바이어스는 나타내지 않음)

그림 15.6 간단한 신경회로망의 작동원리

그림 15.6은 간단한 신경회로망에서 입력값과 출력값을 관련 짓는 수학적 계산 과정을 보여준다. 설명을 단순화하기 위하여 위에서 설명한 신경회로망의 몇 가지 세부사항들이 빠져 있음을 유의해야 한다.

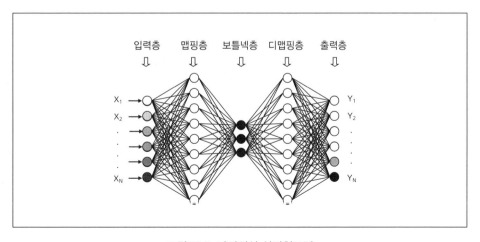

그림 15.7 자기연상 신경회로망

위에서 언급된 신경회로망은 오직 하나의 내부 노드(은닉층)와 단일 출력값을 갖는다. 그림 15.7와 같이 하나 이상의 내부 노드층과 다중의 출력값을 갖는 신경회로망이 있다. 이것은 *자기연상(Autoassociative)* 신경회로망이라고 한다. 이 신경회로망에서 입력값은 통칭하여 입력층이라고 한다. 그리고 은닉층은 맵핑(Mapping), 보틀넥(Bottleneck), 디맵핑(Demapping) 층으로 세분화된다. 더 자세한 사항은 신경회로망을 전문적으로 다루는 교재를 읽기를 권장한다.

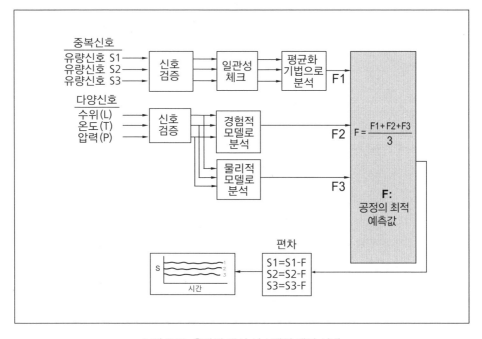

그림 15.8 온라인 감시 시스템의 개념 설계

그림 15.8은 온라인 교정 감시 시스템의 개념도를 보이고 있다. 이 시스템은 중복 신호의 평균, 경험적 모델, 그리고 물리적 모델을 포함하여 여기서 논의되었던 여러 가지 공정 예측 기술을 사용한다. 초기 데이터는 우선 데이터 검증 알고리즘에 의해 처리되고 감시중인 공정 변수의 예측값을 제공하는데 사용된다. 평균화 분석의 경우 우선 데이터의 일관성을 검사한다. 일관성 알고리즘은 중복된 신호들 사이에 합리적인 합의점이 있는지를 찾는다. 다른 중복 신호들로부터 매우 많이 차이가 나는 신호들은 평균에서 제외하거나 서로 유사하게 일치하는 신호들보다 가중치를 적게 준다.

단순(Straight)평균, 대역(Band)평균, 가중(Weighted)평균, 그리고 패리티(Parity)

공간을 포함하는 다양한 평균화 기법들이 사용 가능하다. 그림 15.9는 평균화 기법들을 설명한다. 단순평균은 매 순간 신호값들을 더하고 그 합을 신호의 수로 나누는 것을 의미한다. 대역평균은 이상치를 제거하기 위하여 일종의 대역을 사용하고 매순간 남아있는 값들을 대상으로 평균을 계산한다. 가중평균은 단순평균에 얼마나 근접한지를 기준으로 가중치를 더하고 가중평균을 계산한다. 패리티 공간은 평균 계산에 사용해야 하는 신호와 배제해야 하는 신호를 결정하기 위하여 대역을 사용한다. 각각의 신호는 얼마나 많은 다른 신호들과 패리티 공간 대역을 공유하는지를 기준으로 가중치를 준다. 만약 신호가 다른 것과 공유하는 대역이 없으면 이것의 가중치는 0이다. 만약 신호가 다른 하나의 신호와 대역을 공유하면 이것의 가중치는 1 이다. 다른 두개의 신호와 공유하면 2가 되는 등의 방법이다.

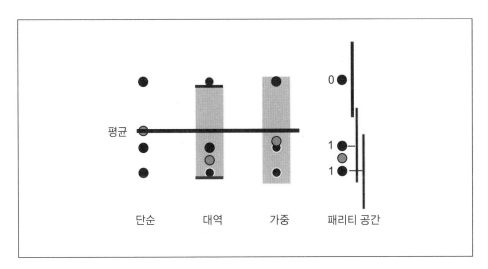

그림 15.9 평균화 기법

온라인 감시 데이터는 발전소 컴퓨터 또는 특정 데이터수집시스템으로부터 얻을 수 있다. 그림 15.10은 계측기 교정과 데이터수집시스템 자체의 운전성을 검증하기 위하여 입력 시험신호를 취득하는 과정을 보여준다. 이 장치는 많은 계기들로부터 데이터를 추출하고 추후 분석을 위해 저장할 수 있어야 한다. 분석은 그림 15.11에서와 같이 소프트웨어 모듈을 사용하여 수행된다. 이 모듈들은 1) 데이터 검증, 2) 데이터 분석, 3) 허용 기준과 분석 결과 비교, 그리고 4) 도년, 표, 보고서 등 시험 결과물을 제공하는데 사용된다. 데이터 검증을 위해 소프트웨어는 데이터의 정규성 검토, 배드

블록 식별, 그리고 외란, 잡음, 기타 인위적 요소를 제거하기 위한 통계적 알고리즘을 사용 한다.

발전소 컴퓨터에서 온라인 감시 데이터를 얻게 될 경우, 그 데이터들은 곧바로 분석되거나 저장 매체에 저장된 후 분석된다. 그림 15.12는 발전소 컴퓨터로부터 데이터를 읽고, 디스크에 저장하고, 결과를 도출하기 위한 분석과정을 보여준다. 표 15.2는 발전소 내의 50개의 전송기의 온라인 교정 감시 결과를 보여준다. 표에서는 각 전송기의 태그번호와 발전소에서의 역할 또는 위치를 제공하고 있다. 주목할 것은, 각 전송기가 심각한 드리프트를 갖는지에 대한 여부에 따라 표에서 "양호" 또는 "불량"을 제시한다는 것이다. "불량"으로 식별된 전송기는 교정되고 나머지는 교정하지 않아도 될 것이다.

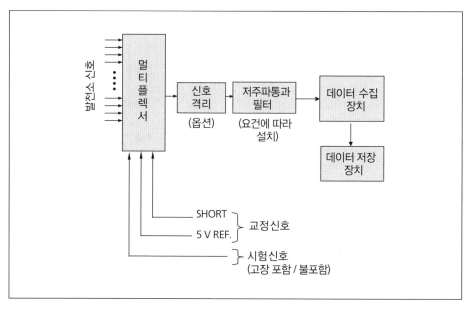

그림 15.10 온라인 교정필요성 감시 시스템을 위한 데이터 수집장비

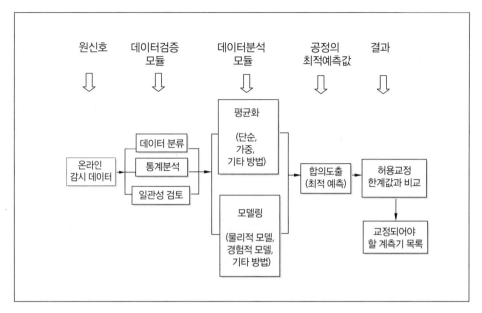

그림 15.11 온라인 교정필요성 감시를 위한 데이터 분석 시스템

발전소 컴퓨터로부터
데이터 수집

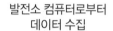

개인용 컴퓨터

온라인 교정필요성 감시 결과

Item #	Tag	Group	Online Monitoring Result
1	1AB-P-0513-W	MAIN STEAM PRESSURE LOOP 1	Good
2	1AB-P-0525-W	MAIN STEAM PRESSURE LOOP 2	Good
3	1AB-P-0536-W	MAIN STEAM PRESSURE LOOP 3	Good
4	1AB-P-0544-W	MAIN STEAM PRESSURE LOOP 4	Good
5	1AE-L-0501-W	STEAM GENERATOR A LEVEL WR	Good
6	1AE-L-0505-W	STEAM GENERATOR A LEVEL WR	Good
7	1AE-L-0502-W	STEAM GENERATOR B LEVEL WR	Good
8	1AE-L-0506-W	STEAM GENERATOR B LEVEL WR	Good
9	1AE-L-0503-W	STEAM GENERATOR C LEVEL WR	Good
10	1AE-L-0507-W	STEAM GENERATOR C LEVEL WR	Good
11	1AE-L-0504-W	STEAM GENERATOR D LEVEL WR	Good
12	1AE-L-0508-W	STEAM GENERATOR D LEVEL WR	Good
13	1BB-L-0465-W	PRESSURISER LEVEL	Bad
14	1BB-L-0466-W	PRESSURISER LEVEL	Good
15	1BB-L-0467-W	PRESSURISER LEVEL	Good
16	1BB-L-0468-W	PRESSURISER LEVEL	Good
17	1BB-P-0401-W	RCS PRESSURE WR PPS	Good
18	1BB-P-0402-W	RCS PRESSURE WR PPS	Good
19	1BB-P-0403-W	RCS PRESSURE WR PPS	Good
20	1BB-P-0404-W	RCS PRESSURE WR PPS	Bad
21	1BB-P-0455-W	PRESSURISER PRESSURE	Good
22	1BB-P-0456-W	PRESSURISER PRESSURE	Bad
23	1BB-P-0457-W	PRESSURISER PRESSURE	Good
24	1BB-P-0458-W	PRESSURISER PRESSURE	Bad
25	1AE-L-0547-W	STEAM GENERATOR D LEVEL NR	Good
26	1AE-L-0548-W	STEAM GENERATOR D LEVEL NR	Good
27	1AE-L-0549-W	STEAM GENERATOR D LEVEL NR	Good
28	1AE-L-0554-W	STEAM GENERATOR D LEVEL NR	Good

그림 15.12 발전소 데이터를 사용한 온라인 교정필요성 감시 시스템

표 15.2 온라인 교정필요성 감시 결과

Item	Group Name	Tag Name	Result Max	Deviation Bar
1	MAIN STEAM PRESSURE LOOP 1	AB-P-0513	Good	
2	MAIN STEAM PRESSURE LOOP 1	AB-P-0514	Bad	
3	MAIN STEAM PRESSURE LOOP 1	AB-P-0515	Good	
4	MAIN STEAM PRESSURE LOOP 1	AB-P-0516	Good	
5	MAIN STEAM PRESSURE LOOP 1	AB-P-0177	Good	
6	MAIN STEAM PRESSURE LOOP 1	AB-P-0174	Good	
7	MAIN STEAM PRESSURE LOOP 1	AB-P-0175	Good	
8	MAIN STEAM PRESSURE LOOP 1	AB-P-0137	Good	
9	MAIN STEAM PRESSURE LOOP 1	AB-P-0138	Good	
10	MAIN STEAM PRESSURE LOOP 3	AB-P-0533	Good	
11	MAIN STEAM PRESSURE LOOP 3	AB-P-0534	Good	
12	MAIN STEAM PRESSURE LOOP 3	AB-P-0535	Good	
13	MAIN STEAM PRESSURE LOOP 3	AB-P-0536	Good	
14	MAIN STEAM PRESSURE LOOP 3	AB-P-0377	Good	
15	MAIN STEAM PRESSURE LOOP 3	AB-P-0337	Good	
16	MAIN STEAM PRESSURE LOOP 3	AB-P-0338	Good	
17	MAIN STEAM PRESSURE LOOP 3	AB-P-0375	Good	
18	MAIN STEAM PRESSURE LOOP 3	AB-P-0374	Good	
19	STEAM GENERATOR A LEVEL NR	AE-L-0517	Good	
20	STEAM GENERATOR A LEVEL NR	AE-L-0518	Good	
21	STEAM GENERATOR A LEVEL NR	AE-L-0519	Good	
22	STEAM GENERATOR A LEVEL NR	AE-L-0551	Good	
23	STEAM GENERATOR A LEVEL NR	AE-L-0011	Good	
24	STEAM GENERATOR A LEVEL NR	AE-L-0012	Good	
25	STEAM GENERATOR A LEVEL NR	AE-L-0013	Good	
26	STEAM GENERATOR A LEVEL NR	AE-L-0014	Good	
27	STEAM GENERATOR A LEVEL NR	AE-L-0527	Good	
28	STEAM GENERATOR A LEVEL NR	AE-L-0528	Good	
29	STEAM GENERATOR A LEVEL NR	AE-L-0529	Good	
30	STEAM GENERATOR A LEVEL NR	AE-L-0552	Good	
31	STEAM GENERATOR A LEVEL NR	AE-L-0021	Good	
32	STEAM GENERATOR A LEVEL NR	AE-L-0022	Good	
33	STEAM GENERATOR A LEVEL NR	AE-L-0023	Good	
34	STEAM GENERATOR A LEVEL NR	AE-L-0024	Good	
35	STEAM GENERATOR A LEVEL NR	AE-L-0537	Good	
36	STEAM GENERATOR A LEVEL NR	AE-L-0538	Good	
37	STEAM GENERATOR A LEVEL NR	AE-L-0539	Good	
38	STEAM GENERATOR A LEVEL NR	AE-L-0553	Good	
39	STEAM GENERATOR A LEVEL NR	AE-L-0031	Good	
40	STEAM GENERATOR A LEVEL NR	AE-L-0032	Good	
41	STEAM GENERATOR A LEVEL NR	AE-L-0033	Good	
42	STEAM GENERATOR A LEVEL NR	AE-L-0034	Good	
43	STEAM GENERATOR A LEVEL NR	AE-L-0547	Good	
44	STEAM GENERATOR A LEVEL NR	AE-L-0548	Good	
45	STEAM GENERATOR A LEVEL NR	AE-L-0549	Good	
46	STEAM GENERATOR A LEVEL NR	AE-L-0554	Good	
47	STEAM GENERATOR A LEVEL NR	AE-L-0041	Good	
48	STEAM GENERATOR A LEVEL NR	AE-L-0042	Good	
49	STEAM GENERATOR A LEVEL NR	AE-L-0043	Good	
50	STEAM GENERATOR A LEVEL NR	AE-L-0044	Good	

위에서 설명된 온라인 교정필요성 감시는 감시된 시점(즉, 공정 운전 조선)에서 교정 문제를 식별한다. 그렇기 때문에, 위의 방법은 단일지점 교정검사로 간주할 수 있다.

계측기의 전 범위에 걸친 교정을 검증하기 위해서는, 발전소 기동과 정지 기간 동안 온라인 감시 데이터를 수집해야 한다. 이 기간의 데이터를 수집하면 넓은 범위에서의 계측기 교정을 검증할 수 있다. 그림 15.13은 9개의 발전소 전송기로부터 수집한 기동 및 정지시 데이터를 보여준다. 그림 15.14는 일곱 가지 운전 조건에서 측정된 전송기들 중 하나의 드리프트를 보여주고 있다. 이 결과는 그룹 내 다른 전송기들의 평균으로부터 해당 전송기의 편차를 결정함으로써 얻어진다. 그림 15.14의 점선은 전송기의 드리프트에 대한 발전소의 허용 기준을 보여준다.

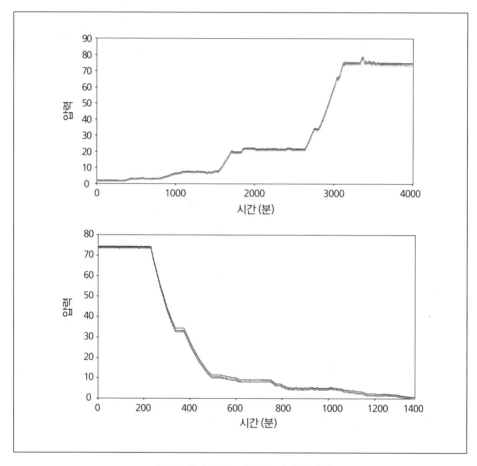

그림 15.13 발전소 기동 및 정지 데이터

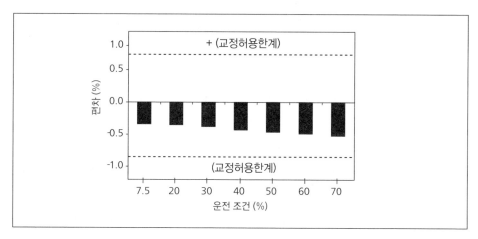

그림 15.14 압력 범위의 함수로서 나타낸 압력 전송기의 온라인 교정필요성 감시 결과

그림 15.15는 9개 전송기의 데이터를 나타내는 온라인 교정필요성 감시시스템의 화면을 보여준다. 그림 15.15의 좌측 상단에서는 전송기의 발전소 정지 데이터 자료가 나타나있다. 반시계 방향으로 다음 그림은 9개 전송기의 평균(이상치를 제외한)에서 해당 전송기의 편차 계산 결과, 운전 조건의 함수로서 전송기의 편차 계산 결과, 마지막으로 온라인 교정 감시의 최종 결과가 제시되고 있다.

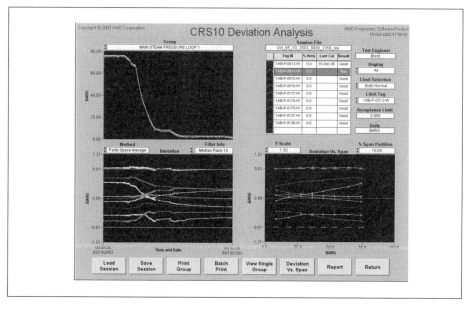

그림 15.15 온라인 교정필요성 감시 시스템의 화면 모습

15.5 벤츄리(Venturi) 파울링(Fouling) 검출을 위한 온라인 감시의 적용

온라인 감시는 공정 계측기의 교정 이외에도 여러 적용분야가 있다. 예를 들면, 온라인 감시를 통해 산업 공정에서 사용되는 벤츄리 유량계의 파울링을 감지할 수 있다. 이 경우, 유량과 관련 있는 다른 센서로부터의 신호와 경험적 또는 물리적 모델링 기법에 적용하면 벤츄리 파울링의 정도와 이에 따른 유량 결과값의 오차를 평가할 수 있다.

그림 15.16은 발전소 급수 계통에서 벤츄리 파울링의 온라인 감시 결과의 예를 보여준다. 이 사례에서는 급수 유량과 관련이 있는 신호의 신경회로망 모델링을 통해 결과를 얻는다. 그림 15.16에서 y축은 출력을 나타내고, x축은 전출력 조건에서 일(Day) 단위의 시간을 나타낸다. 그림 15.16의 두 개의 궤적은 발전소 계측기가 가리킨 원자로 출력과 신경회로망 모델링을 통해 얻은 계산된 출력이다. 신경회로망의 결과가 충분히 정확하다고 가정하면, 계산된 출력은 그림 15.16에서 실제 출력이라고 생각할 수 있다. 그런데 표시된 출력과 실제 출력이 발전소 운전 기간의 처음 100일을 제외하고 일치하지 않음이 보인다. 이것은 운전이 계속됨에 따른 벤츄리 유량계의 파울링 때문이라고 추측된다. 벤츄리 유량계의 파울링은 높은 유량을 지시하게 되고, 그러므로 부적절하게 높은 출력을 표시하게 된다. 파울링이 증가함에 따라 유량 표시가 증가하고, 그림 15.16에서와 같이 출력도 잘못된 방향으로 증가한다. 업계에서 유량 측정에 초음파 유량 센서를 사용하려는 이유는 이러한 문제를 해결하기 위해서이다.

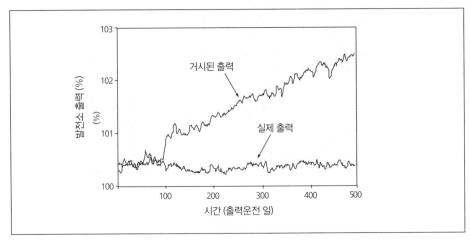

그림 15.16 벤츄리 파울링 감지를 위한 온라인 감시 결과

노화 효과와 계측기의
고장 가능성

✳ ✳ ✳

16.1 서론

　노화는 온도와 압력센서의 연결 와이어뿐만 아니라 자체 성능에도 영향을 미친다. 노화는 계측기의 성능을 감소시키고 고장 가능성을 증가시킨다. 계측기의 고장 가능성을 보여주는 노화 효과는 그림 16.1과 같은 *욕조곡선(Bathtub Curve)*을 따른다고 알려져 있다. 곡선의 모양이 마치 욕조모양 같기 때문인데 이것은 설비의 생애 전체에 걸친 잠재적 거동의 개략적인 표현이다. 욕조곡선은 실험적인 결과이며, 이론적 기반 또는 물리적 모델은 없다. 다만 이 곡선은 기기가 가동되기 시작할 때 높은 고장 가능성을 갖고 있음을 설명하고, 그것을 *초기고장(Infant Mortality)* 기간이라 한다. 일부 계측기가 이 기간 동안 고장이 발생한다. 고장이 발생하지 않은 기기는 낮은 고장확률로 오랜 기간(예컨대 20년)동안 작동한다. 이것은 그림 16.1에 안정적인 운전기간이라고 설명되었다. 그 후에는 계측기가 수명이 다하면서 마모와 피로로 인해 고장확률이 증가한다.

　항공기와 원자력발전소 같은 안전이 중요한 분야에서 엔지니어들은 기기와 계통의 고장확률이 욕조곡선을 따를 수 있다는 것을 인지하고 있다. 기기 또는 계통이 다양한 고장을 야기하면서 운전수명까지 제대로 작동하지 못할 수도 있기 때문에 기기의 노화 방지를 위해 정비 및 교체 프로그램을 이행하는 것은 필수적이다.

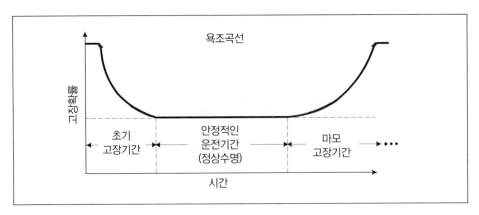

그림 16.1 설비의 고장확률

기기와 계통과는 대조적으로, 소프트웨어 같은 생산품은 욕조곡선을 따르지 않는다. 소프트웨어는 높은 고장확률을 갖고 작동을 시작하지만(그림 16.2 참조) 그 이후의 작동기간 중에는 고장 확률이 낮거나 아예 없다. 소프트웨어는 노화 문제를 갖고 있으나, 초기고장기간 동안 모든 버그가 개선된다면 이후에 고장이 나거나 제 기능을 수행하지 못하는 경우는 거의 나타나지 않는다.

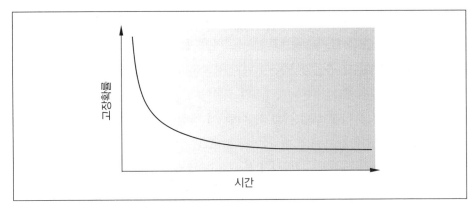

그림 16.2 소프트웨어의 고장확률

경기장 전구에 대한 고장확률은 매우 흥미로운 사실을 제공한다. 그림 16.3은 대부분의 전구가 일반적으로 오랜 기간 잘 작동을 하다가 상대적으로 짧은 기간에 큰 고장확률을 나타내고 있음을 보여준다. 따라서 고장이 발생할 때마다 전구를 교체해야 하는 부담과 비용을 덜기 위해서는 몇 개의 전구가 수명을 다했을 때에 나머지도 모두 교체해야 한다는 것을 알 수 있다. 전력 공급 장비에 사용되는 전해질 축전지에서도 마찬가지의 현상이 나타난다. 하나의 축전지가 고장이 나면 비슷한 형태와 수명의 모든 축전지를 교체하는 것이 바람직하다.

온도센서와 압력센서는 전구에 대한 곡선보다는 욕조 곡선을 따르는 것이 일반적이다. 다음 섹션은 온도와 압력센서에 노화를 일으키는 조건과 성능에 미치는 효과에 대해 다룬다.

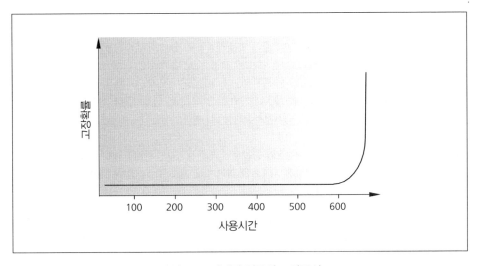

그림 16.3 경기장 전구의 고장곡선

16.2 온도센서의 노화

온도센서에서 일반적인 노화는 열, 수분, 진동, 온도 사이클링, 기계적 충격 또는 기타 산업 공정에서 발견되는 과부하 조건의 조합 하에서 오랜 기간 노출 됨으로써 발생한다. 이러한 조건을 스트레스 요인이라 한다. 표 16.1은 RTD의 성능에 영향을 주는 스트레스 요인의 몇 가지 예를 보여준다. 열전대도 동일한 스트레스 요인에 의해 동일한 방법으로 영향을 받는다. 그러나 대부분의 연구가 RTD의 노화에 초점이 맞춰져 있기 때문에, 이 장에서는 RTD에 초점을 맞출 것이다.

표 16.1 노화 요인이 RTD 성능에 미치는 영향

열. 고온에 장시간 노출되면 RTD 재료의 물성치에 영향을 미치게 된다. 화학적 오염 또는 금속의 변화는 백금물질에서 일어나며, 교정 시프트를 야기한다. 틈과 균열은 절연 물질에서 성장하며, 반응시간을 저하시킨다. RTD 밀봉은 건조, 수축, 크랙이 발생하여 습분이 덮개 안으로 들어가 측정 오류를 야기하게 된다.

습도. 전형적인 산업공정에서의 습도 레벨은 10-90%이다. 습분은 RTD 연결헤드 주변온도에 장시간 노출이 되면 RTD 내부로 침투할 수 있다. RTD의 습분은 단열저항을 감소시키고 측정오류와 출력 잡음을 야기한다.

진동. 운전 중, 발전소 배관계통은 유체의 흐름에 의한 진동과 기계부품에서의 진동을 RTD로 전달한다. 이것은 RTD 물질의 냉간가공을 유발하며 결과적으로 교정 시프트를 야기한다. 이러한 진동은 RTD에서 열보호관으로 이동될 수 있으며 반응시간을 증가시킨다. 열보호관에 스프링이 장착되어 있다면, 진동은 스프링을 느슨하게 만들어, RTD의 위치를 이동시키고 반응시간을 변화시킨다. 온도와 진동은 모두 단열재료를 이동시키거나 재분배하여 반응시간의 저하를 야기한다.

온도 사이클링. 온도 사이클링은 센서재료의 팽창과 수축을 발생시켜 센싱소자에 스트레스를 가하게 된다. 소자에 가해지는 스트레스는 교정 시프트를 야기한다. 온도 사이클링은 절연체의 반응시간을 저하시키는 틈과 크랙을 만들 수 있다.

기계적 충격. 발전소 운전 조건의 급작스런 변화에 의해 발생하여 RTD에 가해지는 충격은 진동 결과와 유사하게 RTD 성능의 저하를 야기한다.

16.2.1 노화가 RTD 교정에 미치는 영향

RTD의 센싱소자가 스트레스를 받지 않거나 오염되지 않고 절연체 물질이 제 위치에 건조한 상태로 유지가 된다면 RTD 성능은 크게 바뀌지 않아야 한다. 어떤 새로운 스트레스 요인, 오염, 또는 센싱소자의 물성치 변화 및 절연물질 내부의 수분은 교정 상태를 변화시킬 수 있다.

위에서 언급했던 것처럼, 스트레스는 열, 수분, 진동, 온도 사이클링, 기계적 충격, 다른 환경적인 효과의 조합으로 인해 발생한다. 그러나 온도 효과가 가장 중요하다. 그 이유는 RTD의 재료가 서로 다른 열팽창계수를 갖기 때문이며, 그 차이로 인해 온도가 변할 때 소자가 스트레스를 받기 때문이다. 센싱소자의 저항은 인장력이 가해지면 증가하고 압축력이 가해지면 감소한다. 작은 온도 변화에서의 스트레스는 보통 스스로 회복되지만, 큰 온도변화에서는 어닐링에 의해서만 스트레스가 회복된다. 센싱소자의 화학적 오염과 산화는 고온에 장기간 노출될 때 발생할 수 있다.

산화를 피하기 위해서, RTD의 덮개 내 공기를 줄여야 한다. 그러나, 이러한 경우 500℃이상의 온도에서는 덮개의 금속 이온이 센싱소자로 이동되면서 오염을 발생시킬 수 있다.

RTD 소자의 냉간가공(Cold Working) 또는 가공경화(Work Hardening)는 진동이나 기계적 충격에 의해 발생한다. 이것은 높은 저항을 발생시키는 스트레스를 생성하고 그 결과 RTD의 교정값이 변한다. 냉간가공에 의한 스트레스를 감소시킬 수 있는 그레인 성장(Grain Growth) 같은 야금기술은 어닐링 온도에서 가능하다. 그러므로 냉간가공의 효과는 어닐링에 의해 완화될 수 있다.

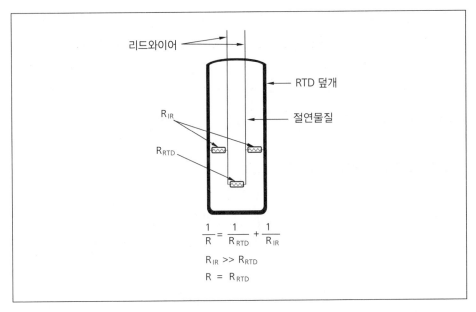

그림 16.4 RTD의 전기저항

덮개 내로 수분이 침투할 경우 RTD 절연체의 저항이 감소한다. RTD의 전기적 저항은 센싱소자와 절연저항성의 조합이다(그림 16.4). 센싱소자와 비교했을 때 절연체 저항은 일반적으로 훨씬 크며 저항 측정에 효과를 무시할 만하다. 그러나, 수분은 절연저항을 감소시키고 RTD가 정상 온도보다 낮게 표시되도록 한다. 절연체 저항은 RTD 와이어와 덮개 사이의 절연체를 가로지르는 50~100 V의 직류를 사용하는 메그옴(Megohm) 미터라는 계기에 의해 측정된다. 많은 수분이 RTD에 유입되면, 메그옴 미터가 신뢰적 측정을 할 정도로 안정된 상태를 유지되지 못하기 때문에 절연저항 측정에 어려움이 있다. 이러한 문제를 극복하기 위해, 대부분의 절차서에는 측정 기간을 설정해 두고 있다(예를 들어 60초). 단순한 절연저항 문제는 가열로에서 RTD를 열처리하여 수분을 RTD 덮개 밖으로 내보내 해결할 수 있다. 그러나, 밀봉이 손상되어 수분이 RTD안으로 침투한 경우라면 이러한 해결책이 그리 오래가지는 못한다.

가동중인 RTD의 절연저항에 대한 측정은 밀봉 상태와 절연체 건전성에 대한 정보를 제공할 수 있다. 그러나 절연저항값이 확장 케이블의 절연 특성에 영향을 받을 수 있으므로 주의해야 한다.

고온에서 수증기는 RTD 밖으로 확산되는 성질이 있기 때문에 일반적으로 RTD 내의 수분은 중요한 고려사항은 아니다. 그러나, 고온에서 절연체 저항이 급격히 감소하면 RTD 내부에 남아있는 수분이 절연저항값에 큰 영향을 미칠 수 있다. 그림 16.5는 온도 변화에 따른 건조 마그네슘 산화물(MgO)의 절연저항을 보여주고 있다. 절연저항은 온도가 매 100 ℃ 증가할 때마다 한 자릿수만큼 감소함을 알 수 있다. 마그네슘 산화물은 산업용 RTD의 센싱소자를 지지하고 절연하는데 사용된다.

16.2.2 노화가 RTD 응답시간에 미치는 영향

절연체의 열전달 특성이 변하면 응답시간이 저하된다. 높은 온도에서 장기간에 걸친 노출, 진동, 그리고 온도 사이클링에 의해 발생하는 절연체의 틈과 균열에 의해 동적 성능이 약해질 수 있다. 수분이 RTD에 침투하면, 응답시간은 향상될 수 있으나 교정성능은 나빠진다. 노화에 따라 응답시간이 향상될 가능성은 있으나, 노화에 따라 응답시간이 지속적으로 감소하는 RTD는 절연저항의 성능 저하를 겪을 수 있다.

센싱소자 보호관이 장착된 RTD의 응답시간 성능저하의 주 요인은 RTD와 열보호관 사이의 어떤 변화이다. RTD와 열보호관 사이의 공기 틈새가 RTD의 전체적인 응답시간에 중요한 역할을 한다는 것이 알려져 있다. 수 백 mm의 공기 틈새가 응답시간에 큰 영향을 끼친다. 이러한 변화는 발전소 운전 기간 중의 진동, 충격, 기계적 효과, 설치, 조작, 또는 규격의 공차에 따라 달라진다. RTD가 열보호관에 용수철 하중을 가하면, 삽입 길이 또는 접촉 압력을 변화시킬 수 있고 따라서 공기 틈새 크기를 늘려 응답시간을 증가시킬 수 있다.

공기 틈새가 RTD의 응답시간에 미치는 영향을 설명하기 위해, RTD의 첨단에서 공기 틈새에 따른 RTD의 응답시간을 측정하는 실험이 수행되었다. 실험은 그림

16.6에서와 같이 끝이 점점 가늘어지는 첨단 모양의 RTD와 이에 맞는 열보호관을 사용하였다. 또한 온도센서 열보호관으로부터 RTD가 조금씩 탈착 되도록 구성하였다. 틈새 게이지는 열보호관으로부터 RTD가 빠져나간 길이를 측정하는데 쓰인다. 표 16.2는 RTD와 열보호관 집합체의 첨단에서 공기 틈새에 따른 RTD의 응답시간을 보여준다. 데이터는 1 m/s로 흐르는 상온수의 순환 탱크에서 RTD 플런지 시험에 의해 얻어졌다. 온도센서 열보호관에 RTD가 전부 채워졌을 때 응답시간은 6.3초이고 열보호관의 첨단에서 RTD가 0.90 mm만큼 간격을 유지하면 10.5초까지 증가하였다. 이것은 RTD와 온도센서 열보호관 사이의 작은 틈새가 상당한 응답시간의 변화를 가져온다는 사실을 보여주며, RTD가 온도센서 열보호관 안에 설치되었을 때 응답시간의 민감도를 설명한다. 장애물이나 오염 요인, 또는 온도센서 열보호관이 설계된 위치에 제대로 놓여 있는 것을 방해하는 인자들은 응답시간을 상당히 증가시킬 수 있다. 열보호관 내의 RTD가 노화에 의해 이동이나 탈착이 되는 경우에도 응답시간의 성능을 저하시킬 수 있다.

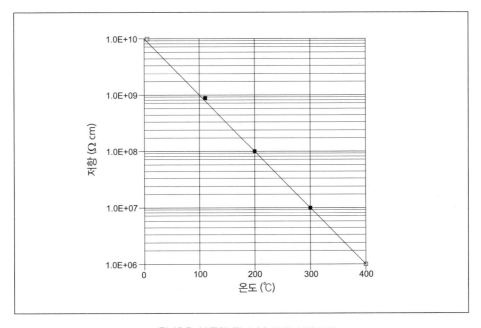

그림 16.5 온도에 따른 MgO의 설연서항

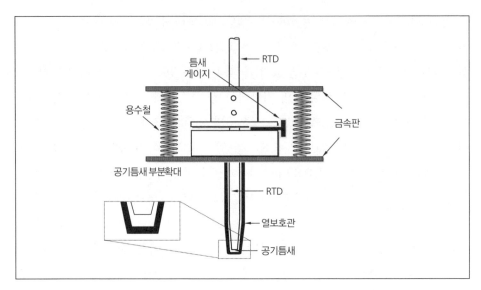

그림 16.6 RTD 응답시간에 공기 틈새가 미치는 영향을 실험하는 장비

표 16.2 열보호관 첨단에서 공기 틈새의 함수로 나타낸 RTD 응답시간

틈 크기 (mm)	응답시간 (sec)
0	6.3
0.2	7.1
0.3	8.0
0.4	8.9
0.6	9.5
0.9	10.5
응답시간은 유속 1 m/sec 상온의 회전하는 물탱크에서의 플런지 시험 결과이다.	

16.3 압력 전송기의 노화

압력 전송기의 성능 저하를 일으킬 수 있는 일반적인 노화 요인으로는 열적, 기계적, 또는 전기적 피로, 마모, 부식, 또는 침식, 취성, 확산, 화학반응, 균열 또는 파괴, 표면 오염 등이 있다. 이러한 성능 저하는 열, 습도, 진동, 기계적 충격, 열적 충격, 온도 사이클링, 압력 사이클링, 시험, 전자기 방해 등과 같은 스트레스의 요인에 노출됨으로써 발생할 수 있다. 다음 절에서는 이러한 요소들에 대해 자세히 설명한다.

16.3.1 압력 전송기의 스트레스 요인

표 16.3은 압력 전송기의 성능 저하를 일으킬 수 있는 스트레스 요인을 보여준다. 이번 절에서는 스트레스 요인이 압력 전송기에 미치는 효과에 대해 논의한다.

표 16.3 압력 전송기의 스트레스 요인

1. 온도
   - 높은 주변온도
   - 과도상태의 주변온도와 온도 사이클링
   - 자가가열에 의한 전송기 내부의 온도 변화

2. 압력
   - 높은 공정압력
   - 공정압력 사이클링

3. 습도
   - 높거나 낮은 주변 습도
   - 높거나 낮은 내부 습도

4. 진동
   - 정상운전시의 기계적 진동
   - 발전소 과도상태의 진동

5. 정비
   - 전자회의의 교체와 정비
   - 교정과 응답시간 시험
   - 벤트/드레인 밸브순환

6. 전송기 전원 공급
   - 전압 변동
   - 높은 출력전압

7. 그 외
   - 방사선 (원자력발전소)
   - 주변대기의 화학적 구성
   - 센싱라인의 침전물

온도. 온도는 압력 전송기의 주요한 스트레스 요인 중 하나이다. 온도는 주로 전송기 전자 장치에 영향을 미친다. 일반적인 산업 공정에서 정상 운전 상태의 주변 온도(대기 온도)는 50 ℃(± 10 ℃)에 이른다. 이러한 온도에 장기 노출되면 전송기의 수명이 단축될 수 있다. 또한 온도는 다른 스트레스 요인에도 영향을 미친다. 예로 높은 온도에서는 확산율이 높아지기 때문에 수분의 악영향이 증가한다. 그림 16.7은 주위 온도에 따른 전송기의 보증수명을 보여준다. 아레니우스(Arrhenius)의 이론을 기반으로, 온도가 10 ℃ 증가 할 때마다 장치의 수명이 두 배만큼 감소 한다. 이것은 열적 노화의 *10 ℃ 법칙*이라고 한다. 이 법칙은 전자공학에서 적용되는 것이지만 센서와 같은 다양한 장치의 노화 연구에도 널리 사용된다. 그림 16.7의 자료는 아레니우스의 이론인 10 ℃ 법칙과 상당히 일치한다.

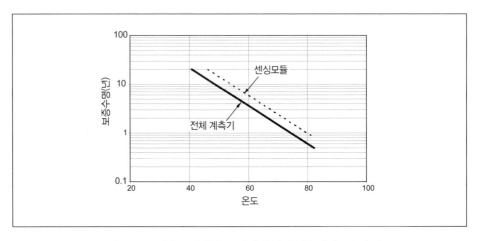

그림 16.7 주변온도의 함수로 나타낸 압력 전송기의 보증수명

압력. 압력 전송기는 정상운전 동안에는 작은 압력 변화, 발전소 정지와 사고 발생시에는 큰 압력 감소에 지속적으로 노출된다. 예로 압력 전송기의 성능 저하를 일으키는 현상으로 잘 알려진 수격현상(Water Hammer)이 있다. 압력에 의해 발생하는 다른 성능 저하 원인으로는 교정과 보수 중에 전송기가 부주의로 과압되거나 정상범위 위아래의 압력으로 반복될 때 발생한다. 반복되는 압력은 전송기의 기계적 부품이 헐거워지거나 마모를 가속화한다.

습도. 습도는 전송기의 전자장치 작동에 영향을 미치며, 또한 전송기의 부식을 야기할 수 있다. 습기가 스며드는 부분과 나가는 부분은 전송기 내부에 존재하며 따라서 제거하기가 어렵다. 습도는 산업 현장에서 10~100 % 정도 수준이다. 높은 습도는 밸브밀봉 누설 및 물과 증기 라인의 파손 때문인 경우가 많다. 산업 공정의 대부분의 전송기에 사용되는 유기폴리머 밀봉이 고온 상태에서 장기 노출되면 밀봉력이 떨어지기 때문에 약간의 습기가 전송기로 새어 들어간다. 수분은 전송기 전자장치의 합선을 야기한다. 또한 수분은 절연체의 절연력을 약화시키고 센서 성능과 수명에 영향을 미치게 된다.

진동. 발전소 운전시 기계에서 발생되는 진동은 구조물을 통해 압력 송신기로 전달된다. 일반적으로 진동은 물리적 피로를 증가시키며 전송기의 구성 요소를 느슨하게 하거나 분리시키는 결과를 낳는다.

정비. 압력 전송기에서 정비로 인해 발생하는 고장사례로는 교정 중에 테스트 압력이 부적절하게 공급되는 경우이다. 또 다른 예는 격리밸브와 평형밸브의 순서가 잘못 조작되어 전송기가 갑작스러운 압력변화에 노출되는 경우이다. 과도한 교정 작업과 보수 활동이 전송기의 마모를 발생시키는 원인이 될 수 있다. 예를 들어 잦은 주기로 교정을 하면 몇 년 후에는 교정 가변저항기 및 회로카드의 파손을 야기할 수 있다. 따라서 상태 감시가 수반되는 최적화된 정비 프로그램을 활용해야 한다. 즉 전송기의 상태에 관계없이 시간 기반으로 수행되는 교정과 정비 대신 상태에 기반한 정비가 수행되어야 한다.

16.3.2 노화효과가 압력 전송기의 교정과 응답시간에 미치는 영향

정상운전 동안에 압력 전송기에 미치는 스트레스는 기계부품 및 전송기 전자장치의 성능 저하를 야기할 수 있다. 이러한 스트레스 효과의 예는 다음과 같다

• 발전소 정지 기간이나 보수 기간에 압력서지의 영향으로 센싱소자 또는 기계적 링크의 영구변형
• 벨로스 고장. 벨로스가 파열될 수 있으며, 누설, 압력 표시 오류, 그리고 응답시간 지연 등의 경우가 발생한다.
• 충전유체의 감소 또는 누설 압력 전송기 안에 충전유체(보통 오일)의 성능이 저하되거나 누설될 수 있다. 감소가 유체의 특성이 변화되면 응답시간이 달라진다. 충전유체의 누설도 응답시간과 교정 성능을 감소시킬 수 있다.
• 가공경화로 인한 다이아프램의 고장. 가공경화는 다이아프램에 균열과 피로를

발생시킬 수 있으며 강성을 변화 시킬 수 있다.

- 기계 링크부위의 마찰 저항은 응답시간을 감소시킨다(교정에 영향을 줄 수도 있다).
- 밀봉누설. 밀봉은 경화 또는 균열이 발생할 수 있으며 그로 인해 수분이 전송기 안으로 새어 들어올 수 있다.
- 압력변동, 서지, 기계적 진동으로 인해 힘밸런스 전송기의 기계 부품이 헐거워 질 수 있다.

압력 전송기를 구성하는 전기 부품으로는 저항, 커패시터, 다이오드, 그리고 집적 회로 등이 있다. 이들은 신호변환, 신호처리, 그리고 전송기 출력의 선형화에 사용 된다. 일부 전송기에서는, 센서 출력의 선형성을 유지하기 위하여 10~20개의 저항이 사용된다. 저항과 커패시터는 전송기의 제로와 스팬으로 설정하기 위해 사용된다. 대부분의 구성요소들은 열악한 온도와 수분 환경에 오랜 기간 노출될 수 있다. 이러한 요인보다는 덜하지만, 압력 변동 또는 전원의 전압 변화에도 영향을 받는다. 저항이나 커패시터와 같은 전기적 부품의 변화는 교정 성능과 응답시간의 변화를 야기할 수 있다. 또한 센서 출력 신호의 선형성에도 영향을 미친다.

표 16.4는 압력 전송기에 영향을 주고, 교정 또는 응답시간에 문제를 야기시킬 수 있는 잠재적 효과에 대한 요약이다. 어떤 경우에는 응답시간에만 영향을 주지만 또 다른 경우에는 응답시간과 교정 모두에 영향을 준다. 이 표는 문헌 조사 및 발전소에서 사용되는 압력 전송기를 사용한 실험을 통하여 얻어졌다.[10]

표 16.4 압력 측정의 성능에 영향을 끼치는 노화요인의 예

노화	잠재적 원인	영향을 받는 성능		
		교정	응답시간	완전고장
1. 부분적 또는 모든 유체의 상실	제조 결함 고압	V	V	V
2. 충전유체의 노화	방사선과 열에 의한 점성 변화		V	
3. 기계적 연결의 마찰, 마모, 들러붙음 (특히 힘밸런스 전송기의 경우)	압력 변동과 급증. 부식과 산화		V	
4. 밀봉실패, 습분이 전송기 내부로 침투	방사선과 열에 의한 밀봉의 취화와 갈라짐	V		
5. 공정유체가 소자 유로로 누설. 센서의 온도변화, 내부 유체의 점성 변화	밀봉 실패 제조 결함 센싱소자의 파열	V	V	V
6. 센싱소자의 변형, 강도의 변화	압력 사이클링. 초과 압력 진동	V	V	
7. 전자부품의 특성 변화	열, 방사선, 습도 전원공급전압의 변화 정비	V		
8. 벨로스와 다이아프램 스프링 상수 변화	기계적 피로 압력 사이클링	V	V	
9. 센싱 모듈의 세라믹 삽입부에 있는 구멍이 폐색 (로즈마운트 전송기) 또는 주름진 모세관	일반적인 노화 제조결함 부주의		V	
10. 댐핑저항의 드리프트	열적 피로 방사선 영향 진동		V	

케이블의 가동중 검사

* * *

17.1 서론

공정, 전력, 그리고 우주항공 분야에서 케이블의 성능저하 또는 노화는 중요한 기술적 관심사로 다루어져 왔다. 이것은 케이블 문제가 화재, 항공기 추락, 우주선 고장, 그리고 여타 사고의 잠재적 요인 또는 기여 인자로서 많은 경우 사례가 있었기 때문이다. 따라서 다수의 국제 기관에서 케이블 관련 이슈를 다루고 있다. 미국 교통부(Department of Transportation), 상무부(Department of Commerce), 에너지부(Department of Energy), 소비자제품안전위원회(Consumer Product Safety Commission), 원자력안전규제위원회(Nuclear Regulatory Commission), 국방부(Department of Defense), 항공우주국(National Aeronautical and Space Administration, NASA), 국제원자력기구(International Atomic Energy Agency, IAEA), 국제전기표준위원회(International Electrotechnical Commission, IEC), 미국재료시험협회(American Society for Testing and Material, ASTM), 전기 전자기술자협회(Institute of Electrical and Electronics Engineers, IEEE), 그리고 전력연구원(Electric Power Research Institute, EPRI)이 이에 해당된다. 이들 기관에서는 노화효과에 대한 R&D 프로젝트 후원, 케이블 검사 기술 개발, 그리고 케이블 상태 감시를 위한 기준과 지침을 작성하는 등의 다양한 방법으로 케이블 관련

이슈에 관여하고 있다.

케이블의 노화와 성능저하는 열, 수분, 진동, 그리고 산업 환경적인 스트레스 요인에 장기적으로 노출되어 발생한다. 먼지, 윤활유, 화학물질, 또는 기타 오염 물질 등이 이에 포함된다. 또한, 케이블에 전류가 흐를 때 발생하는 저항가열 같은 내부 스트레스 요인이 있다. 표 17.1은 케이블의 성능저하를 발생시킬 수 있는 요인과 결과를 정리하였다.

표 17.1 케이블 성능에 영향을 끼치는 스트레스 인자

스트레스 인자	영향 받는 구성요소	결과
부식/산화	도체와 커넥터	저항증가와 자가가열
진동	도체	저항증가, 강도감소
열	절연	취화, 절연저항 감소, 가연성 증가
방사선	절연	취화, 절연저항 감소, 가연성 증가
습분/물	절연과 도체	케이블 재료의 변질, 습분의 침투, 절연저항 감소, 부식
먼지, 윤활제, 오염물질	절연체	절연체의 변질

케이블의 노화와 성능 저하를 막기 위해, 케이블의 주기적인 검사와 상태 감시가 수행되어 왔으며, 케이블의 노화 효과를 연구하고 효과적인 케이블 정비 기술을 찾기 위한 연구 개발이 진행되고 있다. 특히 공정에 설치되어 사용중인 케이블에 대한 검사와 상태 감시 기술에 관심이 높다.

이 장에서는 다양한 케이블 정비 기술들이 검토되었으며, 이 기술들이 어떻게 케이블의 신뢰도를 높이고 문제점을 확인하는지 소개하였다. 소개되는 기술들은 계측용, 송전용, 그리고 다른 용도의 케이블에 사용될 수 있으며, 커넥터, 분배기, 또는 다른 배선 구성 요소에도 적용될 수 있다.

17.2 케이블의 구성요소

산업현장에 쓰이는 전기 케이블은 일반적으로 다음과 같은 요소들로 구성된다(그림 17.1).

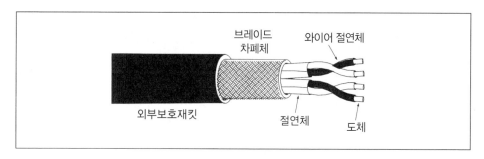

그림 17.1 전형적인 케이블의 구조

도체

구리, 알루미늄, 니켈, 금, 그리고 은은 전기가 잘 통하여 케이블에 사용될 수 있다. 이중, 구리는 뛰어난 전도성과 합리적인 가격 때문에 가장 일반적으로 사용되는 재료이다. 케이블 도체는 일반적으로 유연성을 고려한 표준 와이어 또는 강도를 고려한 강성 와이어로 만들어진다. 도체의 크기/지름은 미국와이어게이지(American Wire Gauge, AWG)로 표현된다. 몇 가지 와이어 지름과 그에 상응하는 AWG는 다음과 같다.

게이지 (AWG 번호)	지름 (mm)
10	2.588
14	1.628
18	1.024
22	0.644
24	0.511

절연체

케이블 도체는 일반적으로 전류의 흐름에 높은 저항성을 갖는 유전 물질로 절연되어 있다. 특히 케이블 절연체는 물, 화학물질, 마모, 그리고 열에 대한 저항성을 가져야 하며, 화재시 견딜 수 있어야 한다. 폴리비닐클로라이드(Polyvinylchloride, PVC) 복합체, 폴리에틸렌(Polyethylene) 복합체, 그리고 탄성중합체(Elastomer) 등이 케이블 절연체로 많이 사용된다

차폐

차폐는 노이즈와 전자기/무선 주파수 간섭(EMI/RFI) 능력을 높이기 위해 케이블

제작시 사용된다. 케이블에는 박막(Foil) 또는 꼬인(Braid) 형태의 차폐체가 적용될 수 있다. 박막 차폐는 일반적으로 폴리에스테르와 결합한 얇은 알루미늄 층으로 만들어진다. 드레인 와이어는 차폐를 접지하기 위해 박막 차폐에 연결되어 사용된다. 꼬인 형태의 차폐는 주로 구리나 알루미늄으로 만들어진다.

재킷

재킷은 케이블을 보호하고 강도를 높이기 위해 사용된다. 케이블에 쓰이는 재킷 재료는 케이블이 사용되는 환경을 고려하여 선택된다. 일반적으로 케이블 재킷은 케이블 절연체/유전체와 같거나 비슷한 물질로 만들어진다.

17.3 케이블 검사 기술

문제점 확인, 예측정비를 위한 기준치 측정, 케이블 노화 평가 등의 이유로 케이블을 검사하게 된다. 케이블 검사와 정비에는 수동적 및 능동적 방법이 있으며 아래에 기술되었다.

17.3.1 수동적 기술

보고, 느끼고, 냄새 맡는 수동적 정비는 케이블의 문제를 발견하는데 효과적인 도구이다. 이 방법은 다음과 같은 다단계에 걸친 절차에 의해 수행된다.

- **외관 또는 물리적 점검**: 케이블의 균열 점검, 감촉 검사, 색상 변화
- **규격**: 케이블의 팽창, 수축, 그리고 변형 점검
- **세척**: 먼지, 윤활유, 용제, 또는 특정 화학물질 제거
- **환경감시**: 온도와 습도 같은 케이블 주변의 상태 감시
- **열화상**: 케이블, 연결장치, 그리고 다른 배선 계통을 구성하는 요소에서 특이하게 가열된 부분을 찾기 위한 열화상 감시

17.3.2 능동적 기술

전기적, 기계적, 그리고 화학적 검사를 포함하는 능동적인 검사와 정비 방법은 다음과 같다.

- **전기적 검사**: 도체와 절연체의 검사에 사용되며 다음을 포함한다:
  - 직류 저항, 교류 임피던스, 그리고 절연저항 측정. 이들은 케이블 절연체의 상태를 평가하기 위해 수행된다. 커패시턴스(C), 인덕턴스(L), 그리고 저항(R) 측정 등이 이에 속한다. LCR 미터 같은 장비가 사용된다.
  - 시간영역 반사광 측정법(TDR). 이 검사는 케이블 내부의 문제가 발생한 지점을 식별하는데 사용된다. 이 방법은 오늘날 가장 많이 사용되는 효과적인 케이블 검사 기술이다. 이 방법에 대해서는 17.4절에서 자세히 설명한다.
- **고전위 검사**: 이 검사는 도체와 지면 또는 도체와 케이블 재킷 사이에 대용량의 AC 혹은 DC 전압을 인가한다. 전압은 일반적으로 1초, 1분, 또는 5분과 같은 특정 시간 동안 가해진다. 일반적으로 고전위가 유지되는(내성) 전압과 고전위가 떨어지는 (파손) 전압을 측정한다. 고전위 파손 전압은 케이블 절연체 물질이 파손되기 시작한 지점이며 고전위 내성 전압은 파손되기 전 가장 높게 인가된 전압이다. 이러한 전압 측정 결과와 케이블 절연 물질의 상태에는 상관관계가 있다. 다수의 표준에서 고전위 검사 방법의 상세한 절차를 제공한다. IEEE 표준 400과 943 그리고 ASTM 표준 D149 그리고 D3755 등이 이에 포함된다.
- **극성 지수(Polarization Index, PI) 측정**: PI는 두 IR 측정값의 비율이다. IR 측정값은 인가된 전압이 얼마나 오래 지속되었는지에 따라 다르다(예컨대 30초, 60초, 1분, 10분 등). PI를 계산하기 위해, 하나는 10분 이상 측정하고 다른 하나는 1분 동안 측정한다. 그리고 다음과 같이 계산한다:

$$극성\ 지수 = \frac{IR\ at\ 10\ min}{IR\ at\ 1\ min}$$

케이블의 상태를 파악할 수 있는 또 다른 변수로는 유전체 흡수율(Dielectric Absorption Ratio, DAR)이 있다. PI와 같이, 60초 및 30초간 측정된 두 개의 IR 값을 나누어 DAR을 식별한다. 다음 표는 PI와 DAR 값을 이용하여 케이블 절연 물질의 상태를 확인하는 자료이다.

케이블 절연체 조건	DAR(60/30 초 비율)	PI(10/1 분 비율)
뛰어남	> 1.6	> 4
좋음	1.4–1.6	2–4
의심됨	1.0–1.3	1-2

IEEE Standard 43–2000에서 PI 사용에 대한 지침을 제공하고 있다.

- **기계적 검사**: 재료가 건조해지거나 깨지기 쉬운 상태가 되면 균열 위험, 수분 침투, 파손 등의 원인이 되므로, 이를 방지하게 위해 케이블 절연체와 재킷 물질의 연성을 측정. 기계적 검사의 예는 다음과 같다:
  - 케이블을 양쪽으로 당기면서 파손 시점에서의 신장과 인장강도 측정. 두 검사는 동일한 장비로 수행된다. 파손 시점에서의 신장과 인장강도 측정은 편리하며 자주 사용되는 검사법이다. 관련 지침은 ASTM 표준 D638 과 D412에 제시되어 있다.
  - 압축 모듈러스 측정. 이 검사는 1980년대 중반 EPRI가 개발하였다.[16] 이 방법은 케이블 인덴터(Cable Indenter) 라는 장치를 사용하여 수행된다. 기본적으로, 케이블 인덴터의 기능은 케이블을 쥐어짜면서 상대적인 경도를 측정하는 것이다. 그림 17.2는 이 방법의 타당성을 보여주는 자료와 검사 방법을 설명하고 있다. 실험은 가열로 내에서 열적으로 노화된 케이블 샘플에 적용되었다. 케이블의 경도는 케이블 인덴터를 이용하여 가열로 내에 있었던 시간의 함수로 측정된다.

- **화학적 검사**: 이 검사는 케이블 절연체 또는 재킷 물질의 상태를 파악하기 위해 수행된다. 이 검사는 다음을 포함한다:
  - 산화 유도 검사(Oxidation Induction Test, OIT)
  - 푸리에 변환 적외선(Fourier Transform Infrared, FTIR) 측정
  - 젤(Gel) 함유량 검사

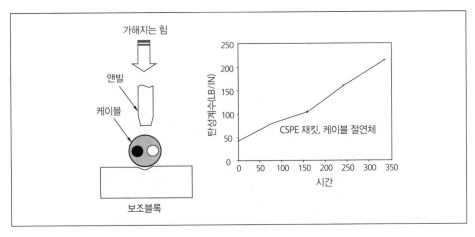

그림 17.2 케이블 인덴터 시험의 원리

표 17.2는 이들 검사를 수행하기 위한 주요 절차를 보여준다.

표 17.2 화학적 검사 절차

푸리에 변환 적외선 측정	산화 유도 검사	젤 함유량 검사

- 절연저항 샘플을 적외선에 노출
- 스펙트럼을 얻기 위한
  푸리에 변환
- 스펙트럼 변화 감시
	- 샘플을 215 ℃로 가열, 이 온도를
	  유지하기 위한 에너지 측정
	- 특정시간 후 급격한 산화에 의해
	  필요한 에너지는 감소
	- 필요한 에너지가 감소하기
	  시작하는 시간 측정
	- ASTM 표준 D2633, D3895,
	  D4565에 따라 수행
		- 용매에 고분자 샘플을 용해
		- 용해되지 않은 고분자
		  양 측정
		- ASTM 표준 D2765에 따라
		  수행

위에서 설명된 몇 가지 전기적 검사는 현장에서 수행할 수 있다. 그러나 기계적 검사와 화학적 검사는 케이블 샘플이 필요하다. 때문에 케이블 저장고(그림 17.3)에서는 여분의 케이블을 저장하면서 케이블을 동일한 조건 하에서 노화시킨다. 노화된 케이블은 실험실에서 주기적으로 샘플링하여 위에서 설명된 전기적, 기계적, 화학적 검사 또는 기타 검사를 수행한다.

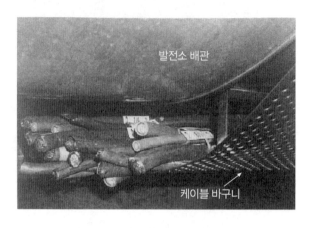

발전소 배관

케이블 바구니

그림 17.3 케이블 저장고

한가지 주의할 점이 있는데, 여기서 설명된 검사 방법과 케이블 상태의 상관관계가 항상 잘 들어맞고 케이블 문제에 대한 원인 규명이 쉽지만은 않다는 것이다. 예컨대 미세한 성능 변화는 지표로서 표시되기도 하고 그렇지 않을 수도 있다. 이러한 이유로, 케이블 검사 결과를 해석함에 있어 기준치 측정뿐만 아니라 엔지니어의 경험도 매우 중요한 요소라는 것을 강조한다.

17.4 TDR 검사

케이블 검사법 중 가장 유용하고 효과적인 방법 중 하나는 TDR이다. 이 방법은 케이블 도체, 커넥터, 그리고 절연 물질에 대한 진단 정보를 제공한다. 또한 케이블 말단의 수동 소자에 대한 진단 정보를 제공한다. 예를 들어, TDR 검사는 리드의 접합불량, 수분, 기타 RTD의 문제를 식별하는데 사용된다. TDR 검사는 케이블의 중간이나 말단(부하)에 발생하는 임피던스 변화의 위치를 식별하기 위하여 케이블을 통해 전기적 신호를 보내고 되돌아 오는 신호를 측정한다.

TDR 검사의 원리는 케이블을 통한 신호 전송으로 설명할 수 있다. 개념 설명을 돕기 위해, 수영장에 비유하겠다. 수영장은 케이블이고 물의 파동은 TDR 신호를 나타낸다. 수영장을 지나는 파동과 시간의 함수로 파동의 진폭을 기록하는 실험을 상상해 보라. 만약 누군가 수영장의 한 쪽 끝에서 파동을 만들어 다른 한쪽까지 도달하게 하고 그것이 다시 원점으로 돌아왔다면, 개략적인 결과는 보통 그림 17.4의 그래프처럼 보일 것이다(잔물결과 다른 효과를 무시한다면). 최고점은 그림 17.4에서 보여지는 것처럼 반사된 파동의 진폭의 그래프에서 나타난다. 최고점은 파동이 수영장의 끝으로 진행하여 다시 원점으로 돌아오는데 얼마나 걸렸는지에 상응하는 시간에 발생한다. 파동 전파의 속도(V)를 알고 있으면, 수영장의 길이(L)는 다음과 같이 계산될 수 있다:

$$L = \frac{t}{2}V \tag{17.1}$$

여기서 t는 파동이 수영장을 진행했다가 되돌아 오는데 걸린 시간이다.

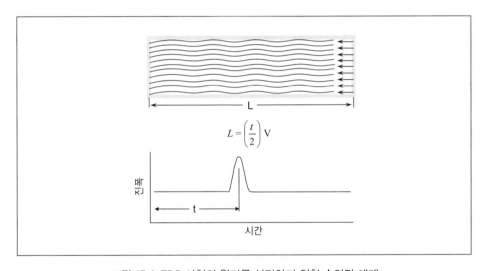

그림 17.4 TDR 시험의 원리를 설명하기 위한 수영장 예제

만약 신호가 케이블의 한 쪽 끝에서 다른 쪽 끝으로 보내지고 되돌아오는 신호가 원점에서 감시된다면 비슷한 상황이 발생할 것이다. 만약 케이블의 끝이 개방되어 있다면(즉 끝점 저항이 무한대), 신호는 수영장의 예에서처럼 더 이상 진행할 곳이 없어 되돌아 올 것이며 원점에서 원래 값의 두 배가 될 것이다(그림 17.5). 신호 전송기의 속도와 식 17.1을 사용하여 케이블의 길이를 계산할 수 있다. 또한 케이블 도중에 발생한 임피던스의 큰 변화는 특성에 따라 진폭이 정점 모양 또는 골짜기 모양과 같은 궤적이 나타나게 된다.

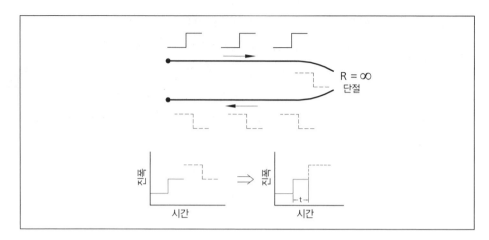

그림 17.5 끊어진 케이블에서의 TDR 시험의 원리

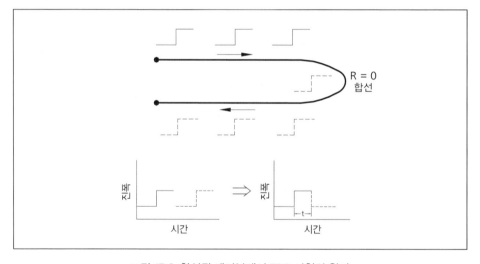

그림 17.6 합선된 케이블에서 TDR 시험의 원리

　만약 말단이 합선된 케이블에서 위의 실험이 수행된다면, 결과는 그림 17.6에서 보여지는 것과 유사하다. 케이블 말단의 합선은 저항이 0임을 의미하고 위에서 설명한 수영장의 예에서 파동이 수영장 끝에 도달했을 때 그 끝이 열려있는 것과 같다. 이 경우, 반사파의 진폭은 그림 17.6의 결과처럼 작아진다.

　만약 케이블의 말단이 합선되지도 열려있지도 않으면, TDR 궤적은 케이블 말단의 수동 부하에 대해 그림 17.7과 같은 모습을 보이게 된다. 전원의 임피던스에 따라, 케이블의 말단을 나타내는 TDR 궤적은 그림 17.7에 보이는 것처럼 증가하거나

감소할 수 있다. TDR 개념의 이해를 용이하게 하기 위해 세부사항에 대한 설명은
생략되었음을 주의해야겠다.

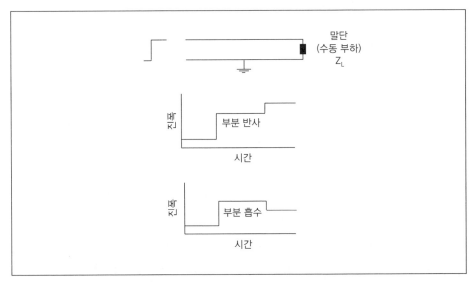

그림 17.7 수동 부하를 이용한 케이블 시험에서의 TDR 궤적

TDR 검사는 파동 생성기와 기록계 또는 오실로스코프를 사용하여 수행된다(그림
17.8). TDR 검사의 중요한 적용 분야는 RTD 같은 계측기 회로의 고장 위치를 찾는
것이다. 예를 들어, RTD의 결과값에서 문제가 발견되면, RTD 혹은 케이블의 어느
위치에서 문제가 발생했는지 알아내기 위해 TDR 검사가 사용될 수 있다. 그림
17.9는 발전소에서 사용되는 일반적인 RTD 회로와 이 회로에서의 TDR 검사 결과를
보여주고 있다. 이 예에서 RTD는 공정 계측 캐비닛에서 250미터 떨어진 곳에 위치한
3-와이어 센서이다. TDR 결과에서 상당한 임피던스 변화가 회로를 따라 각 위치에서
발생한 것을 정점을 보고 알 수 있다. 케이블의 말단에서, RTD의 보상 리드(와이어
1과 2)에 대한 궤적은 예상처럼 하락하였으며 이는 합선을 의미한다. 반면 RTD
소자(와이어 2와 3)에 대한 궤적은 합선되거나 개방되어 있지 않기 때문에 약간의
변화만을 보였다

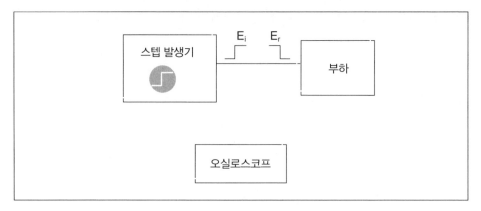

그림 17.8 TDR 시험 셋업

    TDR 검사의 결과값은 보통 거리에 대한 반사계수(Reflection Coefficient, RHO)의 그래프로 표현되고 *TDR 궤적* 또는 *TDR 특성신호(Signature)*라고 일컬어진다. 반사계수는 반사 신호의 진폭(E_r)을 입사 신호 진폭(E_i)으로 나눈 것이다. 그리하여 반사계수(ρ)는 Z_L로 표현되는 말단 장치의 임피던스와 Z_0로 표현되는 케이블의 임피던스로 이루어진 다음의 식으로 표현된다.

$$\rho = \frac{E_r}{E_i} = \frac{Z_L - Z_0}{Z_L + Z_0} \tag{17.2}$$

    열린 케이블에서 $Z_L = \infty$, ρ 는 1이며 이것은 열린 케이블의 끝에서 되돌아온 입사 신호(E_i)는 영향을 받지 않았음을 의미한다. 만약 케이블이 합선되면, $Z_L = 0$ 이고 $\rho = -1$이다. 그것은 반사 신호가 입사 신호와 정반대임을 의미한다.

    TDR 궤적에서 고장 또는 임피던스 변화까지의 거리는 신호 전송 시간에 전송 속도를 곱하여 계산된다. 케이블에서 신호 전송 속도는 전형적으로 빛의 속도에 케이블에 따라 다른 0.6~0.8 사이의 범위에 있는 인자를 곱한 값이다. 신호 전송 속도가 정확하게 알려져 있지 않으면, 길이가 알려진 케이블 샘플에 TDR 검사를 하여 얻을 수 있다.

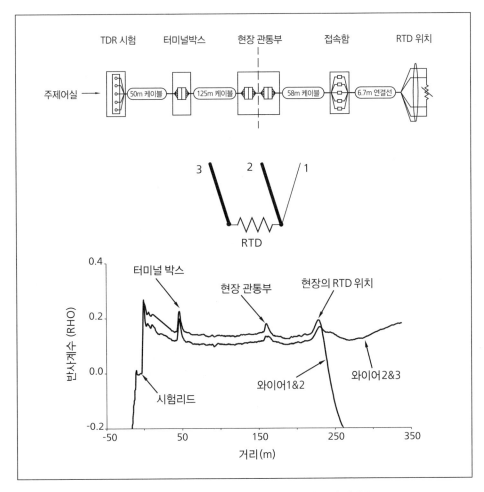

그림 17.9 RTD 케이블 연결과 이에 상응하는 특성신호

그림 17.10은 4-와이어 RTD에 대한 TDR 궤적이다. 보상 리드 3과 4의 TDR 궤적은 예상대로 말단에서 하락한다. 그러나 리드 1과 2의 TDR 궤적은 말단에서 정점을 이룬다. 즉 리드 1과 2에서 보여준 결과에 따라 따라 RTD 내의 어딘가에서 끊어진 회로가 있음을 나타낸다. 이 사례와 같이, TDR 검사는 개방된 회로 또는 다른 케이블 내부의 문제가 발생한 위치를 찾는데 도움이 되고, 장치의 말단이나 확장 케이블의 어디 위치에 문제가 있는지 식별할 수 있는 장점이 있다.

TDR 검사에는 RTD 회로 검사 외에도 많은 적용 분야가 있다. 예로서 1) 모터와 변압기 권선 문제 해결; 2) 히터코일 검사; 3) 모터구동밸브 케이블의 예측 정비; 그리고 4) 열전대, 압력 전송기, 기타 다른 센서들의 케이블 검사가 가능하다.

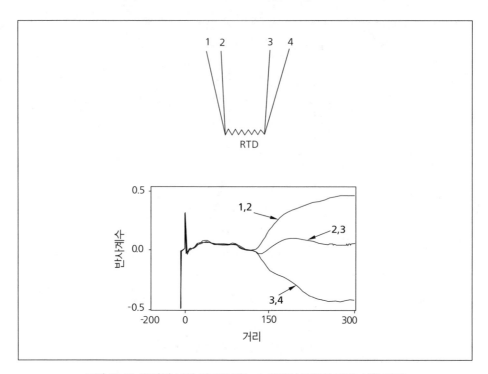

그림 17.10 끊어진 보상 리드를 갖는 4-와이어 RTD의 TDR 시험 결과

온도센서의 가동중 진단법

* * *

공정에 설치된 RTD와 열전대의 가동중 응답시간 검사에 적용되는 LCSR 방법은 이미 12장에서 설명되었다. 이 방법은 다음과 같은 분야에 적용이 가능하다.

18.1 고체 표면에 센서부착 검증

온도센서는 다양한 목적으로 그리고 다양한 방법으로 고체 표면에 부착되어 있거나 고체 재료에 삽입되어 있다. 이런 경우, 센서가 고체 재료로부터 떨어지거나 헐거워질 수 있고, 그 결과 측정 오차와 응답시간 지연이 발생한다. 센서가 고체 재료와 잘 접촉해 있는지를 검사하기 위해 LCSR 방법을 사용할 수 있다. 이 방법은 RTD, 열전대, 그리고 스트레인 게이지에 사용될 수 있다. 그림 18.1은 박막형 RTD와 스트레인 게이지를 다양한 강도로 파이프 표면에 접촉시키고 실험한 LCSR 데이터를 보여준다. 이를 통해 LCSR 신호가 각각의 센서와 고체 재료간의 접착의 정도에 민감하다는 것을 알 수 있다. 다음과 같은 두 가지 실제 사례가 있었다.

1. NASA가 운영하는 우주선의 경우 주엔진의 연료 라인에서 발생하는 누설은 연료 라인 표면에 부착된 RTD를 사용하여 온도를 측정함으로써 알 수 있다. 그러나 우주선의 이륙 또는 비행 도중에 RTD가 탈착되어 측정값을 쓸모 없게 만들어

버린다. 이러한 이유로 LCSR 방법이 RTD가 제대로 부착되었는지 검증하는 목적으로 사용되어 왔고, NASA의 우주선 엔진 시험 시설에서 성공적으로 실증되었다.[17]

2. 우주선에 쓰이는 고체로켓모터(Solid Rocket Motor, SRM) 노즐의 내장재는 SRM의 연소 시 발생하는 고온에 견딜 수 있게 고안된 복합재료로 만들어졌다. SRM 노즐에 사용되는 복합재료의 성능을 검증하기 위해, SRM이 연소하는 과정에서 온도 측정을 수행하는 열전대가 재료 내부에 삽입되어 있다. SRM이 연소하는 동안 열전대가 원래대로 설치되어 있음을 입증하기 위해, LCSR 측정법이 사용되었다. 그림 18.2는 연소 시험 전후의 결과값을 보여주고 있다. 이 결과값은 SRM이 연소하는 동안 온전하게 유지되지 못한 열전대의 결과이다.

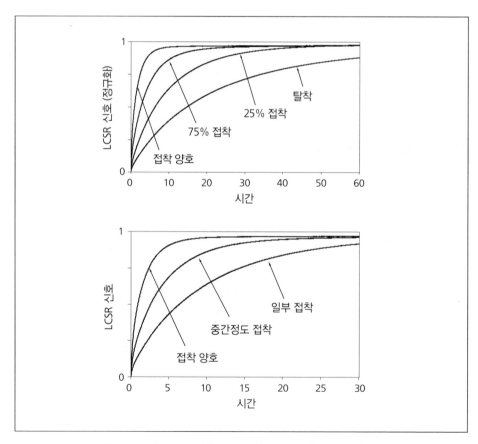

그림 18.1 고체표면의 접착 정도를 확인하기 위한 LCSR 시험 결과

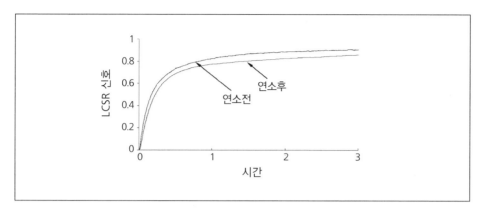

그림 18.2 열전대 접착 정도를 확인하기 위한 LCSR 시험 결과

18.2 열전대 내부의 2차 접점 감지

열전대의 측정 접점이 용접 또는 고온을 이용하여 접합되었다면, 두 열전대 와이어가 측정 지점이 아닌 다른 위치에서 2차 접점을 만들 수 있다. 열전대를 제조할 때 보통 이러한 문제가 발생하지 않도록 신경을 쓰지만, 2차 접점은 현장에서 종종 발견된다. 이러한 접점도 LCSR 방법을 사용하여 식별할 수 있다.

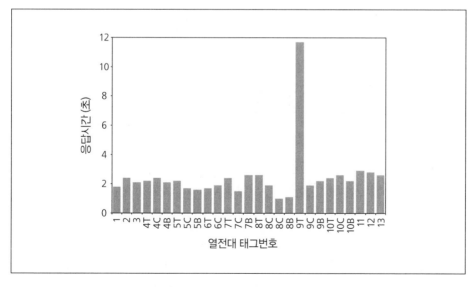

그림 18.3 열전대 응답시간 시험 결과

그림 18.3은 NASA 격납고에 있는 우주선용 엔진에 설치된 27개의 열전대에 대한 LCSR 검사 결과이다. 어떤 열전대의 응답시간은 다른 열전대보다 거의 열 배 이상 크다. 이를 통해 느린 응답시간을 나타내는 열전대에 대한 부적절한 접점을 조사하게 된다. 이 열전대는 두 개의 접점을 갖고 있었는데 하나는 정상적으로 끝에 위치하고 있었으며, 다른 하나는 끝에서 몇 센티미터 위에 있었다. 이와 같은 2차 접점은 열전대가 잘못된 온도값을 보이게 한다. 위에서 이미 기술된 바와 같이, 이런 경우 매우 불량한 동적 성능을 나타낸다.

18.3 열전대 교차부 감지

열전대가 교차연결되는 많은 경우가 보고되었고, 그 결과 잘못된 온도값을 나타내어 위험한 경우가 종종 발생하곤 하였다. 어떤 경우에는, 열전대가 교차연결된 것 때문에 핵연료 제작 설비에 화재가 발생하기도 하였다.

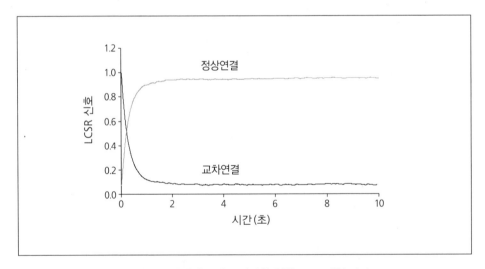

그림 18.4 열전대 교차부 감지를 위한 LCSR 시험 결과

그림 18.4는 두 가지 극성 검사를 받은 열전대의 LCSR 결과를 보인다. 첫 번째 검사에서는 보통의 열전대를 대상으로 수행되고, 두 번째 검사에서는 교차된 것을 대상으로 수행되었다. 열전대의 극성과 LCSR 과도현상의 방향성이 관련이 있음을 알 수 있다. 그러므로 극성을 식별할 다른 방법이 없을 때 LCSR 방법을 사용하여 교차연결된

열전대를 식별할 수 있다.

커버가 없는 열전대 와이어의 극성을 대기 조건에서 식별하기가 쉽지가 않아서, LCSR 검사의 활용이 의미가 있다. 크로멜–알루멜(Type K)과 같은 열전대에서, 알루멜 와이어는 자성이 있다. 그러므로 이러한 타입의 열전대에서는 와이어의 극성을 입증하기 위해 자석이 사용될 수 있다. 다른 열전대의 경우, 피복이 모두 벗겨진 와이어에 접근하기 어렵다면 LCSR이 열전대의 극성을 식별하기 위한 유용한 도구가 된다.

교차연결된 열전대가 어떤 정부 연구소의 방사선 조사 검사대에 설치 준비중인 어셈블리에서 발견되었다. 이때 LCSR 검사를 활용하여 열전대의 교차연결 여부를 확인하기 위하여 응답시간을 측정하였다. 이것은 엄청나게 많은 횟수의 실험을 위해 요구되는 비용과 노력을 크게 절감하였다는 측면에서 매우 의미 있는 사례였다.

18.4 열보호관 내의 센서 삽입 검증

RTD 또는 열전대의 센싱소자는 보통 센서 끝에 가능한 가까이 위치해있다. 그러므로 열보호관이 장착된 RTD나 열전대에서 센서가 정확하게 열보호관의 끝부분에 도달했는지를 확인하는 것은 매우 중요하다. 센서 및 열보호관 사이의 공기, 틈, 장애물, 또는 오염물질 등이 있다면 센서의 동적 반응에 중대한 저하를 야기할 수 있다. 만약 센서가 끝단에서 상당히 멀리 떨어져 있으면, 센서로부터의 온도값은 오차가 생길 수 있다. 그러므로, 열보호관 내의 센서 삽입을 검증하기 위한 방법은 매우 중요하다. LCSR 방법이 여기에 활용될 수 있다. RTD 또는 열전대가 열보호관 바닥에 닿았는지 또는 RTD와 열보호관 사이에 어떤 장애 요소가 있는지를 알아내는 데 LCSR 검사를 사용할 수 있다. 두 가지 사례가 아래에 제시되었다.

1. 표 18.1은 열보호관 내의 RTD 삽입 상태를 확인하기 위해 수행된 LCSR 검사 결과를 보여준다. 이 결과는 원자로 저온정지 조건에서 열보호관 내부에 RTD가 제대로 삽입되었는지를 검증하기 위해 수행된 것이다. 저온정지 조건에서 각각의 RTD에 대한 두 번의 응답시간을 나타내고 있다. 조정전(As Found) 값은 설치가 제대로 되었는지를 확인하기 위하여 수행된 측정결과이다. 설치상의 문제가 있는 RTD는 문제 해결 후 재검사를 하였다. 다음 열에 있는 조정후(As Left) 값이 문제

해결 후의 응답시간이다. 문제의 원인과 이에 따른 해결책은 표 18.1에서 알 수 있다. 어떤 경우에는 단순히 열보호관을 세척함으로써 해결이 되지만, 그렇지 않은 경우도 있다. 후자의 경우, RTD와 열보호관은 교체되어야 한다. (저온정지 조건에서의 응답시간은 정상운전 조건에서 얻어지는 응답시간과 차이가 나는데, 이것은 공정 조건이 응답시간에 미치는 영향 때문이다.)

표 18.1 열보호관 내의 RTD 삽입상태를 검증하기 위한 LCSR 시험 결과

RTD 번호	응답시간 (sec)		원인	조치
	조정전	조정후		
1	11.6	4.7	오염된 열보호관	열보호관 세척
2	22.5	7.6	오염된 열보호관	열보호관 세척
3	14.7	6.9	오염된 열보호관	열보호관 세척
4	37.4	13.0	오염된 열보호관	열보호관 세척
5	24.0	17.0	열보호관 내 파편	파편 제거
6	9.0	5.0	RTD가 열보호관 바닥에 닿지 않음	RTD 재설치
7	18.0	14.0	RTD가 열보호관 바닥에 닿지 않음	RTD 재설치
8	19.2	9.5	RTD가 열보호관 바닥에 닿지 않음	RTD 재설치
9	14.5	5.4	RTD/열보호관 불일치	RTD 교체
10	24.0	7.8	RTD/열보호관 불일치	RTD 교체
11	27.8	6.8	RTD/열보호관 불일치	열보호관 교체

이 표에서 제시된 응답시간 결과는 상이한 발전소에서 발전소나 공정의 상태에 따라 유체가 흐르거나 흐르지 않은 조건에 설치된 RTD에서 측정된 것이다. 결과에서 나타난 차이는 RTD 응답시간의 차이에서 온 것은 아니며, 시험 조건의 차이에 기인했다고 할 수 있다.

2. 가열 부분 또는 고온 영역에 닿기 위해 상당히 긴 열보호관 속에 열전대가 설치되는 경우가 있다. 이러한 경우, LCSR 검사는 열전대가 열보호관 바닥에 정확히 닿는다는 것을 검증하기 위해 사용될 수 있다. 그림 18.5는 열보호관 내에 적절하게 설치된 것과 그렇지 못한 두 개의 긴 열전대의 LCSR 결과값을 보인다. 이것은 LCSR 검사가 열보호관에 적절하게 설치되지 못한 열전대를 구분할 수 있음을 보여준다.

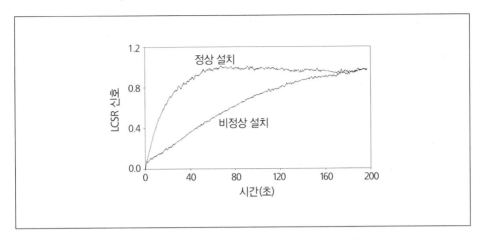

그림 18.5 열보호관 내부에 열전대의 적절한 설치를 확인하기 위한 LCSR 시험 결과

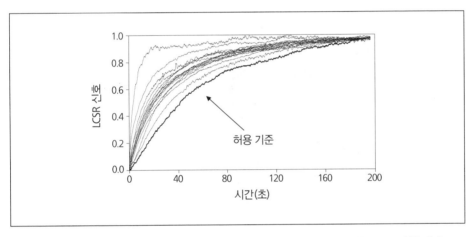

그림 18.6 열보호관 내부에 열전대 그룹의 적절한 설치를 확인하기 위한 LCSR 시험 결과

3. 그림 18.6은 열전대의 설치를 검증하기 위해 사용된 LCSR 방법의 또 다른 결과이다. 이 사례에서는 동일한 열보호관 내부에 동일한 열전대 그룹이 같은 공정 조건 하에서 검사되었다. 이 경우는 동일한 공정 조건에서 검사된 동일한 센서이므로 매우 유사한 LCSR 현상을 보여야 한다. 그러나, 그림 18.6에서 보이는 것과 같이 열전대의 거동이 다르다. 그것은 열전대가 다른 응답시간을 갖기 때문이다. 응답시간이 다른 이유는 센서 및 열보호관 크기의 미세한 차이와 열전대 및 열보호관 집합체의 끝단에 존재하는 공기 틈새의 두께가 다르기 때문이다.

18.5 케이블 문제와 RTD 문제의 구분

TDR과 LCSR 측정은 RTD에 문제가 있거나 RTD 케이블에 문제가 있을 때 그것을 확인하는 데 유용하다. 특히, LCSR 검사는 느슨한 연결 상태, RTD 내의 수분, 연결체 내의 수분, 또는 RTD 집합체의 진동을 확인하기 위한 TDR 결과값을 보완할 수 있다. LCSR 측정과 TDR 시험을 동시에 수행할 때의 장점을 보여주는 사례는 RTD 내의 수분을 감지하는 경우이다. 만약 수분이 RTD 내부로 들어가면, TDR 신호와 LCSR 동적 응답이 모두 영향을 받는다. 특히 그림 18.7에 보이는 것처럼, RTD의 응답시간은 보통 수분의 침투로 인해 감소하고 LCSR 검사 결과값은 노이즈가 많고 불규칙해진다.

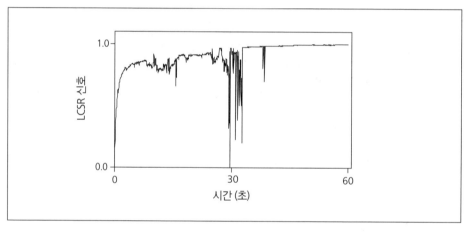

그림 18.7 RTD 내부의 수분에 의한 LCSR의 이상거동

18.6 배관 또는 용기 내 수위 확인

유체 속에 RTD 또는 열전대가 설치된 공정에서, LCSR 검사는 배관 또는 용기 내에 유체가 있는지 혹은 없는지 알아내는 데 도움이 될 수 있다. LCSR 방법의 이러한 적용은 1979년에 미국의 스리마일섬(Three Mile Island) 원자력발전소에서 발생한 사고 복구를 위해 유용하게 사용되었다. 부연 설명을 하면, TMI의 일차 냉각재 계통 내에 존재하는 RTD를 대상으로 배관 내부에 공기가 있는지 물이 있는지 여부를 알아내기 위하여 LCSR 검사를 하였다. 그림 18.8은 당시 사용되었던 LCSR 검사

방법을 설명하고 있는데, 다양한 매질 내에서 수행된 RTD 실험결과로부터의 LCSR 거동의 차이를 알 수 있다.

그림 18.8은 배관 주위에 세 개의 RTD가 설치된 배관의 단면을 보인다. 이러한 RTD 배열은 배관 내에서 온도와 유체의 성층화(Stratification)가 발생하는 곳에서 평균 온도를 측정해야 하는 원자력발전소 같은 곳에 설치 할 때 사용된다. 세 개의 RTD에서 읽힌 값의 평균을 취하여 사용한다. 이 경우, 배관의 상단 공기 부분에 있는 RTD는 LCSR 방법으로 검사 했을 때 매우 느린 응답을 보일 것이다. 이것은 발전소에서 주변 조건을 측정하는데 있어 별다른 방법이 없을 때 발전소에 존재하는 센서에 LCSR 방법이 어떻게 활용될 수 있는지를 보여주는 일례이다. RTD와 열전대 모두 여기에 적용할 수 있다.

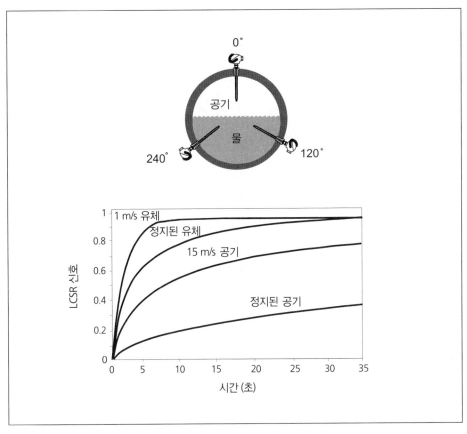

그림 18.8 배관내 유체 수위를 확인하기 위한 LCSR 시험

18.7 열전대 내의 비균질성 감지

열전대 와이어가 기계적 또는 열적 부하를 받으면 내부가 불균질해 질 수 있다. 이러한 문제는 여러 가지 방법으로 감지할 수 있다. 가장 단순한 방법은 아직 설치되지 않은 열전대를 대상으로 결과값을 측정하면서 열전대의 길이 방향으로 히팅건을 천천히 움직이는 것이다. 그림 18.9은 불균질한 부분을 갖는 열전대를 검사한 결과를 나타낸다. 뜨거운 물이 담긴 욕조를 히팅건 대신 사용할 수 있다. 이 방법에서는 열전대의 결과값이 측정되는 동안 열전대를 천천히 욕조 속에 담근다. 비균질성을 감지하기 위해 열전대를 짧은 거리만 움직여도 큰 온도 구배를 형성하는 장비를 이용하는 보다 정교한 방법도 있다.[18]

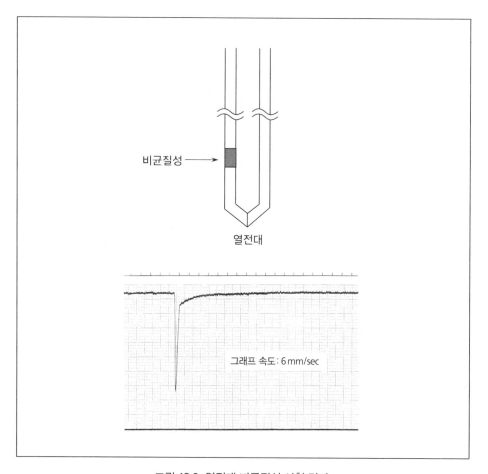

그림 18.9 열전대 비균질성 시험 결과

이미 설치되어있는 열전대를 대상으로는 LCSR 방법이 비균질성을 밝혀내기 위한 잠재력을 갖고 있다. 그림 18.10은 불균질한 부분을 갖는 열전대와 그렇지 않은 열전대의 LCSR 궤적을 보여주고 있다. 이 결과는 과도한 비균질성을 갖는 열전대를 대상으로 한 실험으로부터 얻어졌다. 미세한 비균질성을 대상으로 한 실험에서는 좋은 결과를 도출하지 못했다. 그러므로, LCSR 검사는 비균질성 선별검사로 사용될 수 있겠다. LCSR 방법이 열전대 비균질성에 대한 가동중 검사에 일관적인 성능을 보일 수 있을지 여부를 알기 위해서는 추가적인 연구가 요구된다.

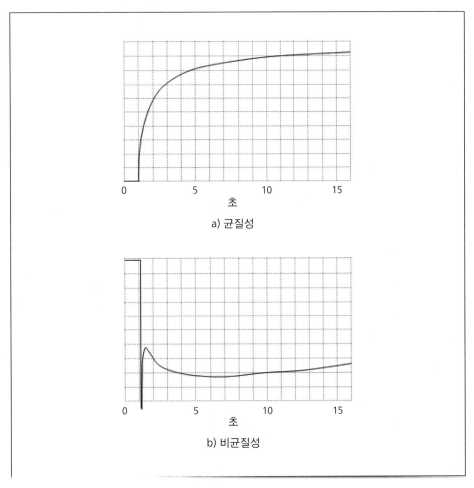

그림 18.10 가동중 열전대 비균질성 LCSR 결과

응용사례

* * *

이 책에서는 공정센서에 대한 시험을 수행하고 건전성와 신뢰성을 확인하는 다양한 산업용 및 연구용 기술을 설명하였다. 이러한 기술의 활용 사례는 다음과 같다.

1. 산업용 온도 및 압력센서의 실험실 정밀교정
2. 산업용 압력 및 온도 측정의 정확도 평가
3. 온도센서 응답시간 시험을 위한 실험실 세팅
4. 운전 중인 공정에 설치된 온도센서의 가동중 응답시간 측정
5. 열보호관 내 온도센서의 적절한 설치 여부 확인
6. 온도센서의 열보호관 내 장애물, 공기 틈, 먼지 및 이물질에 대한 가동중 감지
7. 교차교정기술을 이용한 중복 온도센서의 가동중 교정
8. 압력 전송기의 응답시간 비교 시험
9. 압력 전송기의 응답시간 온라인 측정
10. 압력센싱라인 내 폐색, 기포, 누설 및 결빙의 온라인 검출
11. 압력센서의 교정필요성 확인을 위한 온라인 감시
12. 벤츄리 유량계 내의 파울링과 같은 이상 현상 온라인 감시
13. 고장수리, 예측 정비 및 노화관리를 위한 케이블의 가동중 시험
14. 온도센서의 가동중 진단

15. 센서의 노화 관리

여기서 온라인 및 가동중 시험에 대해서는 다음과 같이 정의한다.

온라인 시험

온라인 시험은 (1) 계측기가 정상적으로 배열되어 있고, (2) 공정이 기동, 정상운전, 정지를 포함한 운전 중인 상태일 때, 그리고 (3) 시험이 원격지에서 수동적으로 진행되는 시험이다.

가동중 시험

가동중 시험은 시험을 위해 공정으로부터 계측기를 탈착하는 것이 아니라 공정에 그대로 설치된 채로 수행된다. 시험의 종류에 따라 공정이 운전 중인 경우(예를 들면 LCSR 방법을 이용한 RTD 응답시간 측정), 정지된 상태인 경우(예를 들면 압력 전송기의 램프신호에 대한 응답시간 측정), 정지 또는 발전소가 운전 중인 경우(예를 들면 케이블의 TDR 시험)에 수행될 수 있다.

위에서 언급한 온라인 시험과 가동중 시험을 종합적으로 수행하기 위한 통합시스템의 개발이 가능하다. 그림 19.1는 이와 같은 시스템의 개념도를 보여준다. 이 시스템은 운전 중인 공정에 설치된 다수의 센서로부터 정상상태 및 잡음 출력을 샘플링 하고, 교정 상태와 응답시간을 분석한다. 또한 이 시스템은 발전소 정비 직원에게 어떤 조치를 취해야 하는지 알려준다. 예를 들어, 이 시스템은 어떤 온도센서 또는 압력센서의 응답시간이 허용기준을 초과했는지를 알려준다. 이를 확인한 정비 직원은 이 센서의 응답시간을 정확하게 계산하기 위해 오프라인 시험을 수행할 것이다. 만약 오프라인 시험으로 문제가 명확히 확인되었다면, 이를 정비하는 작업이 진행된다.

이러한 사례 이외에도 이 책에서 설명한 기술은 현재의 스마트센서보다 뛰어난 다음 세대의 센서 개발에 대한 기반을 마련하는데 도움을 줄 수 있다. 예를 들면, 센서가 자체적으로 응답시간을 측정하고, 교정 상태를 감시하며, 회로와 연결 케이블에서의 문제를 확인하는 등의 능력을 갖도록 개발되면 매우 유용할 것이다. 그리고 측정에 대한 신뢰수준을 동시에 표시해 줄 수도 있다. 그림 19.2는 이러한 시스템의 개념설계를 보여주고 있으며, 이는 일종의 *브릴리언트(Brilliant)* 센서라 할 수 있겠다.

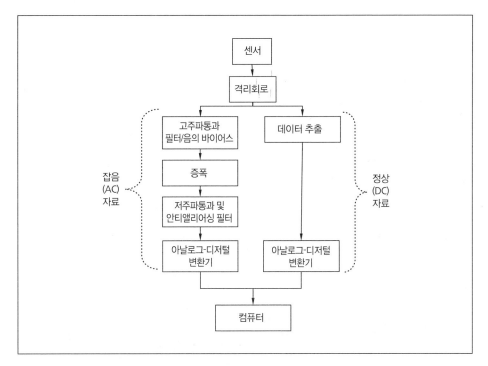

그림 19.1 공정계측기의 상태감시 시스템 개발을 위한 개념 설계

그림 19.2 브릴리언트 센서의 개념설계

1. Hashemian, H. M., et al., *Aging of Nuclear Plant Resistance Temperature Detectors*, U. S. Nuclear Regulatory Commission, Report Number NUREG/CR-5560 (June 1990).

2. Electric Power Research Institute (EPRI), On-line Monitoring of Instrument Channel Performance, EPRI Technical Report Number TR-104965-RI NRC SER, Palo Alto, California (September 2000).

3. ASTM Standard E644-04, Standard Test Methods for Testing Industrial Resistance Thermometers, American Society for Testing and Materials, Annual Book of ASTM Standards, Vol. 14.03 (2004).

4. ANSI/ISA-67.06.01-2002, Performance Monitoring for Nuclear Safety Related Instrument Channels in Nuclear Power Plants, ISA – The Instrumentation, Systems, and Automation Society (2002).

5. Kerlin, T. W., Hashemian, H. M., Petersen, K. M., Time Response of Temperature Sensors, Paper C.I. 80-674, Instrument Society of America (now ISA - The Instrumentation, Systems, and Automation Society), International Conference and Exhibit, Houston, Texas (October 1980).

6. Rohsenow, W. M., Choi, H. Y., Heat, Mass and Momentum Transfer, Prentice-Hall, Englewood Cliffs, NJ (1961).

7. Perkins, H. C., Leppert, G., Forced Convection Heat Transfer from a Uniformly Heating Cylinder, Journal of Heat Transfer, No. 84, pp. 257-263 (1962).

8. Carroll, R. M., Shepard, R. L., Measurement of Transient Response of Thermocouples and Resistance Thermometers Using an In-Situ Method, Oak Ridge National Laboratory, Report Number ORNL/TM-4573, Oak Ridge, Tennessee (June 1977).

9. Hashemian, H. M., New Technology for Remote Testing of Response Time of Installed Thermocouples, U. S. Airforce, Arnold Engineering Development Center, Report No. AEDC-TR-91-26, Volume 1 (January 1992).

10. Hashemian, H. M., Long-Term Performance and Aging Characteristics of Nuclear Plant Pressure Transmitters, U. S. Nuclear Regulatory Commission, NUREG/CR-5851 (March 1993).

11. Hashemian, H. M., On-Line Testing of Calibration of Process Instrumentation Channels in Nuclear Power Plants, U.S. Nuclear Regulatory Commission, NUREG/CR-6343 (November 1995).

12. Kisner, et al., Johnson Noise Thermometry for Harsh Environments, Institute of Electrical and Electronics Engineers, IEEE Paper #2170, Version 1 (October 2003).

13. Ruan, D., Fantoni, P., Power Plant Surveillance and Diagnostics, Paper 23, pp. 355-376, Springer-Verlag (2002).

14. Hashemian, H. M., et al., Advanced Instrumentation and Maintenance Technologies for Nuclear Power Plants, U.S. Nuclear Regulatory Commission, NUREG/CR-5501 (August 1998).

15. Proceedings of the International Conference on Wire System Aging, NUREG/CP-0179, U.S. Nuclear Regulatory Commission, Washington D.C. (November 2002).

16. Gazdzinski, et. al., Aging Management Guidelines for Commercial Nuclear Power Plants – Electrical Cable and Termination, Sandia National Laboratories, SAND96-0344 (September 1996).

17. Hashemian, H. M., Shell, C. S., and C. N. Jones, New Instrumentation Technologies for Testing the Bonding of Sensors to Solid Materials, National Aeronautics and Space Administration, Marshall Space Flight Center, NASA/CR-4744 (May 1996).

18. Reed, R. P., The Effect of Interrogating Temperature Profile in the Seebeck Inhomogeneity Method of Test (SIMOT), Temperature – Its Measurement and Control in Science and Industry, Volume 7, Part 1, American Institute of Physics, Proceedings of the Either International Temperature Symposium, Chicago, Illinois (October 2002).

부록 A

RTD 저항비 대 온도 표

캘린더 방정식 $\alpha = 0.00385$, $\delta = 1.5$

RTD 저항비 대 온도 표
캘린더 방정식 $\alpha = 0.00385$, $\delta = 1.5$

°C	R_T/R_0	°C	R_T/R_0	°C	R_T/R_0	°C	R_T/R_0	°C	R_T/R_0	°C	R_T/R_0
0	1.000000	6	1.023426	12	1.046810	18	1.070152	24	1.093453	30	1.116713
1	1.003907	7	1.027326	13	1.050703	19	1.074039	25	1.097333	31	1.120585
2	1.007813	8	1.031225	14	1.054595	20	1.077924	26	1.101211	32	1.124457
3	1.011718	9	1.035123	15	1.058486	21	1.081808	27	1.105088	33	1.128327
4	1.015622	10	1.039020	16	1.062376	22	1.085691	28	1.108964	34	1.132196
5	1.019524	11	1.042915	17	1.066265	23	1.089573	29	1.112839	35	1.136064
36	1.139931	42	1.163107	48	1.186241	54	1.209335	60	1.232386	66	1.255396
37	1.143796	43	1.166965	49	1.190093	55	1.213179	61	1.236224	67	1.259227
38	1.147661	44	1.170823	50	1.193944	56	1.217023	62	1.240061	68	1.263057
39	1.151524	45	1.174679	51	1.197793	57	1.220865	63	1.243896	69	1.266885
40	1.155386	46	1.178535	52	1.201641	58	1.224707	64	1.247731	70	1.270713
41	1.159247	47	1.182389	53	1.205489	59	1.228547	65	1.251564	71	1.274539
72	1.278364	78	1.301291	84	1.324176	90	1.347020	96	1.369822	102	1.392582
73	1.282188	79	1.305108	85	1.327986	91	1.350823	97	1.373618	103	1.396372
74	1.286011	80	1.308924	86	1.331795	92	1.354625	98	1.377413	104	1.400160
75	1.289833	81	1.312739	87	1.335603	93	1.358426	99	1.381207	105	1.403947
76	1.293653	82	1.316552	88	1.339410	94	1.362226	100	1.385000	106	1.407733
77	1.297473	83	1.320365	89	1.343215	95	1.366024	101	1.388792	107	1.411517
108	1.415301	114	1.437978	120	1.460614	126	1.483208	132	1.505761	138	1.528272
109	1.419083	115	1.441754	121	1.464383	127	1.486970	133	1.509515	139	1.532019
110	1.422865	116	1.445528	122	1.468150	128	1.490730	134	1.513269	140	1.535766
111	1.426645	117	1.449301	123	1.471916	129	1.494490	135	1.517021	141	1.539511
112	1.430424	118	1.453073	124	1.475681	130	1.498248	136	1.520773	142	1.543256
113	1.434202	119	1.456844	125	1.479445	131	1.502005	137	1.524523	143	1.546999
144	1.550741	150	1.573169	156	1.595555	162	1.617900	168	1.640203	174	1.662464
145	1.554482	151	1.576903	157	1.599282	163	1.621620	169	1.643916	175	1.666170
146	1.558222	152	1.580635	158	1.603008	164	1.625339	170	1.647628	176	1.669875
147	1.561960	153	1.584367	159	1.606732	165	1.629056	171	1.651339	177	1.673579
148	1.565697	154	1.588098	160	1.610456	166	1.632773	172	1.655048	178	1.677282
149	1.569434	155	1.591827	161	1.614178	167	1.636488	173	1.658757	179	1.680984
180	1.684684	186	1.706862	192	1.728999	198	1.751094	204	1.773148	210	1.795160
181	1.688383	187	1.710555	193	1.732684	199	1.754773	205	1.776819	211	1.798824
182	1.692081	188	1.714246	194	1.736369	200	1.758450	206	1.780490	212	1.802488
183	1.695778	189	1.717936	195	1.740052	201	1.762126	207	1.784159	213	1.806150
184	1.699474	190	1.721625	196	1.743734	202	1.765801	208	1.787827	214	1.809811

부록 A
RTD 저항비 대 온도 표
캘린더 방정식 $\alpha = 0.00385$, $\delta = 1.5$

°C	R_T/R_0	°C	R_T/R_0	°C	R_T/R_0	°C	R_T/R_0	°C	R_T/R_0	°C	R_T/R_0
185	1.703169	191	1.725312	197	1.747415	203	1.769475	209	1.791494	215	1.813471
216	1.817130	222	1.839059	228	1.860946	234	1.882792	240	1.904596	246	1.926359
217	1.820788	223	1.842710	229	1.864590	235	1.886429	241	1.908226	247	1.929982
218	1.824444	224	1.846359	230	1.868233	236	1.890065	242	1.911855	248	1.933603
219	1.828100	225	1.850008	231	1.871874	237	1.893699	243	1.915482	249	1.937224
220	1.831754	226	1.853655	232	1.875515	238	1.897333	244	1.919109	250	1.940844
221	1.835407	227	1.857301	233	1.879154	239	1.900965	245	1.922734	251	1.944462
252	1.948079	258	1.969759	264	1.991397	270	2.012993	276	2.034547	282	2.056060
253	1.951696	259	1.973368	265	1.994999	271	2.016588	277	2.038136	283	2.059642
254	1.955311	260	1.976976	266	1.998600	272	2.020182	278	2.041723	284	2.063222
255	1.958924	261	1.980583	267	2.002200	273	2.023775	279	2.045309	285	2.066801
256	1.962537	262	1.984189	268	2.005799	274	2.027367	280	2.048894	286	2.070379
257	1.966148	263	1.987793	269	2.009396	275	2.030958	281	2.052478	287	2.073956
288	2.077532	294	2.098962	300	2.120350	306	2.141697	312	2.163002	318	2.184265
289	2.081106	295	2.102529	301	2.123911	307	2.145250	313	2.166549	319	2.187805
290	2.084680	296	2.106096	302	2.127470	308	2.148803	314	2.170094	320	2.191344
291	2.088252	297	2.109661	303	2.131029	309	2.152354	315	2.173639	321	2.194882
292	2.091823	298	2.113225	304	2.134586	310	2.155905	316	2.177182	322	2.198418
293	2.095393	299	2.116788	305	2.138142	311	2.159454	317	2.180724	323	2.201953
324	2.205487	330	2.226668	336	2.247807	342	2.268904	348	2.289959	354	2.310974
325	2.209020	331	2.230194	337	2.251326	343	2.272416	349	2.293465	355	2.314472
326	2.212552	332	2.233719	338	2.254844	344	2.275927	350	2.296969	356	2.317969
327	2.216083	333	2.237242	339	2.258360	345	2.279437	351	2.300472	357	2.321465
328	2.219612	334	2.240765	340	2.261876	346	2.282946	352	2.303973	358	2.324960
329	2.223141	335	2.244286	341	2.265390	347	2.286453	353	2.307474	359	2.328453
360	2.331946	366	2.352877	372	2.373766	378	2.394614	384	2.415420	390	2.436185
361	2.335437	367	2.356361	373	2.377244	379	2.398085	385	2.418884	391	2.439641
362	2.338928	368	2.359845	374	2.380720	380	2.401554	386	2.422346	392	2.443097
363	2.342417	369	2.363327	375	2.384195	381	2.405022	387	2.425808	393	2.446551
364	2.345905	370	2.366808	376	2.387669	382	2.408489	388	2.429268	394	2.450005
365	2.349391	371	2.370288	377	2.391142	383	2.411955	389	2.432727	395	2.453457
396	2.456908	402	2.477589	408	2.498229	414	2.518827	420	2.539384	426	2.559899
397	2.460358	403	2.481032	409	2.501665	415	2.522256	421	2.542806	427	2.563314
398	2.463806	404	2.484474	410	2.505100	416	2.525684	422	2.546227	428	2.566728

부록 A
RTD 저항비 대 온도 표
캘린더 방정식 $\alpha = 0.00385, \delta = 1.5$

°C	R_T/R_0	°C	R_T/R_0	°C	R_T/R_0	°C	R_T/R_0	°C	R_T/R_0	°C	R_T/R_0
399	2.467254	405	2.487914	411	2.508533	417	2.529111	423	2.549647	429	2.570141
400	2.470700	406	2.491354	412	2.511966	418	2.532536	424	2.553065	430	2.573553
401	2.474145	407	2.494792	413	2.515397	419	2.535961	425	2.556483	431	2.576963
432	2.580373	438	2.600805	444	2.621195	450	2.641544	456	2.661851	462	2.682117
433	2.583781	439	2.604206	445	2.624589	451	2.644931	457	2.665231	463	2.685490
434	2.587188	440	2.607606	446	2.627983	452	2.648317	458	2.668611	464	2.688863
435	2.590594	441	2.611005	447	2.631375	453	2.651703	459	2.671989	465	2.692234
436	2.593999	442	2.614403	448	2.634765	454	2.655087	460	2.675366	466	2.695604
437	2.597402	443	2.617799	449	2.638155	455	2.658469	461	2.678742	467	2.698973
468	2.702341	474	2.722523	480	2.742664	486	2.762763	492	2.782821	498	2.802837
469	2.705707	475	2.725883	481	2.746017	487	2.766109	493	2.786160	499	2.806169
470	2.709073	476	2.729241	482	2.749368	488	2.769454	494	2.789498	500	2.809500
471	2.712437	477	2.732599	483	2.752719	489	2.772797	495	2.792834	501	2.812830
472	2.715800	478	2.735955	484	2.756068	490	2.776140	496	2.796170	502	2.816158
473	2.719162	479	2.739310	485	2.759416	491	2.779481	497	2.799504	503	2.819486
504	2.822812	510	2.842745	516	2.862636	522	2.882486	528	2.902294	534	2.922061
505	2.826137	511	2.846063	517	2.865947	523	2.885790	529	2.905592	535	2.925351
506	2.829461	512	2.849380	518	2.869257	524	2.889093	530	2.908888	536	2.928641
507	2.832783	513	2.852696	519	2.872566	525	2.892395	531	2.912183	537	2.931929
508	2.836105	514	2.856010	520	2.875874	526	2.895696	532	2.915477	538	2.935216
509	2.839425	515	2.859324	521	2.879181	527	2.898996	533	2.918769	539	2.938501
540	2.941786	546	2.961470	552	2.981111	558	3.000712	564	3.020271	570	3.039788
541	2.945069	547	2.964746	553	2.984381	559	3.003974	565	3.023526	571	3.043037
542	2.948352	548	2.968021	554	2.987650	560	3.007236	566	3.026781	572	3.046284
543	2.951633	549	2.971296	555	2.990917	561	3.010496	567	3.030034	573	3.049531
544	2.954913	550	2.974569	556	2.994183	562	3.013756	568	3.033287	574	3.052776
545	2.958192	551	2.977841	557	2.997448	563	3.017014	569	3.036538	575	3.056020
576	3.059263	582	3.078697	588	3.098090	594	3.117441	600	3.136750	606	3.156018
577	3.062505	583	3.081932	589	3.101318	595	3.120662	601	3.139964	607	3.159225
578	3.065746	584	3.085166	590	3.104545	596	3.123882	602	3.143177	608	3.162431
579	3.068986	585	3.088399	591	3.107770	597	3.127101	603	3.146389	609	3.165636
580	3.072224	586	3.091630	592	3.110995	598	3.130318	604	3.149600	610	3.168840
581	3.075461	587	3.094861	593	3.114218	599	3.133535	605	3.152809	611	3.172042

부록 B

EMF 대 온도
공통 열전대 테이블 (ITS-90)

열전대		
타입	조성	온도범위 ($^\circ$C)
B	백금 30 % - 로듐 대 백금 6 % - 로듐	0 – 1820
E	크로멜 대 콘스탄탄	-270 – 1000
J	철 대 콘스탄탄	-210 – 1200
K	크로멜 대 알루멜	-270 – 1372
N	나이크로실 대 니실	-270 – 1300
R	백금 13 % - 로듐 대 백금	-50 – 1768
S	백금 10 % - 로듐 대 백금	-50 – 1768
T	구리 대 콘스탄탄	-270 - 400

부록 B1

타입 B 열전대
EMF 대 온도 표 (ITS-90)

부록 B1
타입 B 열전대
EMF 대 온도 (ITS-90)

°C	0	1	2	3	4	5	6	7	8	9	10
	열전기 전압 (mV)										
0	0.000	0.000	0.000	-0.001	-0.001	-0.001	-0.001	-0.001	-0.002	-0.002	-0.002
10	-0.002	-0.002	-0.002	-0.002	-0.002	-0.002	-0.002	-0.002	-0.003	-0.003	-0.003
20	-0.003	-0.003	-0.003	-0.003	-0.003	-0.002	-0.002	-0.002	-0.002	-0.002	-0.002
30	-0.002	-0.002	-0.002	-0.002	-0.002	-0.001	-0.001	-0.001	-0.001	-0.001	0.000
40	0.000	0.000	0.000	0.000	0.000	0.001	0.001	0.001	0.002	0.002	0.002
50	0.002	0.003	0.003	0.003	0.004	0.004	0.004	0.005	0.005	0.006	0.006
60	0.006	0.007	0.007	0.008	0.008	0.009	0.009	0.010	0.010	0.011	0.011
70	0.011	0.012	0.012	0.013	0.014	0.014	0.015	0.015	0.016	0.017	0.017
80	0.017	0.018	0.019	0.020	0.020	0.021	0.022	0.022	0.023	0.024	0.025
90	0.025	0.026	0.026	0.027	0.028	0.029	0.030	0.031	0.031	0.032	0.033
100	0.033	0.034	0.035	0.036	0.037	0.038	0.039	0.040	0.041	0.042	0.043
110	0.043	0.044	0.045	0.046	0.047	0.048	0.049	0.050	0.051	0.052	0.053
120	0.053	0.055	0.056	0.057	0.058	0.059	0.060	0.062	0.063	0.064	0.065
130	0.065	0.066	0.068	0.069	0.070	0.072	0.073	0.074	0.075	0.077	0.078
140	0.078	0.079	0.081	0.082	0.084	0.085	0.086	0.088	0.089	0.091	0.092
150	0.092	0.094	0.095	0.096	0.098	0.099	0.101	0.102	0.104	0.106	0.107
160	0.107	0.109	0.110	0.112	0.113	0.115	0.117	0.118	0.120	0.122	0.123
170	0.123	0.125	0.127	0.128	0.130	0.132	0.134	0.135	0.137	0.139	0.141
180	0.141	0.142	0.144	0.146	0.148	0.150	0.151	0.153	0.155	0.157	0.159
190	0.159	0.161	0.163	0.165	0.166	0.168	0.170	0.172	0.174	0.176	0.178
200	0.178	0.180	0.182	0.184	0.186	0.188	0.190	0.192	0.195	0.197	0.199
210	0.199	0.201	0.203	0.205	0.207	0.209	0.212	0.214	0.216	0.218	0.220
220	0.220	0.222	0.225	0.227	0.229	0.231	0.234	0.236	0.238	0.241	0.243
230	0.243	0.245	0.248	0.250	0.252	0.255	0.257	0.259	0.262	0.264	0.267
240	0.267	0.269	0.271	0.274	0.276	0.279	0.281	0.284	0.286	0.289	0.291
250	0.291	0.294	0.296	0.299	0.301	0.304	0.307	0.309	0.312	0.314	0.317
260	0.317	0.320	0.322	0.325	0.328	0.330	0.333	0.336	0.338	0.341	0.344
270	0.344	0.347	0.349	0.352	0.355	0.358	0.360	0.363	0.366	0.369	0.372
280	0.372	0.375	0.377	0.380	0.383	0.386	0.389	0.392	0.395	0.398	0.401
290	0.401	0.404	0.407	0.410	0.413	0.416	0.419	0.422	0.425	0.428	0.431
300	0.431	0.434	0.437	0.440	0.443	0.446	0.449	0.452	0.455	0.458	0.462
310	0.462	0.465	0.468	0.471	0.474	0.478	0.481	0.484	0.487	0.490	0.494
320	0.494	0.497	0.500	0.503	0.507	0.510	0.513	0.517	0.520	0.523	0.527

타입 B 열전대
EMF 대 온도 (ITS-90)

°C	0	1	2	3	4	5	6	7	8	9	10
					열전기 전압 (mV)						
330	0.527	0.530	0.533	0.537	0.540	0.544	0.547	0.550	0.554	0.557	0.561
340	0.561	0.564	0.568	0.571	0.575	0.578	0.582	0.585	0.589	0.592	0.596
350	0.596	0.599	0.603	0.607	0.610	0.614	0.617	0.621	0.625	0.628	0.632
360	0.632	0.636	0.639	0.643	0.647	0.650	0.654	0.658	0.662	0.665	0.669
370	0.669	0.673	0.677	0.680	0.684	0.688	0.692	0.696	0.700	0.703	0.707
380	0.707	0.711	0.715	0.719	0.723	0.727	0.731	0.735	0.738	0.742	0.746
390	0.746	0.750	0.754	0.758	0.762	0.766	0.770	0.774	0.778	0.782	0.787
400	0.787	0.791	0.795	0.799	0.803	0.807	0.811	0.815	0.819	0.824	0.828
410	0.828	0.832	0.836	0.840	0.844	0.849	0.853	0.857	0.861	0.866	0.870
420	0.870	0.874	0.878	0.883	0.887	0.891	0.896	0.900	0.904	0.909	0.913
430	0.913	0.917	0.922	0.926	0.930	0.935	0.939	0.944	0.948	0.953	0.957
440	0.957	0.961	0.966	0.970	0.975	0.979	0.984	0.988	0.993	0.997	1.002
450	1.002	1.007	1.011	1.016	1.020	1.025	1.030	1.034	1.039	1.043	1.048
460	1.048	1.053	1.057	1.062	1.067	1.071	1.076	1.081	1.086	1.090	1.095
470	1.095	1.100	1.105	1.109	1.114	1.119	1.124	1.129	1.133	1.138	1.143
480	1.143	1.148	1.153	1.158	1.163	1.167	1.172	1.177	1.182	1.187	1.192
490	1.192	1.197	1.202	1.207	1.212	1.217	1.222	1.227	1.232	1.237	1.242
500	1.242	1.247	1.252	1.257	1.262	1.267	1.272	1.277	1.282	1.288	1.293
510	1.293	1.298	1.303	1.308	1.313	1.318	1.324	1.329	1.334	1.339	1.344
520	1.344	1.350	1.355	1.360	1.365	1.371	1.376	1.381	1.387	1.392	1.397
530	1.397	1.402	1.408	1.413	1.418	1.424	1.429	1.435	1.440	1.445	1.451
540	1.451	1.456	1.462	1.467	1.472	1.478	1.483	1.489	1.494	1.500	1.505
550	1.505	1.511	1.516	1.522	1.527	1.533	1.539	1.544	1.550	1.555	1.561
560	1.561	1.566	1.572	1.578	1.583	1.589	1.595	1.600	1.606	1.612	1.617
570	1.617	1.623	1.629	1.634	1.640	1.646	1.652	1.657	1.663	1.669	1.675
580	1.675	1.680	1.686	1.692	1.698	1.704	1.709	1.715	1.721	1.727	1.733
590	1.733	1.739	1.745	1.750	1.756	1.762	1.768	1.774	1.780	1.786	1.792
600	1.792	1.798	1.804	1.810	1.816	1.822	1.828	1.834	1.840	1.846	1.852
610	1.852	1.858	1.864	1.870	1.876	1.882	1.888	1.894	1.901	1.907	1.913
620	1.913	1.919	1.925	1.931	1.937	1.944	1.950	1.956	1.962	1.968	1.975
630	1.975	1.981	1.987	1.993	1.999	2.006	2.012	2.018	2.025	2.031	2.037
640	2.037	2.043	2.050	2.056	2.062	2.069	2.075	2.082	2.088	2.094	2.101

타입 B 열전대
EMF 대 온도 (ITS-90)

°C	0	1	2	3	4	5	6	7	8	9	10
					열전기 전압 (mV)						
650	2.101	2.107	2.113	2.120	2.126	2.133	2.139	2.146	2.152	2.158	2.165
660	2.165	2.171	2.178	2.184	2.191	2.197	2.204	2.210	2.217	2.224	2.230
670	2.230	2.237	2.243	2.250	2.256	2.263	2.270	2.276	2.283	2.289	2.296
680	2.296	2.303	2.309	2.316	2.323	2.329	2.336	2.343	2.350	2.356	2.363
690	2.363	2.370	2.376	2.383	2.390	2.397	2.403	2.410	2.417	2.424	2.431
700	2.431	2.437	2.444	2.451	2.458	2.465	2.472	2.479	2.485	2.492	2.499
710	2.499	2.506	2.513	2.520	2.527	2.534	2.541	2.548	2.555	2.562	2.569
720	2.569	2.576	2.583	2.590	2.597	2.604	2.611	2.618	2.625	2.632	2.639
730	2.639	2.646	2.653	2.660	2.667	2.674	2.681	2.688	2.696	2.703	2.710
740	2.710	2.717	2.724	2.731	2.738	2.746	2.753	2.760	2.767	2.775	2.782
750	2.782	2.789	2.796	2.803	2.811	2.818	2.825	2.833	2.840	2.847	2.854
760	2.854	2.862	2.869	2.876	2.884	2.891	2.898	2.906	2.913	2.921	2.928
770	2.928	2.935	2.943	2.950	2.958	2.965	2.973	2.980	2.987	2.995	3.002
780	3.002	3.010	3.017	3.025	3.032	3.040	3.047	3.055	3.062	3.070	3.078
790	3.078	3.085	3.093	3.100	3.108	3.116	3.123	3.131	3.138	3.146	3.154
800	3.154	3.161	3.169	3.177	3.184	3.192	3.200	3.207	3.215	3.223	3.230
810	3.230	3.238	3.246	3.254	3.261	3.269	3.277	3.285	3.292	3.300	3.308
820	3.308	3.316	3.324	3.331	3.339	3.347	3.355	3.363	3.371	3.379	3.386
830	3.386	3.394	3.402	3.410	3.418	3.426	3.434	3.442	3.450	3.458	3.466
840	3.466	3.474	3.482	3.490	3.498	3.506	3.514	3.522	3.530	3.538	3.546
850	3.546	3.554	3.562	3.570	3.578	3.586	3.594	3.602	3.610	3.618	3.626
860	3.626	3.634	3.643	3.651	3.659	3.667	3.675	3.683	3.692	3.700	3.708
870	3.708	3.716	3.724	3.732	3.741	3.749	3.757	3.765	3.774	3.782	3.790
880	3.790	3.798	3.807	3.815	3.823	3.832	3.840	3.848	3.857	3.865	3.873
890	3.873	3.882	3.890	3.898	3.907	3.915	3.923	3.932	3.940	3.949	3.957
900	3.957	3.965	3.974	3.982	3.991	3.999	4.008	4.016	4.024	4.033	4.041
910	4.041	4.050	4.058	4.067	4.075	4.084	4.093	4.101	4.110	4.118	4.127
920	4.127	4.135	4.144	4.152	4.161	4.170	4.178	4.187	4.195	4.204	4.213
930	4.213	4.221	4.230	4.239	4.247	4.256	4.265	4.273	4.282	4.291	4.299
940	4.299	4.308	4.317	4.326	4.334	4.343	4.352	4.360	4.369	4.378	4.387
950	4.387	4.396	4.404	4.413	4.422	4.431	4.440	4.448	4.457	4.466	4.475
960	4.475	4.484	4.493	4.501	4.510	4.519	4.528	4.537	4.546	4.555	4.564
970	4.564	4.573	4.582	4.591	4.599	4.608	4.617	4.626	4.635	4.644	4.653

부록 B1

타입 B 열전대
EMF 대 온도 (ITS-90)

°C	0	1	2	3	4	5	6	7	8	9	10
					열전기 전압 (mV)						
980	4.653	4.662	4.671	4.680	4.689	4.698	4.707	4.716	4.725	4.734	4.743
990	4.743	4.753	4.762	4.771	4.780	4.789	4.798	4.807	4.816	4.825	4.834
1000	4.834	4.843	4.853	4.862	4.871	4.880	4.889	4.898	4.908	4.917	4.926
1010	4.926	4.935	4.944	4.954	4.963	4.972	4.981	4.990	5.000	5.009	5.018
1020	5.018	5.027	5.037	5.046	5.055	5.065	5.074	5.083	5.092	5.102	5.111
1030	5.111	5.120	5.130	5.139	5.148	5.158	5.167	5.176	5.186	5.195	5.205
1040	5.205	5.214	5.223	5.233	5.242	5.252	5.261	5.270	5.280	5.289	5.299
1050	5.299	5.308	5.318	5.327	5.337	5.346	5.356	5.365	5.375	5.384	5.394
1060	5.394	5.403	5.413	5.422	5.432	5.441	5.451	5.460	5.470	5.480	5.489
1070	5.489	5.499	5.508	5.518	5.528	5.537	5.547	5.556	5.566	5.576	5.585
1080	5.585	5.595	5.605	5.614	5.624	5.634	5.643	5.653	5.663	5.672	5.682
1090	5.682	5.692	5.702	5.711	5.721	5.731	5.740	5.750	5.760	5.770	5.780
1100	5.780	5.789	5.799	5.809	5.819	5.828	5.838	5.848	5.858	5.868	5.878
1110	5.878	5.887	5.897	5.907	5.917	5.927	5.937	5.947	5.956	5.966	5.976
1120	5.976	5.986	5.996	6.006	6.016	6.026	6.036	6.046	6.055	6.065	6.075
1130	6.075	6.085	6.095	6.105	6.115	6.125	6.135	6.145	6.155	6.165	6.175
1140	6.175	6.185	6.195	6.205	6.215	6.225	6.235	6.245	6.256	6.266	6.276
1150	6.276	6.286	6.296	6.306	6.316	6.326	6.336	6.346	6.356	6.367	6.377
1160	6.377	6.387	6.397	6.407	6.417	6.427	6.438	6.448	6.458	6.468	6.478
1170	6.478	6.488	6.499	6.509	6.519	6.529	6.539	6.550	6.560	6.570	6.580
1180	6.580	6.591	6.601	6.611	6.621	6.632	6.642	6.652	6.663	6.673	6.683
1190	6.683	6.693	6.704	6.714	6.724	6.735	6.745	6.755	6.766	6.776	6.786
1200	6.786	6.797	6.807	6.818	6.828	6.838	6.849	6.859	6.869	6.880	6.890
1210	6.890	6.901	6.911	6.922	6.932	6.942	6.953	6.963	6.974	6.984	6.995
1220	6.995	7.005	7.016	7.026	7.037	7.047	7.058	7.068	7.079	7.089	7.100
1230	7.100	7.110	7.121	7.131	7.142	7.152	7.163	7.173	7.184	7.194	7.205
1240	7.205	7.216	7.226	7.237	7.247	7.258	7.269	7.279	7.290	7.300	7.311
1250	7.311	7.322	7.332	7.343	7.353	7.364	7.375	7.385	7.396	7.407	7.417
1260	7.417	7.428	7.439	7.449	7.460	7.471	7.482	7.492	7.503	7.514	7.524
1270	7.524	7.535	7.546	7.557	7.567	7.578	7.589	7.600	7.610	7.621	7.632
1280	7.632	7.643	7.653	7.664	7.675	7.686	7.697	7.707	7.718	7.729	7.740
1290	7.740	7.751	7.761	7.772	7.783	7.794	7.805	7.816	7.827	7.837	7.848

					부록 B1					
				타입 B 열전대						
				EMF 대 온도 (ITS-90)						
°C	0	1	2	3	4	5	6	7	8	9	10
					열전기 전압 (mV)					
1300	7.848	7.859	7.870	7.881	7.892	7.903	7.914	7.924	7.935	7.946	7.957
1310	7.957	7.968	7.979	7.990	8.001	8.012	8.023	8.034	8.045	8.056	8.066
1320	8.066	8.077	8.088	8.099	8.110	8.121	8.132	8.143	8.154	8.165	8.176
1330	8.176	8.187	8.198	8.209	8.220	8.231	8.242	8.253	8.264	8.275	8.286
1340	8.286	8.298	8.309	8.320	8.331	8.342	8.353	8.364	8.375	8.386	8.397
1350	8.397	8.408	8.419	8.430	8.441	8.453	8.464	8.475	8.486	8.497	8.508
1360	8.508	8.519	8.530	8.542	8.553	8.564	8.575	8.586	8.597	8.608	8.620
1370	8.620	8.631	8.642	8.653	8.664	8.675	8.687	8.698	8.709	8.720	8.731
1380	8.731	8.743	8.754	8.765	8.776	8.787	8.799	8.810	8.821	8.832	8.844
1390	8.844	8.855	8.866	8.877	8.889	8.900	8.911	8.922	8.934	8.945	8.956
1400	8.956	8.967	8.979	8.990	9.001	9.013	9.024	9.035	9.047	9.058	9.069
1410	9.069	9.080	9.092	9.103	9.114	9.126	9.137	9.148	9.160	9.171	9.182
1420	9.182	9.194	9.205	9.216	9.228	9.239	9.251	9.262	9.273	9.285	9.296
1430	9.296	9.307	9.319	9.330	9.342	9.353	9.364	9.376	9.387	9.398	9.410
1440	9.410	9.421	9.433	9.444	9.456	9.467	9.478	9.490	9.501	9.513	9.524
1450	9.524	9.536	9.547	9.558	9.570	9.581	9.593	9.604	9.616	9.627	9.639
1460	9.639	9.650	9.662	9.673	9.684	9.696	9.707	9.719	9.730	9.742	9.753
1470	9.753	9.765	9.776	9.788	9.799	9.811	9.822	9.834	9.845	9.857	9.868
1480	9.868	9.880	9.891	9.903	9.914	9.926	9.937	9.949	9.961	9.972	9.984
1490	9.984	9.995	10.007	10.018	10.030	10.041	10.053	10.064	10.076	10.088	10.099
1500	10.099	10.111	10.122	10.134	10.145	10.157	10.168	10.180	10.192	10.203	10.215
1510	10.215	10.226	10.238	10.249	10.261	10.273	10.284	10.296	10.307	10.319	10.331
1520	10.331	10.342	10.354	10.365	10.377	10.389	10.400	10.412	10.423	10.435	10.447
1530	10.447	10.458	10.470	10.482	10.493	10.505	10.516	10.528	10.540	10.551	10.563
1540	10.563	10.575	10.586	10.598	10.609	10.621	10.633	10.644	10.656	10.668	10.679
1550	10.679	10.691	10.703	10.714	10.726	10.738	10.749	10.761	10.773	10.784	10.796
1560	10.796	10.808	10.819	10.831	10.843	10.854	10.866	10.877	10.889	10.901	10.913
1570	10.913	10.924	10.936	10.948	10.959	10.971	10.983	10.994	11.006	11.018	11.029
1580	11.029	11.041	11.053	11.064	11.076	11.088	11.099	11.111	11.123	11.134	11.146
1590	11.146	11.158	11.169	11.181	11.193	11.205	11.216	11.228	11.240	11.251	11.263
1600	11.263	11.275	11.286	11.298	11.310	11.321	11.333	11.345	11.357	11.368	11.380
1610	11.380	11.392	11.403	11.415	11.427	11.438	11.450	11.462	11.474	11.485	11.497
1620	11.497	11.509	11.520	11.532	11.544	11.555	11.567	11.579	11.591	11.602	11.614

타입 B 열전대
EMF 대 온도 (ITS-90)

°C	0	1	2	3	4	5	6	7	8	9	10
					열전기 전압 (mV)						
1630	11.614	11.626	11.637	11.649	11.661	11.673	11.684	11.696	11.708	11.719	11.731
1640	11.731	11.743	11.754	11.766	11.778	11.790	11.801	11.813	11.825	11.836	11.848
1650	11.848	11.860	11.871	11.883	11.895	11.907	11.918	11.930	11.942	11.953	11.965
1660	11.965	11.977	11.988	12.000	12.012	12.024	12.035	12.047	12.059	12.070	12.082
1670	12.082	12.094	12.105	12.117	12.129	12.141	12.152	12.164	12.176	12.187	12.199
1680	12.199	12.211	12.222	12.234	12.246	12.257	12.269	12.281	12.292	12.304	12.316
1690	12.316	12.327	12.339	12.351	12.363	12.374	12.386	12.398	12.409	12.421	12.433
1700	12.433	12.444	12.456	12.468	12.479	12.491	12.503	12.514	12.526	12.538	12.549
1710	12.549	12.561	12.572	12.584	12.596	12.607	12.619	12.631	12.642	12.654	12.666
1720	12.666	12.677	12.689	12.701	12.712	12.724	12.736	12.747	12.759	12.770	12.782
1730	12.782	12.794	12.805	12.817	12.829	12.840	12.852	12.863	12.875	12.887	12.898
1740	12.898	12.910	12.921	12.933	12.945	12.956	12.968	12.980	12.991	13.003	13.014
1750	13.014	13.026	13.037	13.049	13.061	13.072	13.084	13.095	13.107	13.119	13.130
1760	13.130	13.142	13.153	13.165	13.176	13.188	13.200	13.211	13.223	13.234	13.246
1770	13.246	13.257	13.269	13.280	13.292	13.304	13.315	13.327	13.338	13.350	13.361
1780	13.361	13.373	13.384	13.396	13.407	13.419	13.430	13.442	13.453	13.465	13.476
1790	13.476	13.488	13.499	13.511	13.522	13.534	13.545	13.557	13.568	13.580	13.591
1800	13.591	13.603	13.614	13.626	13.637	13.649	13.660	13.672	13.683	13.694	13.706
1810	13.706	13.717	13.729	13.740	13.752	13.763	13.775	13.786	13.797	13.809	13.820

타입 B 열전대(ITS)에 대한 참조함수

아래의 값은 열전대가 사용되는 두개의 범위에 대한 타입 B 열전대의 참조함수 계수이다. 계수는 낮은 차수부터 높은 차수로 정리되어 있다. 식은 다음과 같다.

$$EMF = \sum_{i=n}^{i=0} c_i t^i$$

(온도단위: °C, EMF 단위: mV)

범위: 0.000 °C ~ 630.615 °C, n = 6

계수:
0.000000000000E+00
−0.246508183460E−03
0.590404211710E−05
−0.132579316360E−08
0.156682919010E−11
−0.169445292400E−14
0.629903470940E−18

범위: 630.615 °C ~ 1820.000 °C, n = 8

계수:
−0.389381686210E+01
0.285717474700E−01
−0.848851047850E−04
0.157852801640E−06
−0.168353448640E−09
0.111097940130E−12
−0.445154310330E−16
0.989756408210E−20
−0.937913302890E−24

부록 B2

타입 E 열전대
EMF 대 온도 표 (ITS-90)

부록 B2
타입 E 열전대
EMF 대 온도 표 (ITS-90)

°C	0	-1	-2	-3	-4	-5	-6	-7	-8	-9	-10
					열전기 전압 (mV)						
-260	-9.797	-9.802	-9.808	-9.813	-9.817	-9.821	-9.825	-9.828	-9.831	-9.833	-9.835
-250	-9.718	-9.728	-9.737	-9.746	-9.754	-9.762	-9.770	-9.777	-9.784	-9.790	-9.797
-240	-9.604	-9.617	-9.630	-9.642	-9.654	-9.666	-9.677	-9.688	-9.698	-9.709	-9.718
-230	-9.455	-9.471	-9.487	-9.503	-9.519	-9.534	-9.548	-9.563	-9.577	-9.591	-9.604
-220	-9.274	-9.293	-9.313	-9.331	-9.350	-9.368	-9.386	-9.404	-9.421	-9.438	-9.455
-210	-9.063	-9.085	-9.107	-9.129	-9.151	-9.172	-9.193	-9.214	-9.234	-9.254	-9.274
-200	-8.825	-8.850	-8.874	-8.899	-8.923	-8.947	-8.971	-8.994	-9.017	-9.040	-9.063
-190	-8.561	-8.588	-8.616	-8.643	-8.669	-8.696	-8.722	-8.748	-8.774	-8.799	-8.825
-180	-8.273	-8.303	-8.333	-8.362	-8.391	-8.420	-8.449	-8.477	-8.505	-8.533	-8.561
-170	-7.963	-7.995	-8.027	-8.059	-8.090	-8.121	-8.152	-8.183	-8.213	-8.243	-8.273
-160	-7.632	-7.666	-7.700	-7.733	-7.767	-7.800	-7.833	-7.866	-7.899	-7.931	-7.963
-150	-7.279	-7.315	-7.351	-7.387	-7.423	-7.458	-7.493	-7.528	-7.563	-7.597	-7.632
-140	-6.907	-6.945	-6.983	-7.021	-7.058	-7.096	-7.133	-7.170	-7.206	-7.243	-7.279
-130	-6.516	-6.556	-6.596	-6.636	-6.675	-6.714	-6.753	-6.792	-6.831	-6.869	-6.907
-120	-6.107	-6.149	-6.191	-6.232	-6.273	-6.314	-6.355	-6.396	-6.436	-6.476	-6.516
-110	-5.681	-5.724	-5.767	-5.810	-5.853	-5.896	-5.939	-5.981	-6.023	-6.065	-6.107
-100	-5.237	-5.282	-5.327	-5.372	-5.417	-5.461	-5.505	-5.549	-5.593	-5.637	-5.681
-90	-4.777	-4.824	-4.871	-4.917	-4.963	-5.009	-5.055	-5.101	-5.147	-5.192	-5.237
-80	-4.302	-4.350	-4.398	-4.446	-4.494	-4.542	-4.589	-4.636	-4.684	-4.731	-4.777
-70	-3.811	-3.861	-3.911	-3.960	-4.009	-4.058	-4.107	-4.156	-4.205	-4.254	-4.302
-60	-3.306	-3.357	-3.408	-3.459	-3.510	-3.561	-3.611	-3.661	-3.711	-3.761	-3.811
-50	-2.787	-2.840	-2.892	-2.944	-2.996	-3.048	-3.100	-3.152	-3.204	-3.255	-3.306
-40	-2.255	-2.309	-2.362	-2.416	-2.469	-2.523	-2.576	-2.629	-2.682	-2.735	-2.787
-30	-1.709	-1.765	-1.820	-1.874	-1.929	-1.984	-2.038	-2.093	-2.147	-2.201	-2.255
-20	-1.152	-1.208	-1.264	-1.320	-1.376	-1.432	-1.488	-1.543	-1.599	-1.654	-1.709
-10	-0.582	-0.639	-0.697	-0.754	-0.811	-0.868	-0.925	-0.982	-1.039	-1.095	-1.152
0	0.000	-0.059	-0.117	-0.176	-0.234	-0.292	-0.350	-0.408	-0.466	-0.524	-0.582

°C	0	1	2	3	4	5	6	7	8	9	10
0	0.000	0.059	0.118	0.176	0.235	0.294	0.354	0.413	0.472	0.532	0.591
10	0.591	0.651	0.711	0.770	0.830	0.890	0.950	1.010	1.071	1.131	1.192
20	1.192	1.252	1.313	1.373	1.434	1.495	1.556	1.617	1.678	1.740	1.801
30	1.801	1.862	1.924	1.986	2.047	2.109	2.171	2.233	2.295	2.357	2.420
40	2.420	2.482	2.545	2.607	2.670	2.733	2.795	2.858	2.921	2.984	3.048

타입 E 열전대
EMF 대 온도 표 (ITS-90)

°C	0	1	2	3	4	5	6	7	8	9	10
50	3.048	3.111	3.174	3.238	3.301	3.365	3.429	3.492	3.556	3.620	3.685
60	3.685	3.749	3.813	3.877	3.942	4.006	4.071	4.136	4.200	4.265	4.330
70	4.330	4.395	4.460	4.526	4.591	4.656	4.722	4.788	4.853	4.919	4.985
80	4.985	5.051	5.117	5.183	5.249	5.315	5.382	5.448	5.514	5.581	5.648
90	5.648	5.714	5.781	5.848	5.915	5.982	6.049	6.117	6.184	6.251	6.319
100	6.319	6.386	6.454	6.522	6.590	6.658	6.725	6.794	6.862	6.930	6.998
110	6.998	7.066	7.135	7.203	7.272	7.341	7.409	7.478	7.547	7.616	7.685
120	7.685	7.754	7.823	7.892	7.962	8.031	8.101	8.170	8.240	8.309	8.379
130	8.379	8.449	8.519	8.589	8.659	8.729	8.799	8.869	8.940	9.010	9.081
140	9.081	9.151	9.222	9.292	9.363	9.434	9.505	9.576	9.647	9.718	9.789
150	9.789	9.860	9.931	10.003	10.074	10.145	10.217	10.288	10.360	10.432	10.503
160	10.503	10.575	10.647	10.719	10.791	10.863	10.935	11.007	11.080	11.152	11.224
170	11.224	11.297	11.369	11.442	11.514	11.587	11.660	11.733	11.805	11.878	11.951
180	11.951	12.024	12.097	12.170	12.243	12.317	12.390	12.463	12.537	12.610	12.684
190	12.684	12.757	12.831	12.904	12.978	13.052	13.126	13.199	13.273	13.347	13.421
200	13.421	13.495	13.569	13.644	13.718	13.792	13.866	13.941	14.015	14.090	14.164
210	14.164	14.239	14.313	14.388	14.463	14.537	14.612	14.687	14.762	14.837	14.912
220	14.912	14.987	15.062	15.137	15.212	15.287	15.362	15.438	15.513	15.588	15.664
230	15.664	15.739	15.815	15.890	15.966	16.041	16.117	16.193	16.269	16.344	16.420
240	16.420	16.496	16.572	16.648	16.724	16.800	16.876	16.952	17.028	17.104	17.181
250	17.181	17.257	17.333	17.409	17.486	17.562	17.639	17.715	17.792	17.868	17.945
260	17.945	18.021	18.098	18.175	18.252	18.328	18.405	18.482	18.559	18.636	18.713
270	18.713	18.790	18.867	18.944	19.021	19.098	19.175	19.252	19.330	19.407	19.484
280	19.484	19.561	19.639	19.716	19.794	19.871	19.948	20.026	20.103	20.181	20.259
290	20.259	20.336	20.414	20.492	20.569	20.647	20.725	20.803	20.880	20.958	21.036
300	21.036	21.114	21.192	21.270	21.348	21.426	21.504	21.582	21.660	21.739	21.817
310	21.817	21.895	21.973	22.051	22.130	22.208	22.286	22.365	22.443	22.522	22.600
320	22.600	22.678	22.757	22.835	22.914	22.993	23.071	23.150	23.228	23.307	23.386
330	23.386	23.464	23.543	23.622	23.701	23.780	23.858	23.937	24.016	24.095	24.174
340	24.174	24.253	24.332	24.411	24.490	24.569	24.648	24.727	24.806	24.885	24.964
350	24.964	25.044	25.123	25.202	25.281	25.360	25.440	25.519	25.598	25.678	25.757
360	25.757	25.836	25.916	25.995	26.075	26.154	26.233	26.313	26.392	26.472	26.552
370	26.552	26.631	26.711	26.790	26.870	26.950	27.029	27.109	27.189	27.268	27.348
380	27.348	27.428	27.507	27.587	27.667	27.747	27.827	27.907	27.986	28.066	28.146

부록 B2
타입 E 열전대
EMF 대 온도 표 (ITS-90)

°C	0	1	2	3	4	5	6	7	8	9	10
390	28.146	28.226	28.306	28.386	28.466	28.546	28.626	28.706	28.786	28.866	28.946
400	28.946	29.026	29.106	29.186	29.266	29.346	29.427	29.507	29.587	29.667	29.747
410	29.747	29.827	29.908	29.988	30.068	30.148	30.229	30.309	30.389	30.470	30.550
420	30.550	30.630	30.711	30.791	30.871	30.952	31.032	31.112	31.193	31.273	31.354
430	31.354	31.434	31.515	31.595	31.676	31.756	31.837	31.917	31.998	32.078	32.159
440	32.159	32.239	32.320	32.400	32.481	32.562	32.642	32.723	32.803	32.884	32.965
450	32.965	33.045	33.126	33.207	33.287	33.368	33.449	33.529	33.610	33.691	33.772
460	33.772	33.852	33.933	34.014	34.095	34.175	34.256	34.337	34.418	34.498	34.579
470	34.579	34.660	34.741	34.822	34.902	34.983	35.064	35.145	35.226	35.307	35.387
480	35.387	35.468	35.549	35.630	35.711	35.792	35.873	35.954	36.034	36.115	36.196
490	36.196	36.277	36.358	36.439	36.520	36.601	36.682	36.763	36.843	36.924	37.005
500	37.005	37.086	37.167	37.248	37.329	37.410	37.491	37.572	37.653	37.734	37.815
510	37.815	37.896	37.977	38.058	38.139	38.220	38.300	38.381	38.462	38.543	38.624
520	38.624	38.705	38.786	38.867	38.948	39.029	39.110	39.191	39.272	39.353	39.434
530	39.434	39.515	39.596	39.677	39.758	39.839	39.920	40.001	40.082	40.163	40.243
540	40.243	40.324	40.405	40.486	40.567	40.648	40.729	40.810	40.891	40.972	41.053
550	41.053	41.134	41.215	41.296	41.377	41.457	41.538	41.619	41.700	41.781	41.862
560	41.862	41.943	42.024	42.105	42.185	42.266	42.347	42.428	42.509	42.590	42.671
570	42.671	42.751	42.832	42.913	42.994	43.075	43.156	43.236	43.317	43.398	43.479
580	43.479	43.560	43.640	43.721	43.802	43.883	43.963	44.044	44.125	44.206	44.286
590	44.286	44.367	44.448	44.529	44.609	44.690	44.771	44.851	44.932	45.013	45.093
600	45.093	45.174	45.255	45.335	45.416	45.497	45.577	45.658	45.738	45.819	45.900
610	45.900	45.980	46.061	46.141	46.222	46.302	46.383	46.463	46.544	46.624	46.705
620	46.705	46.785	46.866	46.946	47.027	47.107	47.188	47.268	47.349	47.429	47.509
630	47.509	47.590	47.670	47.751	47.831	47.911	47.992	48.072	48.152	48.233	48.313
640	48.313	48.393	48.474	48.554	48.634	48.715	48.795	48.875	48.955	49.035	49.116
650	49.116	49.196	49.276	49.356	49.436	49.517	49.597	49.677	49.757	49.837	49.917
660	49.917	49.997	50.077	50.157	50.238	50.318	50.398	50.478	50.558	50.638	50.718
670	50.718	50.798	50.878	50.958	51.038	51.118	51.197	51.277	51.357	51.437	51.517
680	51.517	51.597	51.677	51.757	51.837	51.916	51.996	52.076	52.156	52.236	52.315
690	52.315	52.395	52.475	52.555	52.634	52.714	52.794	52.873	52.953	53.033	53.112
700	53.112	53.192	53.272	53.351	53.431	53.510	53.590	53.670	53.749	53.829	53.908
710	53.908	53.988	54.067	54.147	54.226	54.306	54.385	54.465	54.544	54.624	54.703

°C	0	1	2	3	4	5	6	7	8	9	10
720	54.703	54.782	54.862	54.941	55.021	55.100	55.179	55.259	55.338	55.417	55.497
730	55.497	55.576	55.655	55.734	55.814	55.893	55.972	56.051	56.131	56.210	56.289
740	56.289	56.368	56.447	56.526	56.606	56.685	56.764	56.843	56.922	57.001	57.080
750	57.080	57.159	57.238	57.317	57.396	57.475	57.554	57.633	57.712	57.791	57.870
760	57.870	57.949	58.028	58.107	58.186	58.265	58.343	58.422	58.501	58.580	58.659
770	58.659	58.738	58.816	58.895	58.974	59.053	59.131	59.210	59.289	59.367	59.446
780	59.446	59.525	59.604	59.682	59.761	59.839	59.918	59.997	60.075	60.154	60.232
790	60.232	60.311	60.390	60.468	60.547	60.625	60.704	60.782	60.860	60.939	61.017
800	61.017	61.096	61.174	61.253	61.331	61.409	61.488	61.566	61.644	61.723	61.801
810	61.801	61.879	61.958	62.036	62.114	62.192	62.271	62.349	62.427	62.505	62.583
820	62.583	62.662	62.740	62.818	62.896	62.974	63.052	63.130	63.208	63.286	63.364
830	63.364	63.442	63.520	63.598	63.676	63.754	63.832	63.910	63.988	64.066	64.144
840	64.144	64.222	64.300	64.377	64.455	64.533	64.611	64.689	64.766	64.844	64.922
850	64.922	65.000	65.077	65.155	65.233	65.310	65.388	65.465	65.543	65.621	65.698
860	65.698	65.776	65.853	65.931	66.008	66.086	66.163	66.241	66.318	66.396	66.473
870	66.473	66.550	66.628	66.705	66.782	66.860	66.937	67.014	67.092	67.169	67.246
880	67.246	67.323	67.400	67.478	67.555	67.632	67.709	67.786	67.863	67.940	68.017
890	68.017	68.094	68.171	68.248	68.325	68.402	68.479	68.556	68.633	68.710	68.787
900	68.787	68.863	68.940	69.017	69.094	69.171	69.247	69.324	69.401	69.477	69.554
910	69.554	69.631	69.707	69.784	69.860	69.937	70.013	70.090	70.166	70.243	70.319
920	70.319	70.396	70.472	70.548	70.625	70.701	70.777	70.854	70.930	71.006	71.082
930	71.082	71.159	71.235	71.311	71.387	71.463	71.539	71.615	71.692	71.768	71.844
940	71.844	71.920	71.996	72.072	72.147	72.223	72.299	72.375	72.451	72.527	72.603
950	72.603	72.678	72.754	72.830	72.906	72.981	73.057	73.133	73.208	73.284	73.360
960	73.360	73.435	73.511	73.586	73.662	73.738	73.813	73.889	73.964	74.040	74.115
970	74.115	74.190	74.266	74.341	74.417	74.492	74.567	74.643	74.718	74.793	74.869
980	74.869	74.944	75.019	75.095	75.170	75.245	75.320	75.395	75.471	75.546	75.621
990	75.621	75.696	75.771	75.847	75.922	75.997	76.072	76.147	76.223	76.298	76.373

타입 E 열전대(ITS-90)에 대한 참조 함수

아래의 값은 열전대가 사용되는 두 개의 범위에 대한 타입 E 열전대의 참조함수 계수이다. 계수는 낮은 차수부터 높은 차수로 정리되어 있다. 식은 다음과 같다:

$$EMF = \sum_{i=n}^{i=0} c_i t^i$$

(온도단위: °C, EMF 단위: mV)

범위: −270.000 °C ~ 0.000 °C, n = 13

계수:
```
 0.000000000000E+00
 0.586655087080E−01
 0.454109771240E−04
−0.779980486860E−06
−0.258001608430E−07
−0.594525830570E−09
−0.932140586670E−11
−0.102876055340E−12
−0.803701236210E−15
−0.439794973910E−17
−0.164147763550E−19
−0.396736195160E−22
−0.558273287210E−25
−0.346578420130E−28
```

범위: 0.000 °C ~ 1000.000 °C, n = 10

계수:
```
 0.000000000000E+00
 0.586655087100E−01
 0.450322755820E−04
 0.289084072120E−07
−0.330568966520E−09
 0.650244032700E−12
−0.191974955040E−15
−0.125366004970E−17
 0.214892175690E−20
−0.143880417820E−23
 0.359608994810E−27
```

부록 B3

타입 J 열전대
EMF 대 온도 표 (ITS-90)

부록 B3
타입 J 열전대
EMF 대 온도 표 (ITS-90)

°C	0	-1	-2	-3	-4	-5	-6	-7	-8	-9	-10
	열전기 전압 (mV)										
-200	-7.890	-7.912	-7.934	-7.955	-7.976	-7.996	-8.017	-8.037	-8.057	-8.076	-8.095
-190	-7.659	-7.683	-7.707	-7.731	-7.755	-7.778	-7.801	-7.824	-7.846	-7.868	-7.890
-180	-7.403	-7.429	-7.456	-7.482	-7.508	-7.534	-7.559	-7.585	-7.610	-7.634	-7.659
-170	-7.123	-7.152	-7.181	-7.209	-7.237	-7.265	-7.293	-7.321	-7.348	-7.376	-7.403
-160	-6.821	-6.853	-6.883	-6.914	-6.944	-6.975	-7.005	-7.035	-7.064	-7.094	-7.123
-150	-6.500	-6.533	-6.566	-6.598	-6.631	-6.663	-6.695	-6.727	-6.759	-6.790	-6.821
-140	-6.159	-6.194	-6.229	-6.263	-6.298	-6.332	-6.366	-6.400	-6.433	-6.467	-6.500
-130	-5.801	-5.838	-5.874	-5.910	-5.946	-5.982	-6.018	-6.054	-6.089	-6.124	-6.159
-120	-5.426	-5.465	-5.503	-5.541	-5.578	-5.616	-5.653	-5.690	-5.727	-5.764	-5.801
-110	-5.037	-5.076	-5.116	-5.155	-5.194	-5.233	-5.272	-5.311	-5.350	-5.388	-5.426
-100	-4.633	-4.674	-4.714	-4.755	-4.796	-4.836	-4.877	-4.917	-4.957	-4.997	-5.037
-90	-4.215	-4.257	-4.300	-4.342	-4.384	-4.425	-4.467	-4.509	-4.550	-4.591	-4.633
-80	-3.786	-3.829	-3.872	-3.916	-3.959	-4.002	-4.045	-4.088	-4.130	-4.173	-4.215
-70	-3.344	-3.389	-3.434	-3.478	-3.522	-3.566	-3.610	-3.654	-3.698	-3.742	-3.786
-60	-2.893	-2.938	-2.984	-3.029	-3.075	-3.120	-3.165	-3.210	-3.255	-3.300	-3.344
-50	-2.431	-2.478	-2.524	-2.571	-2.617	-2.663	-2.709	-2.755	-2.801	-2.847	-2.893
-40	-1.961	-2.008	-2.055	-2.103	-2.150	-2.197	-2.244	-2.291	-2.338	-2.385	-2.431
-30	-1.482	-1.530	-1.578	-1.626	-1.674	-1.722	-1.770	-1.818	-1.865	-1.913	-1.961
-20	-0.995	-1.044	-1.093	-1.142	-1.190	-1.239	-1.288	-1.336	-1.385	-1.433	-1.482
-10	-0.501	-0.550	-0.600	-0.650	-0.699	-0.749	-0.798	-0.847	-0.896	-0.946	-0.995
0	0.000	-0.050	-0.101	-0.151	-0.201	-0.251	-0.301	-0.351	-0.401	-0.451	-0.501

°C	0	1	2	3	4	5	6	7	8	9	10
0	0.000	0.050	0.101	0.151	0.202	0.253	0.303	0.354	0.405	0.456	0.507
10	0.507	0.558	0.609	0.660	0.711	0.762	0.814	0.865	0.916	0.968	1.019
20	1.019	1.071	1.122	1.174	1.226	1.277	1.329	1.381	1.433	1.485	1.537
30	1.537	1.589	1.641	1.693	1.745	1.797	1.849	1.902	1.954	2.006	2.059
40	2.059	2.111	2.164	2.216	2.269	2.322	2.374	2.427	2.480	2.532	2.585
50	2.585	2.638	2.691	2.744	2.797	2.850	2.903	2.956	3.009	3.062	3.116
60	3.116	3.169	3.222	3.275	3.329	3.382	3.436	3.489	3.543	3.596	3.650
70	3.650	3.703	3.757	3.810	3.864	3.918	3.971	4.025	4.079	4.133	4.187
80	4.187	4.240	4.294	4.348	4.402	4.456	4.510	4.564	4.618	4.672	4.726
90	4.726	4.781	4.835	4.889	4.943	4.997	5.052	5.106	5.160	5.215	5.269

타입 J 열전대
EMF 대 온도 표 (ITS-90)

°C	0	1	2	3	4	5	6	7	8	9	10
100	5.269	5.323	5.378	5.432	5.487	5.541	5.595	5.650	5.705	5.759	5.814
110	5.814	5.868	5.923	5.977	6.032	6.087	6.141	6.196	6.251	6.306	6.360
120	6.360	6.415	6.470	6.525	6.579	6.634	6.689	6.744	6.799	6.854	6.909
130	6.909	6.964	7.019	7.074	7.129	7.184	7.239	7.294	7.349	7.404	7.459
140	7.459	7.514	7.569	7.624	7.679	7.734	7.789	7.844	7.900	7.955	8.010
150	8.010	8.065	8.120	8.175	8.231	8.286	8.341	8.396	8.452	8.507	8.562
160	8.562	8.618	8.673	8.728	8.783	8.839	8.894	8.949	9.005	9.060	9.115
170	9.115	9.171	9.226	9.282	9.337	9.392	9.448	9.503	9.559	9.614	9.669
180	9.669	9.725	9.780	9.836	9.891	9.947	10.002	10.057	10.113	10.168	10.224
190	10.224	10.279	10.335	10.390	10.446	10.501	10.557	10.612	10.668	10.723	10.779
200	10.779	10.834	10.890	10.945	11.001	11.056	11.112	11.167	11.223	11.278	11.334
210	11.334	11.389	11.445	11.501	11.556	11.612	11.667	11.723	11.778	11.834	11.889
220	11.889	11.945	12.000	12.056	12.111	12.167	12.222	12.278	12.334	12.389	12.445
230	12.445	12.500	12.556	12.611	12.667	12.722	12.778	12.833	12.889	12.944	13.000
240	13.000	13.056	13.111	13.167	13.222	13.278	13.333	13.389	13.444	13.500	13.555
250	13.555	13.611	13.666	13.722	13.777	13.833	13.888	13.944	13.999	14.055	14.110
260	14.110	14.166	14.221	14.277	14.332	14.388	14.443	14.499	14.554	14.609	14.665
270	14.665	14.720	14.776	14.831	14.887	14.942	14.998	15.053	15.109	15.164	15.219
280	15.219	15.275	15.330	15.386	15.441	15.496	15.552	15.607	15.663	15.718	15.773
290	15.773	15.829	15.884	15.940	15.995	16.050	16.106	16.161	16.216	16.272	16.327
300	16.327	16.383	16.438	16.493	16.549	16.604	16.659	16.715	16.770	16.825	16.881
310	16.881	16.936	16.991	17.046	17.102	17.157	17.212	17.268	17.323	17.378	17.434
320	17.434	17.489	17.544	17.599	17.655	17.710	17.765	17.820	17.876	17.931	17.986
330	17.986	18.041	18.097	18.152	18.207	18.262	18.318	18.373	18.428	18.483	18.538
340	18.538	18.594	18.649	18.704	18.759	18.814	18.870	18.925	18.980	19.035	19.090
350	19.090	19.146	19.201	19.256	19.311	19.366	19.422	19.477	19.532	19.587	19.642
360	19.642	19.697	19.753	19.808	19.863	19.918	19.973	20.028	20.083	20.139	20.194
370	20.194	20.249	20.304	20.359	20.414	20.469	20.525	20.580	20.635	20.690	20.745
380	20.745	20.800	20.855	20.911	20.966	21.021	21.076	21.131	21.186	21.241	21.297
390	21.297	21.352	21.407	21.462	21.517	21.572	21.627	21.683	21.738	21.793	21.848
400	21.848	21.903	21.958	22.014	22.069	22.124	22.179	22.234	22.289	22.345	22.400
410	22.400	22.455	22.510	22.565	22.620	22.676	22.731	22.786	22.841	22.896	22.952
420	22.952	23.007	23.062	23.117	23.172	23.228	23.283	23.338	23.393	23.449	23.504
430	23.504	23.559	23.614	23.670	23.725	23.780	23.835	23.891	23.946	24.001	24.057

°C	0	1	2	3	4	5	6	7	8	9	10
440	24.057	24.112	24.167	24.223	24.278	24.333	24.389	24.444	24.499	24.555	24.610
450	24.610	24.665	24.721	24.776	24.832	24.887	24.943	24.998	25.053	25.109	25.164
460	25.164	25.220	25.275	25.331	25.386	25.442	25.497	25.553	25.608	25.664	25.720
470	25.720	25.775	25.831	25.886	25.942	25.998	26.053	26.109	26.165	26.220	26.276
480	26.276	26.332	26.387	26.443	26.499	26.555	26.610	26.666	26.722	26.778	26.834
490	26.834	26.889	26.945	27.001	27.057	27.113	27.169	27.225	27.281	27.337	27.393
500	27.393	27.449	27.505	27.561	27.617	27.673	27.729	27.785	27.841	27.897	27.953
510	27.953	28.010	28.066	28.122	28.178	28.234	28.291	28.347	28.403	28.460	28.516
520	28.516	28.572	28.629	28.685	28.741	28.798	28.854	28.911	28.967	29.024	29.080
530	29.080	29.137	29.194	29.250	29.307	29.363	29.420	29.477	29.534	29.590	29.647
540	29.647	29.704	29.761	29.818	29.874	29.931	29.988	30.045	30.102	30.159	30.216
550	30.216	30.273	30.330	30.387	30.444	30.502	30.559	30.616	30.673	30.730	30.788
560	30.788	30.845	30.902	30.960	31.017	31.074	31.132	31.189	31.247	31.304	31.362
570	31.362	31.419	31.477	31.535	31.592	31.650	31.708	31.766	31.823	31.881	31.939
580	31.939	31.997	32.055	32.113	32.171	32.229	32.287	32.345	32.403	32.461	32.519
590	32.519	32.577	32.636	32.694	32.752	32.810	32.869	32.927	32.985	33.044	33.102
600	33.102	33.161	33.219	33.278	33.337	33.395	33.454	33.513	33.571	33.630	33.689
610	33.689	33.748	33.807	33.866	33.925	33.984	34.043	34.102	34.161	34.220	34.279
620	34.279	34.338	34.397	34.457	34.516	34.575	34.635	34.694	34.754	34.813	34.873
630	34.873	34.932	34.992	35.051	35.111	35.171	35.230	35.290	35.350	35.410	35.470
640	35.470	35.530	35.590	35.650	35.710	35.770	35.830	35.890	35.950	36.010	36.071
650	36.071	36.131	36.191	36.252	36.312	36.373	36.433	36.494	36.554	36.615	36.675
660	36.675	36.736	36.797	36.858	36.918	36.979	37.040	37.101	37.162	37.223	37.284
670	37.284	37.345	37.406	37.467	37.528	37.590	37.651	37.712	37.773	37.835	37.896
680	37.896	37.958	38.019	38.081	38.142	38.204	38.265	38.327	38.389	38.450	38.512
690	38.512	38.574	38.636	38.698	38.760	38.822	38.884	38.946	39.008	39.070	39.132
700	39.132	39.194	39.256	39.318	39.381	39.443	39.505	39.568	39.630	39.693	39.755
710	39.755	39.818	39.880	39.943	40.005	40.068	40.131	40.193	40.256	40.319	40.382
720	40.382	40.445	40.508	40.570	40.633	40.696	40.759	40.822	40.886	40.949	41.012
730	41.012	41.075	41.138	41.201	41.265	41.328	41.391	41.455	41.518	41.581	41.645
740	41.645	41.708	41.772	41.835	41.899	41.962	42.026	42.090	42.153	42.217	42.281
750	42.281	42.344	42.408	42.472	42.536	42.599	42.663	42.727	42.791	42.855	42.919
760	42.919	42.983	43.047	43.111	43.175	43.239	43.303	43.367	43.431	43.495	43.559

타입 J 열전대
EMF 대 온도 표 (ITS-90)

°C	0	1	2	3	4	5	6	7	8	9	10
770	43.559	43.624	43.688	43.752	43.817	43.881	43.945	44.010	44.074	44.139	44.203
780	44.203	44.267	44.332	44.396	44.461	44.525	44.590	44.655	44.719	44.784	44.848
790	44.848	44.913	44.977	45.042	45.107	45.171	45.236	45.301	45.365	45.430	45.494
800	45.494	45.559	45.624	45.688	45.753	45.818	45.882	45.947	46.011	46.076	46.141
810	46.141	46.205	46.270	46.334	46.399	46.464	46.528	46.593	46.657	46.722	46.786
820	46.786	46.851	46.915	46.980	47.044	47.109	47.173	47.238	47.302	47.367	47.431
830	47.431	47.495	47.560	47.624	47.688	47.753	47.817	47.881	47.946	48.010	48.074
840	48.074	48.138	48.202	48.267	48.331	48.395	48.459	48.523	48.587	48.651	48.715
850	48.715	48.779	48.843	48.907	48.971	49.034	49.098	49.162	49.226	49.290	49.353
860	49.353	49.417	49.481	49.544	49.608	49.672	49.735	49.799	49.862	49.926	49.989
870	49.989	50.052	50.116	50.179	50.243	50.306	50.369	50.432	50.495	50.559	50.622
880	50.622	50.685	50.748	50.811	50.874	50.937	51.000	51.063	51.126	51.188	51.251
890	51.251	51.314	51.377	51.439	51.502	51.565	51.627	51.690	51.752	51.815	51.877
900	51.877	51.940	52.002	52.064	52.127	52.189	52.251	52.314	52.376	52.438	52.500
910	52.500	52.562	52.624	52.686	52.748	52.810	52.872	52.934	52.996	53.057	53.119
920	53.119	53.181	53.243	53.304	53.366	53.427	53.489	53.550	53.612	53.673	53.735
930	53.735	53.796	53.857	53.919	53.980	54.041	54.102	54.164	54.225	54.286	54.347
940	54.347	54.408	54.469	54.530	54.591	54.652	54.713	54.773	54.834	54.895	54.956
950	54.956	55.016	55.077	55.138	55.198	55.259	55.319	55.380	55.440	55.501	55.561
960	55.561	55.622	55.682	55.742	55.803	55.863	55.923	55.983	56.043	56.104	56.164
970	56.164	56.224	56.284	56.344	56.404	56.464	56.524	56.584	56.643	56.703	56.763
980	56.763	56.823	56.883	56.942	57.002	57.062	57.121	57.181	57.240	57.300	57.360
990	57.360	57.419	57.479	57.538	57.597	57.657	57.716	57.776	57.835	57.894	57.953
1000	57.953	58.013	58.072	58.131	58.190	58.249	58.309	58.368	58.427	58.486	58.545
1010	58.545	58.604	58.663	58.722	58.781	58.840	58.899	58.957	59.016	59.075	59.134
1020	59.134	59.193	59.252	59.310	59.369	59.428	59.487	59.545	59.604	59.663	59.721
1030	59.721	59.780	59.838	59.897	59.956	60.014	60.073	60.131	60.190	60.248	60.307
1040	60.307	60.365	60.423	60.482	60.540	60.599	60.657	60.715	60.774	60.832	60.890
1050	60.890	60.949	61.007	61.065	61.123	61.182	61.240	61.298	61.356	61.415	61.473
1060	61.473	61.531	61.589	61.647	61.705	61.763	61.822	61.880	61.938	61.996	62.054
1070	62.054	62.112	62.170	62.228	62.286	62.344	62.402	62.460	62.518	62.576	62.634
1080	62.634	62.692	62.750	62.808	62.866	62.924	62.982	63.040	63.098	63.156	63.214
1090	63.214	63.271	63.329	63.387	63.445	63.503	63.561	63.619	63.677	63.734	63.792

타입 J 열전대
EMF 대 온도 표 (ITS-90)

°C	0	1	2	3	4	5	6	7	8	9	10
1100	63.792	63.850	63.908	63.966	64.024	64.081	64.139	64.197	64.255	64.313	64.370
1110	64.370	64.428	64.486	64.544	64.602	64.659	64.717	64.775	64.833	64.890	64.948
1120	64.948	65.006	65.064	65.121	65.179	65.237	65.295	65.352	65.410	65.468	65.525
1130	65.525	65.583	65.641	65.699	65.756	65.814	65.872	65.929	65.987	66.045	66.102
1140	66.102	66.160	66.218	66.275	66.333	66.391	66.448	66.506	66.564	66.621	66.679
1150	66.679	66.737	66.794	66.852	66.910	66.967	67.025	67.082	67.140	67.198	67.255
1160	67.255	67.313	67.370	67.428	67.486	67.543	67.601	67.658	67.716	67.773	67.831
1170	67.831	67.888	67.946	68.003	68.061	68.119	68.176	68.234	68.291	68.348	68.406
1180	68.406	68.463	68.521	68.578	68.636	68.693	68.751	68.808	68.865	68.923	68.980
1190	68.980	69.037	69.095	69.152	69.209	69.267	69.324	69.381	69.439	69.496	69.553

타입 J 열전대(ITS-90)에 대한 참조함수

아래의 값은 열전대가 사용되는 두 개의 범위에 대한 타입 J 열전대의 참조함수 계수이다. 계수는 낮은 차수부터 높은 차수로 정리되어 있다. 식은 다음과 같다:

$$EMF = \sum_{i=n}^{i=0} c_i t^i$$

(온도단위: °C, EMF 단위: mV)

범위: −210.000 °C ~ 760.000 °C, n = 8

계수:
```
 0.000000000000E+00
 0.503811878150E-01
 0.304758369300E-04
-0.856810657200E-07
 0.132281952950E-09
-0.170529583370E-12
 0.209480906970E-15
-0.125383953360E-18
 0.156317256970E-22
```

범위: 760.000 °C ~ 1200.000 °C, n = 5

계수:
```
 0.296456256810E+03
-0.149761277860E+01
 0.317871039240E-02
-0.318476867010E-05
 0.157208190040E-08
-0.306913690560E-12
```

부록 B4

타입 K 열전대
EMF 대 온도 표 (ITS-90)

부록 B4

타입 K 열전대
EMF 대 온도 표 (ITS-90)

°C	0	-1	-2	-3	-4	-5	-6	-7	-8	-9	-10
					열전기 전압 (mV)						
-260	-6.441	-6.444	-6.446	-6.448	-6.450	-6.452	-6.453	-6.455	-6.456	-6.457	-6.458
-250	-6.404	-6.408	-6.413	-6.417	-6.421	-6.425	-6.429	-6.432	-6.435	-6.438	-6.441
-240	-6.344	-6.351	-6.358	-6.364	-6.370	-6.377	-6.382	-6.388	-6.393	-6.399	-6.404
-230	-6.262	-6.271	-6.280	-6.289	-6.297	-6.306	-6.314	-6.322	-6.329	-6.337	-6.344
-220	-6.158	-6.170	-6.181	-6.192	-6.202	-6.213	-6.223	-6.233	-6.243	-6.252	-6.262
-210	-6.035	-6.048	-6.061	-6.074	-6.087	-6.099	-6.111	-6.123	-6.135	-6.147	-6.158
-200	-5.891	-5.907	-5.922	-5.936	-5.951	-5.965	-5.980	-5.994	-6.007	-6.021	-6.035
-190	-5.730	-5.747	-5.763	-5.780	-5.797	-5.813	-5.829	-5.845	-5.861	-5.876	-5.891
-180	-5.550	-5.569	-5.588	-5.606	-5.624	-5.642	-5.660	-5.678	-5.695	-5.713	-5.730
-170	-5.354	-5.374	-5.395	-5.415	-5.435	-5.454	-5.474	-5.493	-5.512	-5.531	-5.550
-160	-5.141	-5.163	-5.185	-5.207	-5.228	-5.250	-5.271	-5.292	-5.313	-5.333	-5.354
-150	-4.913	-4.936	-4.960	-4.983	-5.006	-5.029	-5.052	-5.074	-5.097	-5.119	-5.141
-140	-4.669	-4.694	-4.719	-4.744	-4.768	-4.793	-4.817	-4.841	-4.865	-4.889	-4.913
-130	-4.411	-4.437	-4.463	-4.490	-4.516	-4.542	-4.567	-4.593	-4.618	-4.644	-4.669
-120	-4.138	-4.166	-4.194	-4.221	-4.249	-4.276	-4.303	-4.330	-4.357	-4.384	-4.411
-110	-3.852	-3.882	-3.911	-3.939	-3.968	-3.997	-4.025	-4.054	-4.082	-4.110	-4.138
-100	-3.554	-3.584	-3.614	-3.645	-3.675	-3.705	-3.734	-3.764	-3.794	-3.823	-3.852
-90	-3.243	-3.274	-3.306	-3.337	-3.368	-3.400	-3.431	-3.462	-3.492	-3.523	-3.554
-80	-2.920	-2.953	-2.986	-3.018	-3.050	-3.083	-3.115	-3.147	-3.179	-3.211	-3.243
-70	-2.587	-2.620	-2.654	-2.688	-2.721	-2.755	-2.788	-2.821	-2.854	-2.887	-2.920
-60	-2.243	-2.278	-2.312	-2.347	-2.382	-2.416	-2.450	-2.485	-2.519	-2.553	-2.587
-50	-1.889	-1.925	-1.961	-1.996	-2.032	-2.067	-2.103	-2.138	-2.173	-2.208	-2.243
-40	-1.527	-1.564	-1.600	-1.637	-1.673	-1.709	-1.745	-1.782	-1.818	-1.854	-1.889
-30	-1.156	-1.194	-1.231	-1.268	-1.305	-1.343	-1.380	-1.417	-1.453	-1.490	-1.527
-20	-0.778	-0.816	-0.854	-0.892	-0.930	-0.968	-1.006	-1.043	-1.081	-1.119	-1.156
-10	-0.392	-0.431	-0.470	-0.508	-0.547	-0.586	-0.624	-0.663	-0.701	-0.739	-0.778
0	0.000	-0.039	-0.079	-0.118	-0.157	-0.197	-0.236	-0.275	-0.314	-0.353	-0.392

°C	0	1	2	3	4	5	6	7	8	9	10
0	0.000	0.039	0.079	0.119	0.158	0.198	0.238	0.277	0.317	0.357	0.397
10	0.397	0.437	0.477	0.517	0.557	0.597	0.637	0.677	0.718	0.758	0.798
20	0.798	0.838	0.879	0.919	0.960	1.000	1.041	1.081	1.122	1.163	1.203
30	1.203	1.244	1.285	1.326	1.366	1.407	1.448	1.489	1.530	1.571	1.612
40	1.612	1.653	1.694	1.735	1.776	1.817	1.858	1.899	1.941	1.982	2.023

부록 B4

타입 K 열전대

EMF 대 온도 표 (ITS-90)

°C	0	1	2	3	4	5	6	7	8	9	10
50	2.023	2.064	2.106	2.147	2.188	2.230	2.271	2.312	2.354	2.395	2.436
60	2.436	2.478	2.519	2.561	2.602	2.644	2.685	2.727	2.768	2.810	2.851
70	2.851	2.893	2.934	2.976	3.017	3.059	3.100	3.142	3.184	3.225	3.267
80	3.267	3.308	3.350	3.391	3.433	3.474	3.516	3.557	3.599	3.640	3.682
90	3.682	3.723	3.765	3.806	3.848	3.889	3.931	3.972	4.013	4.055	4.096
100	4.096	4.138	4.179	4.220	4.262	4.303	4.344	4.385	4.427	4.468	4.509
110	4.509	4.550	4.591	4.633	4.674	4.715	4.756	4.797	4.838	4.879	4.920
120	4.920	4.961	5.002	5.043	5.084	5.124	5.165	5.206	5.247	5.288	5.328
130	5.328	5.369	5.410	5.450	5.491	5.532	5.572	5.613	5.653	5.694	5.735
140	5.735	5.775	5.815	5.856	5.896	5.937	5.977	6.017	6.058	6.098	6.138
150	6.138	6.179	6.219	6.259	6.299	6.339	6.380	6.420	6.460	6.500	6.540
160	6.540	6.580	6.620	6.660	6.701	6.741	6.781	6.821	6.861	6.901	6.941
170	6.941	6.981	7.021	7.060	7.100	7.140	7.180	7.220	7.260	7.300	7.340
180	7.340	7.380	7.420	7.460	7.500	7.540	7.579	7.619	7.659	7.699	7.739
190	7.739	7.779	7.819	7.859	7.899	7.939	7.979	8.019	8.059	8.099	8.138
200	8.138	8.178	8.218	8.258	8.298	8.338	8.378	8.418	8.458	8.499	8.539
210	8.539	8.579	8.619	8.659	8.699	8.739	8.779	8.819	8.860	8.900	8.940
220	8.940	8.980	9.020	9.061	9.101	9.141	9.181	9.222	9.262	9.302	9.343
230	9.343	9.383	9.423	9.464	9.504	9.545	9.585	9.626	9.666	9.707	9.747
240	9.747	9.788	9.828	9.869	9.909	9.950	9.991	10.031	10.072	10.113	10.153
250	10.153	10.194	10.235	10.276	10.316	10.357	10.398	10.439	10.480	10.520	10.561
260	10.561	10.602	10.643	10.684	10.725	10.766	10.807	10.848	10.889	10.930	10.971
270	10.971	11.012	11.053	11.094	11.135	11.176	11.217	11.259	11.300	11.341	11.382
280	11.382	11.423	11.465	11.506	11.547	11.588	11.630	11.671	11.712	11.753	11.795
290	11.795	11.836	11.877	11.919	11.960	12.001	12.043	12.084	12.126	12.167	12.209
300	12.209	12.250	12.291	12.333	12.374	12.416	12.457	12.499	12.540	12.582	12.624
310	12.624	12.665	12.707	12.748	12.790	12.831	12.873	12.915	12.956	12.998	13.040
320	13.040	13.081	13.123	13.165	13.206	13.248	13.290	13.331	13.373	13.415	13.457
330	13.457	13.498	13.540	13.582	13.624	13.665	13.707	13.749	13.791	13.833	13.874
340	13.874	13.916	13.958	14.000	14.042	14.084	14.126	14.167	14.209	14.251	14.293
350	14.293	14.335	14.377	14.419	14.461	14.503	14.545	14.587	14.629	14.671	14.713
360	14.713	14.755	14.797	14.839	14.881	14.923	14.965	15.007	15.049	15.091	15.133
370	15.133	15.175	15.217	15.259	15.301	15.343	15.385	15.427	15.469	15.511	15.554
380	15.554	15.596	15.638	15.680	15.722	15.764	15.806	15.849	15.891	15.933	15.975

부록 B4
타입 K 열전대
EMF 대 온도 표 (ITS-90)

°C	0	1	2	3	4	5	6	7	8	9	10
390	15.975	16.017	16.059	16.102	16.144	16.186	16.228	16.270	16.313	16.355	16.397
400	16.397	16.439	16.482	16.524	16.566	16.608	16.651	16.693	16.735	16.778	16.820
410	16.820	16.862	16.904	16.947	16.989	17.031	17.074	17.116	17.158	17.201	17.243
420	17.243	17.285	17.328	17.370	17.413	17.455	17.497	17.540	17.582	17.624	17.667
430	17.667	17.709	17.752	17.794	17.837	17.879	17.921	17.964	18.006	18.049	18.091
440	18.091	18.134	18.176	18.218	18.261	18.303	18.346	18.388	18.431	18.473	18.516
450	18.516	18.558	18.601	18.643	18.686	18.728	18.771	18.813	18.856	18.898	18.941
460	18.941	18.983	19.026	19.068	19.111	19.154	19.196	19.239	19.281	19.324	19.366
470	19.366	19.409	19.451	19.494	19.537	19.579	19.622	19.664	19.707	19.750	19.792
480	19.792	19.835	19.877	19.920	19.962	20.005	20.048	20.090	20.133	20.175	20.218
490	20.218	20.261	20.303	20.346	20.389	20.431	20.474	20.516	20.559	20.602	20.644
500	20.644	20.687	20.730	20.772	20.815	20.857	20.900	20.943	20.985	21.028	21.071
510	21.071	21.113	21.156	21.199	21.241	21.284	21.326	21.369	21.412	21.454	21.497
520	21.497	21.540	21.582	21.625	21.668	21.710	21.753	21.796	21.838	21.881	21.924
530	21.924	21.966	22.009	22.052	22.094	22.137	22.179	22.222	22.265	22.307	22.350
540	22.350	22.393	22.435	22.478	22.521	22.563	22.606	22.649	22.691	22.734	22.776
550	22.776	22.819	22.862	22.904	22.947	22.990	23.032	23.075	23.117	23.160	23.203
560	23.203	23.245	23.288	23.331	23.373	23.416	23.458	23.501	23.544	23.586	23.629
570	23.629	23.671	23.714	23.757	23.799	23.842	23.884	23.927	23.970	24.012	24.055
580	24.055	24.097	24.140	24.182	24.225	24.267	24.310	24.353	24.395	24.438	24.480
590	24.480	24.523	24.565	24.608	24.650	24.693	24.735	24.778	24.820	24.863	24.905
600	24.905	24.948	24.990	25.033	25.075	25.118	25.160	25.203	25.245	25.288	25.330
610	25.330	25.373	25.415	25.458	25.500	25.543	25.585	25.627	25.670	25.712	25.755
620	25.755	25.797	25.840	25.882	25.924	25.967	26.009	26.052	26.094	26.136	26.179
630	26.179	26.221	26.263	26.306	26.348	26.390	26.433	26.475	26.517	26.560	26.602
640	26.602	26.644	26.687	26.729	26.771	26.814	26.856	26.898	26.940	26.983	27.025
650	27.025	27.067	27.109	27.152	27.194	27.236	27.278	27.320	27.363	27.405	27.447
660	27.447	27.489	27.531	27.574	27.616	27.658	27.700	27.742	27.784	27.826	27.869
670	27.869	27.911	27.953	27.995	28.037	28.079	28.121	28.163	28.205	28.247	28.289
680	28.289	28.332	28.374	28.416	28.458	28.500	28.542	28.584	28.626	28.668	28.710
690	28.710	28.752	28.794	28.835	28.877	28.919	28.961	29.003	29.045	29.087	29.129
700	29.129	29.171	29.213	29.255	29.297	29.338	29.380	29.422	29.464	29.506	29.548
710	29.548	29.589	29.631	29.673	29.715	29.757	29.798	29.840	29.882	29.924	29.965

°C	0	1	2	3	4	5	6	7	8	9	10
720	29.965	30.007	30.049	30.090	30.132	30.174	30.216	30.257	30.299	30.341	30.382
730	30.382	30.424	30.466	30.507	30.549	30.590	30.632	30.674	30.715	30.757	30.798
740	30.798	30.840	30.881	30.923	30.964	31.006	31.047	31.089	31.130	31.172	31.213
750	31.213	31.255	31.296	31.338	31.379	31.421	31.462	31.504	31.545	31.586	31.628
760	31.628	31.669	31.710	31.752	31.793	31.834	31.876	31.917	31.958	32.000	32.041
770	32.041	32.082	32.124	32.165	32.206	32.247	32.289	32.330	32.371	32.412	32.453
780	32.453	32.495	32.536	32.577	32.618	32.659	32.700	32.742	32.783	32.824	32.865
790	32.865	32.906	32.947	32.988	33.029	33.070	33.111	33.152	33.193	33.234	33.275
800	33.275	33.316	33.357	33.398	33.439	33.480	33.521	33.562	33.603	33.644	33.685
810	33.685	33.726	33.767	33.808	33.848	33.889	33.930	33.971	34.012	34.053	34.093
820	34.093	34.134	34.175	34.216	34.257	34.297	34.338	34.379	34.420	34.460	34.501
830	34.501	34.542	34.582	34.623	34.664	34.704	34.745	34.786	34.826	34.867	34.908
840	34.908	34.948	34.989	35.029	35.070	35.110	35.151	35.192	35.232	35.273	35.313
850	35.313	35.354	35.394	35.435	35.475	35.516	35.556	35.596	35.637	35.677	35.718
860	35.718	35.758	35.798	35.839	35.879	35.920	35.960	36.000	36.041	36.081	36.121
870	36.121	36.162	36.202	36.242	36.282	36.323	36.363	36.403	36.443	36.484	36.524
880	36.524	36.564	36.604	36.644	36.685	36.725	36.765	36.805	36.845	36.885	36.925
890	36.925	36.965	37.006	37.046	37.086	37.126	37.166	37.206	37.246	37.286	37.326
900	37.326	37.366	37.406	37.446	37.486	37.526	37.566	37.606	37.646	37.686	37.725
910	37.725	37.765	37.805	37.845	37.885	37.925	37.965	38.005	38.044	38.084	38.124
920	38.124	38.164	38.204	38.243	38.283	38.323	38.363	38.402	38.442	38.482	38.522
930	38.522	38.561	38.601	38.641	38.680	38.720	38.760	38.799	38.839	38.878	38.918
940	38.918	38.958	38.997	39.037	39.076	39.116	39.155	39.195	39.235	39.274	39.314
950	39.314	39.353	39.393	39.432	39.471	39.511	39.550	39.590	39.629	39.669	39.708
960	39.708	39.747	39.787	39.826	39.866	39.905	39.944	39.984	40.023	40.062	40.101
970	40.101	40.141	40.180	40.219	40.259	40.298	40.337	40.376	40.415	40.455	40.494
980	40.494	40.533	40.572	40.611	40.651	40.690	40.729	40.768	40.807	40.846	40.885
990	40.885	40.924	40.963	41.002	41.042	41.081	41.120	41.159	41.198	41.237	41.276
1000	41.276	41.315	41.354	41.393	41.431	41.470	41.509	41.548	41.587	41.626	41.665
1010	41.665	41.704	41.743	41.781	41.820	41.859	41.898	41.937	41.976	42.014	42.053
1020	42.053	42.092	42.131	42.169	42.208	42.247	42.286	42.324	42.363	42.402	42.440
1030	42.440	42.479	42.518	42.556	42.595	42.633	42.672	42.711	42.749	42.788	42.826
1040	42.826	42.865	42.903	42.942	42.980	43.019	43.057	43.096	43.134	43.173	43.211

부록 B4

타입 K 열전대

EMF 대 온도 표 (ITS-90)

°C	0	1	2	3	4	5	6	7	8	9	10
1050	43.211	43.250	43.288	43.327	43.365	43.403	43.442	43.480	43.518	43.557	43.595
1060	43.595	43.633	43.672	43.710	43.748	43.787	43.825	43.863	43.901	43.940	43.978
1070	43.978	44.016	44.054	44.092	44.130	44.169	44.207	44.245	44.283	44.321	44.359
1080	44.359	44.397	44.435	44.473	44.512	44.550	44.588	44.626	44.664	44.702	44.740
1090	44.740	44.778	44.816	44.853	44.891	44.929	44.967	45.005	45.043	45.081	45.119
1100	45.119	45.157	45.194	45.232	45.270	45.308	45.346	45.383	45.421	45.459	45.497
1110	45.497	45.534	45.572	45.610	45.647	45.685	45.723	45.760	45.798	45.836	45.873
1120	45.873	45.911	45.948	45.986	46.024	46.061	46.099	46.136	46.174	46.211	46.249
1130	46.249	46.286	46.324	46.361	46.398	46.436	46.473	46.511	46.548	46.585	46.623
1140	46.623	46.660	46.697	46.735	46.772	46.809	46.847	46.884	46.921	46.958	46.995
1150	46.995	47.033	47.070	47.107	47.144	47.181	47.218	47.256	47.293	47.330	47.367
1160	47.367	47.404	47.441	47.478	47.515	47.552	47.589	47.626	47.663	47.700	47.737
1170	47.737	47.774	47.811	47.848	47.884	47.921	47.958	47.995	48.032	48.069	48.105
1180	48.105	48.142	48.179	48.216	48.252	48.289	48.326	48.363	48.399	48.436	48.473
1190	48.473	48.509	48.546	48.582	48.619	48.656	48.692	48.729	48.765	48.802	48.838
1200	48.838	48.875	48.911	48.948	48.984	49.021	49.057	49.093	49.130	49.166	49.202
1210	49.202	49.239	49.275	49.311	49.348	49.384	49.420	49.456	49.493	49.529	49.565
1220	49.565	49.601	49.637	49.674	49.710	49.746	49.782	49.818	49.854	49.890	49.926
1230	49.926	49.962	49.998	50.034	50.070	50.106	50.142	50.178	50.214	50.250	50.286
1240	50.286	50.322	50.358	50.393	50.429	50.465	50.501	50.537	50.572	50.608	50.644
1250	50.644	50.680	50.715	50.751	50.787	50.822	50.858	50.894	50.929	50.965	51.000
1260	51.000	51.036	51.071	51.107	51.142	51.178	51.213	51.249	51.284	51.320	51.355
1270	51.355	51.391	51.426	51.461	51.497	51.532	51.567	51.603	51.638	51.673	51.708
1280	51.708	51.744	51.779	51.814	51.849	51.885	51.920	51.955	51.990	52.025	52.060
1290	52.060	52.095	52.130	52.165	52.200	52.235	52.270	52.305	52.340	52.375	52.410
1300	52.410	52.445	52.480	52.515	52.550	52.585	52.620	52.654	52.689	52.724	52.759
1310	52.759	52.794	52.828	52.863	52.898	52.932	52.967	53.002	53.037	53.071	53.106
1320	53.106	53.140	53.175	53.210	53.244	53.279	53.313	53.348	53.382	53.417	53.451
1330	53.451	53.486	53.520	53.555	53.589	53.623	53.658	53.692	53.727	53.761	53.795
1340	53.795	53.830	53.864	53.898	53.932	53.967	54.001	54.035	54.069	54.104	54.138
1350	54.138	54.172	54.206	54.240	54.274	54.308	54.343	54.377	54.411	54.445	54.479
1360	54.479	54.513	54.547	54.581	54.615	54.649	54.683	54.717	54.751	54.785	54.819
1370	54.819	54.852	54.886								

타입 K 열전대(ITS-90)에 대한 참조함수

아래의 값은 열전대가 사용되는 두 개의 범위에 대한 타입 K 열전대의 참조함수 계수이다. 계수는 낮은 차수부터 높은 차수로 정리되어 있다. 0.000 °C 아래의 측정에 사용되는 식은 다음과 같다:

$$EMF = \sum_{i=n}^{i-0} c_i t^i$$

(온도단위: °C, and EMF 단위: mV)

범위: −270.000 °C ~ 0.000 °C, n = 10

계수:
 0.000000000000E+00
 0.394501280250E−01
 0.236223735980E−04
−0.328589067840E−06
−0.499048287770E−08
−0.675090591730E−10
−0.574103274280E−12
−0.310888728940E−14
−0.104516093650E−16
−0.198892668780E−19
−0.163226974860E−22

범위: 0.000 °C ~ 1372.000 °C, n = 5. 참조함수는 다음과 같다:

$$EMF = \sum_{i=n}^{i-0} c_i t^i + a_0 e^{a_1(t-a_2)^2}$$

계수	지수 계수
−0.176004136860E−01	a0 = 0.118597600000E+00
0.389212049750E−01	a1 = −0.118343200000E−03
0.185587700320E−04	a2 = 0.126968600000E+03
−0.994575928740E−07	
0.318409457190E−09	
−0.560728448890E−12	
0.560750590590E−15	
−0.320207200030E−18	
0.971511471520E−22	
−0.121047212750E−25	

부록 B5

타입 N 열전대
EMF 대 온도 표 (ITS-90)

타입 N 열전대
EMF 대 온도 표 (ITS-90)

°C	0	-1	-2	-3	-4	-5	-6	-7	-8	-9	-10
	열전기 전압 (mV)										
-260	-4.336	-4.337	-4.339	-4.340	-4.341	-4.342	-4.343	-4.344	-4.344	-4.345	-4.345
-250	-4.313	-4.316	-4.319	-4.321	-4.324	-4.326	-4.328	-4.330	-4.332	-4.334	-4.336
-240	-4.277	-4.281	-4.285	-4.289	-4.293	-4.297	-4.300	-4.304	-4.307	-4.310	-4.313
-230	-4.226	-4.232	-4.238	-4.243	-4.248	-4.254	-4.258	-4.263	-4.268	-4.273	-4.277
-220	-4.162	-4.169	-4.176	-4.183	-4.189	-4.196	-4.202	-4.209	-4.215	-4.221	-4.226
-210	-4.083	-4.091	-4.100	-4.108	-4.116	-4.124	-4.132	-4.140	-4.147	-4.154	-4.162
-200	-3.990	-4.000	-4.010	-4.020	-4.029	-4.038	-4.048	-4.057	-4.066	-4.074	-4.083
-190	-3.884	-3.896	-3.907	-3.918	-3.928	-3.939	-3.950	-3.960	-3.970	-3.980	-3.990
-180	-3.766	-3.778	-3.790	-3.803	-3.815	-3.827	-3.838	-3.850	-3.862	-3.873	-3.884
-170	-3.634	-3.648	-3.662	-3.675	-3.688	-3.702	-3.715	-3.728	-3.740	-3.753	-3.766
-160	-3.491	-3.506	-3.521	-3.535	-3.550	-3.564	-3.578	-3.593	-3.607	-3.621	-3.634
-150	-3.336	-3.352	-3.368	-3.384	-3.400	-3.415	-3.431	-3.446	-3.461	-3.476	-3.491
-140	-3.171	-3.188	-3.205	-3.221	-3.238	-3.255	-3.271	-3.288	-3.304	-3.320	-3.336
-130	-2.994	-3.012	-3.030	-3.048	-3.066	-3.084	-3.101	-3.119	-3.136	-3.153	-3.171
-120	-2.808	-2.827	-2.846	-2.865	-2.883	-2.902	-2.921	-2.939	-2.958	-2.976	-2.994
-110	-2.612	-2.632	-2.652	-2.672	-2.691	-2.711	-2.730	-2.750	-2.769	-2.789	-2.808
-100	-2.407	-2.428	-2.448	-2.469	-2.490	-2.510	-2.531	-2.551	-2.571	-2.592	-2.612
-90	-2.193	-2.215	-2.237	-2.258	-2.280	-2.301	-2.322	-2.344	-2.365	-2.386	-2.407
-80	-1.972	-1.995	-2.017	-2.039	-2.062	-2.084	-2.106	-2.128	-2.150	-2.172	-2.193
-70	-1.744	-1.767	-1.790	-1.813	-1.836	-1.859	-1.882	-1.905	-1.927	-1.950	-1.972
-60	-1.509	-1.533	-1.557	-1.580	-1.604	-1.627	-1.651	-1.674	-1.698	-1.721	-1.744
-50	-1.269	-1.293	-1.317	-1.341	-1.366	-1.390	-1.414	-1.438	-1.462	-1.485	-1.509
-40	-1.023	-1.048	-1.072	-1.097	-1.122	-1.146	-1.171	-1.195	-1.220	-1.244	-1.269
-30	-0.772	-0.798	-0.823	-0.848	-0.873	-0.898	-0.923	-0.948	-0.973	-0.998	-1.023
-20	-0.518	-0.544	-0.569	-0.595	-0.620	-0.646	-0.671	-0.696	-0.722	-0.747	-0.772
-10	-0.260	-0.286	-0.312	-0.338	-0.364	-0.390	-0.415	-0.441	-0.467	-0.492	-0.518
0	0.000	-0.026	-0.052	-0.078	-0.104	-0.131	-0.157	-0.183	-0.209	-0.234	-0.260

°C	0	1	2	3	4	5	6	7	8	9	10
0	0.000	0.026	0.052	0.078	0.104	0.130	0.156	0.182	0.208	0.235	0.261
10	0.261	0.287	0.313	0.340	0.366	0.393	0.419	0.446	0.472	0.499	0.525
20	0.525	0.552	0.578	0.605	0.632	0.659	0.685	0.712	0.739	0.766	0.793
30	0.793	0.820	0.847	0.874	0.901	0.928	0.955	0.983	1.010	1.037	1.065
40	1.065	1.092	1.119	1.147	1.174	1.202	1.229	1.257	1.284	1.312	1.340

타입 N 열전대
EMF 대 온도 표 (ITS-90)

°C	0	1	2	3	4	5	6	7	8	9	10
50	1.340	1.368	1.395	1.423	1.451	1.479	1.507	1.535	1.563	1.591	1.619
60	1.619	1.647	1.675	1.703	1.732	1.760	1.788	1.817	1.845	1.873	1.902
70	1.902	1.930	1.959	1.988	2.016	2.045	2.074	2.102	2.131	2.160	2.189
80	2.189	2.218	2.247	2.276	2.305	2.334	2.363	2.392	2.421	2.450	2.480
90	2.480	2.509	2.538	2.568	2.597	2.626	2.656	2.685	2.715	2.744	2.774
100	2.774	2.804	2.833	2.863	2.893	2.923	2.953	2.983	3.012	3.042	3.072
110	3.072	3.102	3.133	3.163	3.193	3.223	3.253	3.283	3.314	3.344	3.374
120	3.374	3.405	3.435	3.466	3.496	3.527	3.557	3.588	3.619	3.649	3.680
130	3.680	3.711	3.742	3.772	3.803	3.834	3.865	3.896	3.927	3.958	3.989
140	3.989	4.020	4.051	4.083	4.114	4.145	4.176	4.208	4.239	4.270	4.302
150	4.302	4.333	4.365	4.396	4.428	4.459	4.491	4.523	4.554	4.586	4.618
160	4.618	4.650	4.681	4.713	4.745	4.777	4.809	4.841	4.873	4.905	4.937
170	4.937	4.969	5.001	5.033	5.066	5.098	5.130	5.162	5.195	5.227	5.259
180	5.259	5.292	5.324	5.357	5.389	5.422	5.454	5.487	5.520	5.552	5.585
190	5.585	5.618	5.650	5.683	5.716	5.749	5.782	5.815	5.847	5.880	5.913
200	5.913	5.946	5.979	6.013	6.046	6.079	6.112	6.145	6.178	6.211	6.245
210	6.245	6.278	6.311	6.345	6.378	6.411	6.445	6.478	6.512	6.545	6.579
220	6.579	6.612	6.646	6.680	6.713	6.747	6.781	6.814	6.848	6.882	6.916
230	6.916	6.949	6.983	7.017	7.051	7.085	7.119	7.153	7.187	7.221	7.255
240	7.255	7.289	7.323	7.357	7.392	7.426	7.460	7.494	7.528	7.563	7.597
250	7.597	7.631	7.666	7.700	7.734	7.769	7.803	7.838	7.872	7.907	7.941
260	7.941	7.976	8.010	8.045	8.080	8.114	8.149	8.184	8.218	8.253	8.288
270	8.288	8.323	8.358	8.392	8.427	8.462	8.497	8.532	8.567	8.602	8.637
280	8.637	8.672	8.707	8.742	8.777	8.812	8.847	8.882	8.918	8.953	8.988
290	8.988	9.023	9.058	9.094	9.129	9.164	9.200	9.235	9.270	9.306	9.341
300	9.341	9.377	9.412	9.448	9.483	9.519	9.554	9.590	9.625	9.661	9.696
310	9.696	9.732	9.768	9.803	9.839	9.875	9.910	9.946	9.982	10.018	10.054
320	10.054	10.089	10.125	10.161	10.197	10.233	10.269	10.305	10.341	10.377	10.413
330	10.413	10.449	10.485	10.521	10.557	10.593	10.629	10.665	10.701	10.737	10.774
340	10.774	10.810	10.846	10.882	10.918	10.955	10.991	11.027	11.064	11.100	11.136
350	11.136	11.173	11.209	11.245	11.282	11.318	11.355	11.391	11.428	11.464	11.501
360	11.501	11.537	11.574	11.610	11.647	11.683	11.720	11.757	11.793	11.830	11.867
370	11.867	11.903	11.940	11.977	12.013	12.050	12.087	12.124	12.160	12.197	12.234
380	12.234	12.271	12.308	12.345	12.382	12.418	12.455	12.492	12.529	12.566	12.603

°C	0	1	2	3	4	5	6	7	8	9	10
390	12.603	12.640	12.677	12.714	12.751	12.788	12.825	12.862	12.899	12.937	12.974
400	12.974	13.011	13.048	13.085	13.122	13.159	13.197	13.234	13.271	13.308	13.346
410	13.346	13.383	13.420	13.457	13.495	13.532	13.569	13.607	13.644	13.682	13.719
420	13.719	13.756	13.794	13.831	13.869	13.906	13.944	13.981	14.019	14.056	14.094
430	14.094	14.131	14.169	14.206	14.244	14.281	14.319	14.356	14.394	14.432	14.469
440	14.469	14.507	14.545	14.582	14.620	14.658	14.695	14.733	14.771	14.809	14.846
450	14.846	14.884	14.922	14.960	14.998	15.035	15.073	15.111	15.149	15.187	15.225
460	15.225	15.262	15.300	15.338	15.376	15.414	15.452	15.490	15.528	15.566	15.604
470	15.604	15.642	15.680	15.718	15.756	15.794	15.832	15.870	15.908	15.946	15.984
480	15.984	16.022	16.060	16.099	16.137	16.175	16.213	16.251	16.289	16.327	16.366
490	16.366	16.404	16.442	16.480	16.518	16.557	16.595	16.633	16.671	16.710	16.748
500	16.748	16.786	16.824	16.863	16.901	16.939	16.978	17.016	17.054	17.093	17.131
510	17.131	17.169	17.208	17.246	17.285	17.323	17.361	17.400	17.438	17.477	17.515
520	17.515	17.554	17.592	17.630	17.669	17.707	17.746	17.784	17.823	17.861	17.900
530	17.900	17.938	17.977	18.016	18.054	18.093	18.131	18.170	18.208	18.247	18.286
540	18.286	18.324	18.363	18.401	18.440	18.479	18.517	18.556	18.595	18.633	18.672
550	18.672	18.711	18.749	18.788	18.827	18.865	18.904	18.943	18.982	19.020	19.059
560	19.059	19.098	19.136	19.175	19.214	19.253	19.292	19.330	19.369	19.408	19.447
570	19.447	19.485	19.524	19.563	19.602	19.641	19.680	19.718	19.757	19.796	19.835
580	19.835	19.874	19.913	19.952	19.990	20.029	20.068	20.107	20.146	20.185	20.224
590	20.224	20.263	20.302	20.341	20.379	20.418	20.457	20.496	20.535	20.574	20.613
600	20.613	20.652	20.691	20.730	20.769	20.808	20.847	20.886	20.925	20.964	21.003
610	21.003	21.042	21.081	21.120	21.159	21.198	21.237	21.276	21.315	21.354	21.393
620	21.393	21.432	21.471	21.510	21.549	21.588	21.628	21.667	21.706	21.745	21.784
630	21.784	21.823	21.862	21.901	21.940	21.979	22.018	22.058	22.097	22.136	22.175
640	22.175	22.214	22.253	22.292	22.331	22.370	22.410	22.449	22.488	22.527	22.566
650	22.566	22.605	22.644	22.684	22.723	22.762	22.801	22.840	22.879	22.919	22.958
660	22.958	22.997	23.036	23.075	23.115	23.154	23.193	23.232	23.271	23.311	23.350
670	23.350	23.389	23.428	23.467	23.507	23.546	23.585	23.624	23.663	23.703	23.742
680	23.742	23.781	23.820	23.860	23.899	23.938	23.977	24.016	24.056	24.095	24.134
690	24.134	24.173	24.213	24.252	24.291	24.330	24.370	24.409	24.448	24.487	24.527
700	24.527	24.566	24.605	24.644	24.684	24.723	24.762	24.801	24.841	24.880	24.919
710	24.919	24.959	24.998	25.037	25.076	25.116	25.155	25.194	25.233	25.273	25.312

타입 N 열전대
EMF 대 온도 표 (ITS-90)

°C	0	1	2	3	4	5	6	7	8	9	10
720	25.312	25.351	25.391	25.430	25.469	25.508	25.548	25.587	25.626	25.666	25.705
730	25.705	25.744	25.783	25.823	25.862	25.901	25.941	25.980	26.019	26.058	26.098
740	26.098	26.137	26.176	26.216	26.255	26.294	26.333	26.373	26.412	26.451	26.491
750	26.491	26.530	26.569	26.608	26.648	26.687	26.726	26.766	26.805	26.844	26.883
760	26.883	26.923	26.962	27.001	27.041	27.080	27.119	27.158	27.198	27.237	27.276
770	27.276	27.316	27.355	27.394	27.433	27.473	27.512	27.551	27.591	27.630	27.669
780	27.669	27.708	27.748	27.787	27.826	27.866	27.905	27.944	27.983	28.023	28.062
790	28.062	28.101	28.140	28.180	28.219	28.258	28.297	28.337	28.376	28.415	28.455
800	28.455	28.494	28.533	28.572	28.612	28.651	28.690	28.729	28.769	28.808	28.847
810	28.847	28.886	28.926	28.965	29.004	29.043	29.083	29.122	29.161	29.200	29.239
820	29.239	29.279	29.318	29.357	29.396	29.436	29.475	29.514	29.553	29.592	29.632
830	29.632	29.671	29.710	29.749	29.789	29.828	29.867	29.906	29.945	29.985	30.024
840	30.024	30.063	30.102	30.141	30.181	30.220	30.259	30.298	30.337	30.376	30.416
850	30.416	30.455	30.494	30.533	30.572	30.611	30.651	30.690	30.729	30.768	30.807
860	30.807	30.846	30.886	30.925	30.964	31.003	31.042	31.081	31.120	31.160	31.199
870	31.199	31.238	31.277	31.316	31.355	31.394	31.433	31.473	31.512	31.551	31.590
880	31.590	31.629	31.668	31.707	31.746	31.785	31.824	31.863	31.903	31.942	31.981
890	31.981	32.020	32.059	32.098	32.137	32.176	32.215	32.254	32.293	32.332	32.371
900	32.371	32.410	32.449	32.488	32.527	32.566	32.605	32.644	32.683	32.722	32.761
910	32.761	32.800	32.839	32.878	32.917	32.956	32.995	33.034	33.073	33.112	33.151
920	33.151	33.190	33.229	33.268	33.307	33.346	33.385	33.424	33.463	33.502	33.541
930	33.541	33.580	33.619	33.658	33.697	33.736	33.774	33.813	33.852	33.891	33.930
940	33.930	33.969	34.008	34.047	34.086	34.124	34.163	34.202	34.241	34.280	34.319
950	34.319	34.358	34.396	34.435	34.474	34.513	34.552	34.591	34.629	34.668	34.707
960	34.707	34.746	34.785	34.823	34.862	34.901	34.940	34.979	35.017	35.056	35.095
970	35.095	35.134	35.172	35.211	35.250	35.289	35.327	35.366	35.405	35.444	35.482
980	35.482	35.521	35.560	35.598	35.637	35.676	35.714	35.753	35.792	35.831	35.869
990	35.869	35.908	35.946	35.985	36.024	36.062	36.101	36.140	36.178	36.217	36.256
1000	36.256	36.294	36.333	36.371	36.410	36.449	36.487	36.526	36.564	36.603	36.641
1010	36.641	36.680	36.718	36.757	36.796	36.834	36.873	36.911	36.950	36.988	37.027
1020	37.027	37.065	37.104	37.142	37.181	37.219	37.258	37.296	37.334	37.373	37.411
1030	37.411	37.450	37.488	37.527	37.565	37.603	37.642	37.680	37.719	37.757	37.795
1040	37.795	37.834	37.872	37.911	37.949	37.987	38.026	38.064	38.102	38.141	38.179

타입 N 열전대
EMF 대 온도 표 (ITS-90)

°C	0	1	2	3	4	5	6	7	8	9	10
1050	38.179	38.217	38.256	38.294	38.332	38.370	38.409	38.447	38.485	38.524	38.562
1060	38.562	38.600	38.638	38.677	38.715	38.753	38.791	38.829	38.868	38.906	38.944
1070	38.944	38.982	39.020	39.059	39.097	39.135	39.173	39.211	39.249	39.287	39.326
1080	39.326	39.364	39.402	39.440	39.478	39.516	39.554	39.592	39.630	39.668	39.706
1090	39.706	39.744	39.783	39.821	39.859	39.897	39.935	39.973	40.011	40.049	40.087
1100	40.087	40.125	40.163	40.201	40.238	40.276	40.314	40.352	40.390	40.428	40.466
1110	40.466	40.504	40.542	40.580	40.618	40.655	40.693	40.731	40.769	40.807	40.845
1120	40.845	40.883	40.920	40.958	40.996	41.034	41.072	41.109	41.147	41.185	41.223
1130	41.223	41.260	41.298	41.336	41.374	41.411	41.449	41.487	41.525	41.562	41.600
1140	41.600	41.638	41.675	41.713	41.751	41.788	41.826	41.864	41.901	41.939	41.976
1150	41.976	42.014	42.052	42.089	42.127	42.164	42.202	42.239	42.277	42.314	42.352
1160	42.352	42.390	42.427	42.465	42.502	42.540	42.577	42.614	42.652	42.689	42.727
1170	42.727	42.764	42.802	42.839	42.877	42.914	42.951	42.989	43.026	43.064	43.101
1180	43.101	43.138	43.176	43.213	43.250	43.288	43.325	43.362	43.399	43.437	43.474
1190	43.474	43.511	43.549	43.586	43.623	43.660	43.698	43.735	43.772	43.809	43.846
1200	43.846	43.884	43.921	43.958	43.995	44.032	44.069	44.106	44.144	44.181	44.218
1210	44.218	44.255	44.292	44.329	44.366	44.403	44.440	44.477	44.514	44.551	44.588
1220	44.588	44.625	44.662	44.699	44.736	44.773	44.810	44.847	44.884	44.921	44.958
1230	44.958	44.995	45.032	45.069	45.105	45.142	45.179	45.216	45.253	45.290	45.326
1240	45.326	45.363	45.400	45.437	45.474	45.510	45.547	45.584	45.621	45.657	45.694
1250	45.694	45.731	45.767	45.804	45.841	45.877	45.914	45.951	45.987	46.024	46.060
1260	46.060	46.097	46.133	46.170	46.207	46.243	46.280	46.316	46.353	46.389	46.425
1270	46.425	46.462	46.498	46.535	46.571	46.608	46.644	46.680	46.717	46.753	46.789
1280	46.789	46.826	46.862	46.898	46.935	46.971	47.007	47.043	47.079	47.116	47.152
1290	47.152	47.188	47.224	47.260	47.296	47.333	47.369	47.405	47.441	47.477	47.513

타입 N 열전대(ITS-90)에 대한 참조함수

아래의 값은 열전대가 사용되는 두 개의 범위에 대한 타입 N 열전대의 참조함수 계수이다. 계수는 낮은 차수부터 높은 차수로 정리되어 있다. 식은 다음과 같다:

$$EMF = \sum_{i=n}^{i=0} c_i t^i$$

(온도단위: °C, EMF 단위: mV)

범위: −270.000 °C ~ 0.000 °C, n = 8

계수:
```
 0.000000000000E+00
 0.261591059620E-01
 0.109574842280E-04
-0.938411115540E-07
-0.464120397590E-10
-0.263033577160E-11
-0.226534380030E-13
-0.760893007910E-16
-0.934196678350E-19
```

범위: 0.000 °C ~ 1300.000 °C, n = 10

계수:
```
 0.000000000000E+00
 0.259293946010E-01
 0.157101418800E-04
 0.438256272370E-07
-0.252611697940E-09
 0.643118193390E-12
-0.100634715190E-14
 0.997453389920E-18
-0.608632456070E-21
 0.208492293390E-24
-0.306821961510E-28
```

부록 B6

타입 R 열전대
EMF 대 온도 표 (ITS-90)

타입 R 열전대
EMF 대 온도 표 (ITS-90)

℃	0	-1	-2	-3	-4	-5	-6	-7	-8	-9	-10
					열전기 전압 (mV)						
-40	-0.188	-0.192	-0.196	-0.200	-0.204	-0.208	-0.211	-0.215	-0.219	-0.223	-0.226
-30	-0.145	-0.150	-0.154	-0.158	-0.163	-0.167	-0.171	-0.175	-0.180	-0.184	-0.188
-20	-0.100	-0.105	-0.109	-0.114	-0.119	-0.123	-0.128	-0.132	-0.137	-0.141	-0.145
-10	-0.051	-0.056	-0.061	-0.066	-0.071	-0.076	-0.081	-0.086	-0.091	-0.095	-0.100
0	0.000	-0.005	-0.011	-0.016	-0.021	-0.026	-0.031	-0.036	-0.041	-0.046	-0.051

℃	0	1	2	3	4	5	6	7	8	9	10
0	0.000	0.005	0.011	0.016	0.021	0.027	0.032	0.038	0.043	0.049	0.054
10	0.054	0.060	0.065	0.071	0.077	0.082	0.088	0.094	0.100	0.105	0.111
20	0.111	0.117	0.123	0.129	0.135	0.141	0.147	0.153	0.159	0.165	0.171
30	0.171	0.177	0.183	0.189	0.195	0.201	0.207	0.214	0.220	0.226	0.232
40	0.232	0.239	0.245	0.251	0.258	0.264	0.271	0.277	0.284	0.290	0.296
50	0.296	0.303	0.310	0.316	0.323	0.329	0.336	0.343	0.349	0.356	0.363
60	0.363	0.369	0.376	0.383	0.390	0.397	0.403	0.410	0.417	0.424	0.431
70	0.431	0.438	0.445	0.452	0.459	0.466	0.473	0.480	0.487	0.494	0.501
80	0.501	0.508	0.516	0.523	0.530	0.537	0.544	0.552	0.559	0.566	0.573
90	0.573	0.581	0.588	0.595	0.603	0.610	0.618	0.625	0.632	0.640	0.647
100	0.647	0.655	0.662	0.670	0.677	0.685	0.693	0.700	0.708	0.715	0.723
110	0.723	0.731	0.738	0.746	0.754	0.761	0.769	0.777	0.785	0.792	0.800
120	0.800	0.808	0.816	0.824	0.832	0.839	0.847	0.855	0.863	0.871	0.879
130	0.879	0.887	0.895	0.903	0.911	0.919	0.927	0.935	0.943	0.951	0.959
140	0.959	0.967	0.976	0.984	0.992	1.000	1.008	1.016	1.025	1.033	1.041
150	1.041	1.049	1.058	1.066	1.074	1.082	1.091	1.099	1.107	1.116	1.124
160	1.124	1.132	1.141	1.149	1.158	1.166	1.175	1.183	1.191	1.200	1.208
170	1.208	1.217	1.225	1.234	1.242	1.251	1.260	1.268	1.277	1.285	1.294
180	1.294	1.303	1.311	1.320	1.329	1.337	1.346	1.355	1.363	1.372	1.381
190	1.381	1.389	1.398	1.407	1.416	1.425	1.433	1.442	1.451	1.460	1.469
200	1.469	1.477	1.486	1.495	1.504	1.513	1.522	1.531	1.540	1.549	1.558
210	1.558	1.567	1.575	1.584	1.593	1.602	1.611	1.620	1.629	1.639	1.648
220	1.648	1.657	1.666	1.675	1.684	1.693	1.702	1.711	1.720	1.729	1.739
230	1.739	1.748	1.757	1.766	1.775	1.784	1.794	1.803	1.812	1.821	1.831
240	1.831	1.840	1.849	1.858	1.868	1.877	1.886	1.895	1.905	1.914	1.923
250	1.923	1.933	1.942	1.951	1.961	1.970	1.980	1.989	1.998	2.008	2.017
260	2.017	2.027	2.036	2.046	2.055	2.064	2.074	2.083	2.093	2.102	2.112

타입 R 열전대
EMF 대 온도 표 (ITS-90)

°C	0	1	2	3	4	5	6	7	8	9	10
270	2.112	2.121	2.131	2.140	2.150	2.159	2.169	2.179	2.188	2.198	2.207
280	2.207	2.217	2.226	2.236	2.246	2.255	2.265	2.275	2.284	2.294	2.304
290	2.304	2.313	2.323	2.333	2.342	2.352	2.362	2.371	2.381	2.391	2.401
300	2.401	2.410	2.420	2.430	2.440	2.449	2.459	2.469	2.479	2.488	2.498
310	2.498	2.508	2.518	2.528	2.538	2.547	2.557	2.567	2.577	2.587	2.597
320	2.597	2.607	2.617	2.626	2.636	2.646	2.656	2.666	2.676	2.686	2.696
330	2.696	2.706	2.716	2.726	2.736	2.746	2.756	2.766	2.776	2.786	2.796
340	2.796	2.806	2.816	2.826	2.836	2.846	2.856	2.866	2.876	2.886	2.896
350	2.896	2.906	2.916	2.926	2.937	2.947	2.957	2.967	2.977	2.987	2.997
360	2.997	3.007	3.018	3.028	3.038	3.048	3.058	3.068	3.079	3.089	3.099
370	3.099	3.109	3.119	3.130	3.140	3.150	3.160	3.171	3.181	3.191	3.201
380	3.201	3.212	3.222	3.232	3.242	3.253	3.263	3.273	3.284	3.294	3.304
390	3.304	3.315	3.325	3.335	3.346	3.356	3.366	3.377	3.387	3.397	3.408
400	3.408	3.418	3.428	3.439	3.449	3.460	3.470	3.480	3.491	3.501	3.512
410	3.512	3.522	3.533	3.543	3.553	3.564	3.574	3.585	3.595	3.606	3.616
420	3.616	3.627	3.637	3.648	3.658	3.669	3.679	3.690	3.700	3.711	3.721
430	3.721	3.732	3.742	3.753	3.764	3.774	3.785	3.795	3.806	3.816	3.827
440	3.827	3.838	3.848	3.859	3.869	3.880	3.891	3.901	3.912	3.922	3.933
450	3.933	3.944	3.954	3.965	3.976	3.986	3.997	4.008	4.018	4.029	4.040
460	4.040	4.050	4.061	4.072	4.083	4.093	4.104	4.115	4.125	4.136	4.147
470	4.147	4.158	4.168	4.179	4.190	4.201	4.211	4.222	4.233	4.244	4.255
480	4.255	4.265	4.276	4.287	4.298	4.309	4.319	4.330	4.341	4.352	4.363
490	4.363	4.373	4.384	4.395	4.406	4.417	4.428	4.439	4.449	4.460	4.471
500	4.471	4.482	4.493	4.504	4.515	4.526	4.537	4.548	4.558	4.569	4.580
510	4.580	4.591	4.602	4.613	4.624	4.635	4.646	4.657	4.668	4.679	4.690
520	4.690	4.701	4.712	4.723	4.734	4.745	4.756	4.767	4.778	4.789	4.800
530	4.800	4.811	4.822	4.833	4.844	4.855	4.866	4.877	4.888	4.899	4.910
540	4.910	4.922	4.933	4.944	4.955	4.966	4.977	4.988	4.999	5.010	5.021
550	5.021	5.033	5.044	5.055	5.066	5.077	5.088	5.099	5.111	5.122	5.133
560	5.133	5.144	5.155	5.166	5.178	5.189	5.200	5.211	5.222	5.234	5.245
570	5.245	5.256	5.267	5.279	5.290	5.301	5.312	5.323	5.335	5.346	5.357
580	5.357	5.369	5.380	5.391	5.402	5.414	5.425	5.436	5.448	5.459	5.470
590	5.470	5.481	5.493	5.504	5.515	5.527	5.538	5.549	5.561	5.572	5.583

타입 R 열전대
EMF 대 온도 표 (ITS-90)

°C	0	1	2	3	4	5	6	7	8	9	10
600	5.583	5.595	5.606	5.618	5.629	5.640	5.652	5.663	5.674	5.686	5.697
610	5.697	5.709	5.720	5.731	5.743	5.754	5.766	5.777	5.789	5.800	5.812
620	5.812	5.823	5.834	5.846	5.857	5.869	5.880	5.892	5.903	5.915	5.926
630	5.926	5.938	5.949	5.961	5.972	5.984	5.995	6.007	6.018	6.030	6.041
640	6.041	6.053	6.065	6.076	6.088	6.099	6.111	6.122	6.134	6.146	6.157
650	6.157	6.169	6.180	6.192	6.204	6.215	6.227	6.238	6.250	6.262	6.273
660	6.273	6.285	6.297	6.308	6.320	6.332	6.343	6.355	6.367	6.378	6.390
670	6.390	6.402	6.413	6.425	6.437	6.448	6.460	6.472	6.484	6.495	6.507
680	6.507	6.519	6.531	6.542	6.554	6.566	6.578	6.589	6.601	6.613	6.625
690	6.625	6.636	6.648	6.660	6.672	6.684	6.695	6.707	6.719	6.731	6.743
700	6.743	6.755	6.766	6.778	6.790	6.802	6.814	6.826	6.838	6.849	6.861
710	6.861	6.873	6.885	6.897	6.909	6.921	6.933	6.945	6.956	6.968	6.980
720	6.980	6.992	7.004	7.016	7.028	7.040	7.052	7.064	7.076	7.088	7.100
730	7.100	7.112	7.124	7.136	7.148	7.160	7.172	7.184	7.196	7.208	7.220
740	7.220	7.232	7.244	7.256	7.268	7.280	7.292	7.304	7.316	7.328	7.340
750	7.340	7.352	7.364	7.376	7.389	7.401	7.413	7.425	7.437	7.449	7.461
760	7.461	7.473	7.485	7.498	7.510	7.522	7.534	7.546	7.558	7.570	7.583
770	7.583	7.595	7.607	7.619	7.631	7.644	7.656	7.668	7.680	7.692	7.705
780	7.705	7.717	7.729	7.741	7.753	7.766	7.778	7.790	7.802	7.815	7.827
790	7.827	7.839	7.851	7.864	7.876	7.888	7.901	7.913	7.925	7.938	7.950
800	7.950	7.962	7.974	7.987	7.999	8.011	8.024	8.036	8.048	8.061	8.073
810	8.073	8.086	8.098	8.110	8.123	8.135	8.147	8.160	8.172	8.185	8.197
820	8.197	8.209	8.222	8.234	8.247	8.259	8.272	8.284	8.296	8.309	8.321
830	8.321	8.334	8.346	8.359	8.371	8.384	8.396	8.409	8.421	8.434	8.446
840	8.446	8.459	8.471	8.484	8.496	8.509	8.521	8.534	8.546	8.559	8.571
850	8.571	8.584	8.597	8.609	8.622	8.634	8.647	8.659	8.672	8.685	8.697
860	8.697	8.710	8.722	8.735	8.748	8.760	8.773	8.785	8.798	8.811	8.823
870	8.823	8.836	8.849	8.861	8.874	8.887	8.899	8.912	8.925	8.937	8.950
880	8.950	8.963	8.975	8.988	9.001	9.014	9.026	9.039	9.052	9.065	9.077
890	9.077	9.090	9.103	9.115	9.128	9.141	9.154	9.167	9.179	9.192	9.205
900	9.205	9.218	9.230	9.243	9.256	9.269	9.282	9.294	9.307	9.320	9.333
910	9.333	9.346	9.359	9.371	9.384	9.397	9.410	9.423	9.436	9.449	9.461
920	9.461	9.474	9.487	9.500	9.513	9.526	9.539	9.552	9.565	9.578	9.590
930	9.590	9.603	9.616	9.629	9.642	9.655	9.668	9.681	9.694	9.707	9.720

부록 B6
타입 R 열전대
EMF 대 온도 표 (ITS-90)

°C	0	1	2	3	4	5	6	7	8	9	10
940	9.720	9.733	9.746	9.759	9.772	9.785	9.798	9.811	9.824	9.837	9.850
950	9.850	9.863	9.876	9.889	9.902	9.915	9.928	9.941	9.954	9.967	9.980
960	9.980	9.993	10.006	10.019	10.032	10.046	10.059	10.072	10.085	10.098	10.111
970	10.111	10.124	10.137	10.150	10.163	10.177	10.190	10.203	10.216	10.229	10.242
980	10.242	10.255	10.268	10.282	10.295	10.308	10.321	10.334	10.347	10.361	10.374
990	10.374	10.387	10.400	10.413	10.427	10.440	10.453	10.466	10.480	10.493	10.506
1000	10.506	10.519	10.532	10.546	10.559	10.572	10.585	10.599	10.612	10.625	10.638
1010	10.638	10.652	10.665	10.678	10.692	10.705	10.718	10.731	10.745	10.758	10.771
1020	10.771	10.785	10.798	10.811	10.825	10.838	10.851	10.865	10.878	10.891	10.905
1030	10.905	10.918	10.932	10.945	10.958	10.972	10.985	10.998	11.012	11.025	11.039
1040	11.039	11.052	11.065	11.079	11.092	11.106	11.119	11.132	11.146	11.159	11.173
1050	11.173	11.186	11.200	11.213	11.227	11.240	11.253	11.267	11.280	11.294	11.307
1060	11.307	11.321	11.334	11.348	11.361	11.375	11.388	11.402	11.415	11.429	11.442
1070	11.442	11.456	11.469	11.483	11.496	11.510	11.524	11.537	11.551	11.564	11.578
1080	11.578	11.591	11.605	11.618	11.632	11.646	11.659	11.673	11.686	11.700	11.714
1090	11.714	11.727	11.741	11.754	11.768	11.782	11.795	11.809	11.822	11.836	11.850
1100	11.850	11.863	11.877	11.891	11.904	11.918	11.931	.11.945	11.959	11.972	11.986
1110	11.986	12.000	12.013	12.027	12.041	12.054	12.068	12.082	12.096	12.109	12.123
1120	12.123	12.137	12.150	12.164	12.178	12.191	12.205	12.219	12.233	12.246	12.260
1130	12.260	12.274	12.288	12.301	12.315	12.329	12.342	12.356	12.370	12.384	12.397
1140	12.397	12.411	12.425	12.439	12.453	12.466	12.480	12.494	12.508	12.521	12.535
1150	12.535	12.549	12.563	12.577	12.590	12.604	12.618	12.632	12.646	12.659	12.673
1160	12.673	12.687	12.701	12.715	12.729	12.742	12.756	12.770	12.784	12.798	12.812
1170	12.812	12.825	12.839	12.853	12.867	12.881	12.895	12.909	12.922	12.936	12.950
1180	12.950	12.964	12.978	12.992	13.006	13.019	13.033	13.047	13.061	13.075	13.089
1190	13.089	13.103	13.117	13.131	13.145	13.158	13.172	13.186	13.200	13.214	13.228
1200	13.228	13.242	13.256	13.270	13.284	13.298	13.311	13.325	13.339	13.353	13.367
1210	13.367	13.381	13.395	13.409	13.423	13.437	13.451	13.465	13.479	13.493	13.507
1220	13.507	13.521	13.535	13.549	13.563	13.577	13.590	13.604	13.618	13.632	13.646
1230	13.646	13.660	13.674	13.688	13.702	13.716	13.730	13.744	13.758	13.772	13.786
1240	13.786	13.800	13.814	13.828	13.842	13.856	13.870	13.884	13.898	13.912	13.926
1250	13.926	13.940	13.954	13.968	13.982	13.996	14.010	14.024	14.038	14.052	14.066
1260	14.066	14.081	14.095	14.109	14.123	14.137	14.151	14.165	14.179	14.193	14.207

타입 R 열전대
EMF 대 온도 표 (ITS-90)

°C	0	1	2	3	4	5	6	7	8	9	10
1270	14.207	14.221	14.235	14.249	14.263	14.277	14.291	14.305	14.319	14.333	14.347
1280	14.347	14.361	14.375	14.390	14.404	14.418	14.432	14.446	14.460	14.474	14.488
1290	14.488	14.502	14.516	14.530	14.544	14.558	14.572	14.586	14.601	14.615	14.629
1300	14.629	14.643	14.657	14.671	14.685	14.699	14.713	14.727	14.741	14.755	14.770
1310	14.770	14.784	14.798	14.812	14.826	14.840	14.854	14.868	14.882	14.896	14.911
1320	14.911	14.925	14.939	14.953	14.967	14.981	14.995	15.009	15.023	15.037	15.052
1330	15.052	15.066	15.080	15.094	15.108	15.122	15.136	15.150	15.164	15.179	15.193
1340	15.193	15.207	15.221	15.235	15.249	15.263	15.277	15.291	15.306	15.320	15.334
1350	15.334	15.348	15.362	15.376	15.390	15.404	15.419	15.433	15.447	15.461	15.475
1360	15.475	15.489	15.503	15.517	15.531	15.546	15.560	15.574	15.588	15.602	15.616
1370	15.616	15.630	15.645	15.659	15.673	15.687	15.701	15.715	15.729	15.743	15.758
1380	15.758	15.772	15.786	15.800	15.814	15.828	15.842	15.856	15.871	15.885	15.899
1390	15.899	15.913	15.927	15.941	15.955	15.969	15.984	15.998	16.012	16.026	16.040
1400	16.040	16.054	16.068	16.082	16.097	16.111	16.125	16.139	16.153	16.167	16.181
1410	16.181	16.196	16.210	16.224	16.238	16.252	16.266	16.280	16.294	16.309	16.323
1420	16.323	16.337	16.351	16.365	16.379	16.393	16.407	16.422	16.436	16.450	16.464
1430	16.464	16.478	16.492	16.506	16.520	16.534	16.549	16.563	16.577	16.591	16.605
1440	16.605	16.619	16.633	16.647	16.662	16.676	16.690	16.704	16.718	16.732	16.746
1450	16.746	16.760	16.774	16.789	16.803	16.817	16.831	16.845	16.859	16.873	16.887
1460	16.887	16.901	16.915	16.930	16.944	16.958	16.972	16.986	17.000	17.014	17.028
1470	17.028	17.042	17.056	17.071	17.085	17.099	17.113	17.127	17.141	17.155	17.169
1480	17.169	17.183	17.197	17.211	17.225	17.240	17.254	17.268	17.282	17.296	17.310
1490	17.310	17.324	17.338	17.352	17.366	17.380	17.394	17.408	17.423	17.437	17.451
1500	17.451	17.465	17.479	17.493	17.507	17.521	17.535	17.549	17.563	17.577	17.591
1510	17.591	17.605	17.619	17.633	17.647	17.661	17.676	17.690	17.704	17.718	17.732
1520	17.732	17.746	17.760	17.774	17.788	17.802	17.816	17.830	17.844	17.858	17.872
1530	17.872	17.886	17.900	17.914	17.928	17.942	17.956	17.970	17.984	17.998	18.012
1540	18.012	18.026	18.040	18.054	18.068	18.082	18.096	18.110	18.124	18.138	18.152
1550	18.152	18.166	18.180	18.194	18.208	18.222	18.236	18.250	18.264	18.278	18.292
1560	18.292	18.306	18.320	18.334	18.348	18.362	18.376	18.390	18.404	18.417	18.431
1570	18.431	18.445	18.459	18.473	18.487	18.501	18.515	18.529	18.543	18.557	18.571
1580	18.571	18.585	18.599	18.613	18.627	18.640	18.654	18.668	18.682	18.696	18.710
1590	18.710	18.724	18.738	18.752	18.766	18.779	18.793	18.807	18.821	18.835	18.849

부록 B6
타입 R 열전대
EMF 대 온도 표 (ITS-90)

°C	0	1	2	3	4	5	6	7	8	9	10
1600	18.849	18.863	18.877	18.891	18.904	18.918	18.932	18.946	18.960	18.974	18.988
1610	18.988	19.002	19.015	19.029	19.043	19.057	19.071	19.085	19.098	19.112	19.126
1620	19.126	19.140	19.154	19.168	19.181	19.195	19.209	19.223	19.237	19.250	19.264
1630	19.264	19.278	19.292	19.306	19.319	19.333	19.347	19.361	19.375	19.388	19.402
1640	19.402	19.416	19.430	19.444	19.457	19.471	19.485	19.499	19.512	19.526	19.540
1650	19.540	19.554	19.567	19.581	19.595	19.609	19.622	19.636	19.650	19.663	19.677
1660	19.677	19.691	19.705	19.718	19.732	19.746	19.759	19.773	19.787	19.800	19.814
1670	19.814	19.828	19.841	19.855	19.869	19.882	19.896	19.910	19.923	19.937	19.951
1680	19.951	19.964	19.978	19.992	20.005	20.019	20.032	20.046	20.060	20.073	20.087
1690	20.087	20.100	20.114	20.127	20.141	20.154	20.168	20.181	20.195	20.208	20.222
1700	20.222	20.235	20.249	20.262	20.275	20.289	20.302	20.316	20.329	20.342	20.356
1710	20.356	20.369	20.382	20.396	20.409	20.422	20.436	20.449	20.462	20.475	20.488
1720	20.488	20.502	20.515	20.528	20.541	20.554	20.567	20.581	20.594	20.607	20.620
1730	20.620	20.633	20.646	20.659	20.672	20.685	20.698	20.711	20.724	20.736	20.749
1740	20.749	20.762	20.775	20.788	20.801	20.813	20.826	20.839	20.852	20.864	20.877
1750	20.877	20.890	20.902	20.915	20.928	20.940	20.953	20.965	20.978	20.990	21.003
1760	21.003	21.015	21.027	21.040	21.052	21.065	21.077	21.089	21.101		

타입 R 열전대 (ITS-90)에 대한 참조함수

아래의 값은 열전대가 사용되는 두 개의 범위에 대한 타입 R 열전대의 참조함수 계수이다. 계수는 낮은 차수부터 높은 차수로 정리되어 있다. 식은 다음과 같다:

$$EMF = \sum_{i=n}^{i=0} c_i t^i$$

(온도단위: °C, EMF 단위: mV)

범위: −50.000 °C ~ 1064.180 °C, n = 9

계수:
0.000000000000E+00
0.528961729765E−02
0.139166589782E−04
−0.238855693017E−07
0.356916001063E−10
−0.462347666298E−13
0.500777441034E−16
−0.373105886191E−19
0.157716482367E−22
−0.281038625251E−26

범위: 1064.180 °C ~1664.500 °C, n = 5

계수:
0.295157925316E+01
−0.252061251332E−02
0.159564501865E−04
−0.764085947576E−08
0.205305291024E−11
−0.293359668173E−15

범위: 1664.500 °C ~ 1768.100 °C, n = 4

계수:
0.152232118209E+03
−0.268819888545E+00
0.171280280471E−03
−0.345895706453E−07
−0.934633971046E−14

부록 B7

타입 S 열전대
EMF 대 온도 표 (ITS-90)

					부록 B7						
					타입 S 열전대						
					EMF 대 온도 표 (ITS-90)						
°C	0	-1	-2	-3	-4	-5	-6	-7	-8	-9	-10
					열전기 전압 (mV)						
-40	-0.194	-0.199	-0.203	-0.207	-0.211	-0.215	-0.219	-0.224	-0.228	-0.232	-0.236
-30	-0.150	-0.155	-0.159	-0.164	-0.168	-0.173	-0.177	-0.181	-0.186	-0.190	-0.194
-20	-0.103	-0.108	-0.113	-0.117	-0.122	-0.127	-0.132	-0.136	-0.141	-0.146	-0.150
-10	-0.053	-0.058	-0.063	-0.068	-0.073	-0.078	-0.083	-0.088	-0.093	-0.098	-0.103
0	0.000	-0.005	-0.011	-0.016	-0.021	-0.027	-0.032	-0.037	-0.042	-0.048	-0.053

°C	0	1	2	3	4	5	6	7	8	9	10
0	0.000	0.005	0.011	0.016	0.022	0.027	0.033	0.038	0.044	0.050	0.055
10	0.055	0.061	0.067	0.072	0.078	0.084	0.090	0.095	0.101	0.107	0.113
20	0.113	0.119	0.125	0.131	0.137	0.143	0.149	0.155	0.161	0.167	0.173
30	0.173	0.179	0.185	0.191	0.197	0.204	0.210	0.216	0.222	0.229	0.235
40	0.235	0.241	0.248	0.254	0.260	0.267	0.273	0.280	0.286	0.292	0.299
50	0.299	0.305	0.312	0.319	0.325	0.332	0.338	0.345	0.352	0.358	0.365
60	0.365	0.372	0.378	0.385	0.392	0.399	0.405	0.412	0.419	0.426	0.433
70	0.433	0.440	0.446	0.453	0.460	0.467	0.474	0.481	0.488	0.495	0.502
80	0.502	0.509	0.516	0.523	0.530	0.538	0.545	0.552	0.559	0.566	0.573
90	0.573	0.580	0.588	0.595	0.602	0.609	0.617	0.624	0.631	0.639	0.646
100	0.646	0.653	0.661	0.668	0.675	0.683	0.690	0.698	0.705	0.713	0.720
110	0.720	0.727	0.735	0.743	0.750	0.758	0.765	0.773	0.780	0.788	0.795
120	0.795	0.803	0.811	0.818	0.826	0.834	0.841	0.849	0.857	0.865	0.872
130	0.872	0.880	0.888	0.896	0.903	0.911	0.919	0.927	0.935	0.942	0.950
140	0.950	0.958	0.966	0.974	0.982	0.990	0.998	1.006	1.013	1.021	1.029
150	1.029	1.037	1.045	1.053	1.061	1.069	1.077	1.085	1.094	1.102	1.110
160	1.110	1.118	1.126	1.134	1.142	1.150	1.158	1.167	1.175	1.183	1.191
170	1.191	1.199	1.207	1.216	1.224	1.232	1.240	1.249	1.257	1.265	1.273
180	1.273	1.282	1.290	1.298	1.307	1.315	1.323	1.332	1.340	1.348	1.357
190	1.357	1.365	1.373	1.382	1.390	1.399	1.407	1.415	1.424	1.432	1.441
200	1.441	1.449	1.458	1.466	1.475	1.483	1.492	1.500	1.509	1.517	1.526
210	1.526	1.534	1.543	1.551	1.560	1.569	1.577	1.586	1.594	1.603	1.612
220	1.612	1.620	1.629	1.638	1.646	1.655	1.663	1.672	1.681	1.690	1.698
230	1.698	1.707	1.716	1.724	1.733	1.742	1.751	1.759	1.768	1.777	1.786
240	1.786	1.794	1.803	1.812	1.821	1.829	1.838	1.847	1.856	1.865	1.874
250	1.874	1.882	1.891	1.900	1.909	1.918	1.927	1.936	1.944	1.953	1.962
260	1.962	1.971	1.980	1.989	1.998	2.007	2.016	2.025	2.034	2.043	2.052

°C	0	1	2	3	4	5	6	7	8	9	10
270	2.052	2.061	2.070	2.078	2.087	2.096	2.105	2.114	2.123	2.132	2.141
280	2.141	2.151	2.160	2.169	2.178	2.187	2.196	2.205	2.214	2.223	2.232
290	2.232	2.241	2.250	2.259	2.268	2.277	2.287	2.296	2.305	2.314	2.323
300	2.323	2.332	2.341	2.350	2.360	2.369	2.378	2.387	2.396	2.405	2.415
310	2.415	2.424	2.433	2.442	2.451	2.461	2.470	2.479	2.488	2.497	2.507
320	2.507	2.516	2.525	2.534	2.544	2.553	2.562	2.571	2.581	2.590	2.599
330	2.599	2.609	2.618	2.627	2.636	2.646	2.655	2.664	2.674	2.683	2.692
340	2.692	2.702	2.711	2.720	2.730	2.739	2.748	2.758	2.767	2.776	2.786
350	2.786	2.795	2.805	2.814	2.823	2.833	2.842	2.851	2.861	2.870	2.880
360	2.880	2.889	2.899	2.908	2.917	2.927	2.936	2.946	2.955	2.965	2.974
370	2.974	2.983	2.993	3.002	3.012	3.021	3.031	3.040	3.050	3.059	3.069
380	3.069	3.078	3.088	3.097	3.107	3.116	3.126	3.135	3.145	3.154	3.164
390	3.164	3.173	3.183	3.192	3.202	3.212	3.221	3.231	3.240	3.250	3.259
400	3.259	3.269	3.279	3.288	3.298	3.307	3.317	3.326	3.336	3.346	3.355
410	3.355	3.365	3.374	3.384	3.394	3.403	3.413	3.423	3.432	3.442	3.451
420	3.451	3.461	3.471	3.480	3.490	3.500	3.509	3.519	3.529	3.538	3.548
430	3.548	3.558	3.567	3.577	3.587	3.596	3.606	3.616	3.626	3.635	3.645
440	3.645	3.655	3.664	3.674	3.684	3.694	3.703	3.713	3.723	3.732	3.742
450	3.742	3.752	3.762	3.771	3.781	3.791	3.801	3.810	3.820	3.830	3.840
460	3.840	3.850	3.859	3.869	3.879	3.889	3.898	3.908	3.918	3.928	3.938
470	3.938	3.947	3.957	3.967	3.977	3.987	3.997	4.006	4.016	4.026	4.036
480	4.036	4.046	4.056	4.065	4.075	4.085	4.095	4.105	4.115	4.125	4.134
490	4.134	4.144	4.154	4.164	4.174	4.184	4.194	4.204	4.213	4.223	4.233
500	4.233	4.243	4.253	4.263	4.273	4.283	4.293	4.303	4.313	4.323	4.332
510	4.332	4.342	4.352	4.362	4.372	4.382	4.392	4.402	4.412	4.422	4.432
520	4.432	4.442	4.452	4.462	4.472	4.482	4.492	4.502	4.512	4.522	4.532
530	4.532	4.542	4.552	4.562	4.572	4.582	4.592	4.602	4.612	4.622	4.632
540	4.632	4.642	4.652	4.662	4.672	4.682	4.692	4.702	4.712	4.722	4.732
550	4.732	4.742	4.752	4.762	4.772	4.782	4.793	4.803	4.813	4.823	4.833
560	4.833	4.843	4.853	4.863	4.873	4.883	4.893	4.904	4.914	4.924	4.934
570	4.934	4.944	4.954	4.964	4.974	4.984	4.995	5.005	5.015	5.025	5.035
580	5.035	5.045	5.055	5.066	5.076	5.086	5.096	5.106	5.116	5.127	5.137
590	5.137	5.147	5.157	5.167	5.178	5.188	5.198	5.208	5.218	5.228	5.239

부록 B7

타입 S 열전대
EMF 대 온도 표 (ITS-90)

°C	0	1	2	3	4	5	6	7	8	9	10
600	5.239	5.249	5.259	5.269	5.280	5.290	5.300	5.310	5.320	5.331	5.341
610	5.341	5.351	5.361	5.372	5.382	5.392	5.402	5.413	5.423	5.433	5.443
620	5.443	5.454	5.464	5.474	5.485	5.495	5.505	5.515	5.526	5.536	5.546
630	5.546	5.557	5.567	5.577	5.588	5.598	5.608	5.618	5.629	5.639	5.649
640	5.649	5.660	5.670	5.680	5.691	5.701	5.712	5.722	5.732	5.743	5.753
650	5.753	5.763	5.774	5.784	5.794	5.805	5.815	5.826	5.836	5.846	5.857
660	5.857	5.867	5.878	5.888	5.898	5.909	5.919	5.930	5.940	5.950	5.961
670	5.961	5.971	5.982	5.992	6.003	6.013	6.024	6.034	6.044	6.055	6.065
680	6.065	6.076	6.086	6.097	6.107	6.118	6.128	6.139	6.149	6.160	6.170
690	6.170	6.181	6.191	6.202	6.212	6.223	6.233	6.244	6.254	6.265	6.275
700	6.275	6.286	6.296	6.307	6.317	6.328	6.338	6.349	6.360	6.370	6.381
710	6.381	6.391	6.402	6.412	6.423	6.434	6.444	6.455	6.465	6.476	6.486
720	6.486	6.497	6.508	6.518	6.529	6.539	6.550	6.561	6.571	6.582	6.593
730	6.593	6.603	6.614	6.624	6.635	6.646	6.656	6.667	6.678	6.688	6.699
740	6.699	6.710	6.720	6.731	6.742	6.752	6.763	6.774	6.784	6.795	6.806
750	6.806	6.817	6.827	6.838	6.849	6.859	6.870	6.881	6.892	6.902	6.913
760	6.913	6.924	6.934	6.945	6.956	6.967	6.977	6.988	6.999	7.010	7.020
770	7.020	7.031	7.042	7.053	7.064	7.074	7.085	7.096	7.107	7.117	7.128
780	7.128	7.139	7.150	7.161	7.172	7.182	7.193	7.204	7.215	7.226	7.236
790	7.236	7.247	7.258	7.269	7.280	7.291	7.302	7.312	7.323	7.334	7.345
800	7.345	7.356	7.367	7.378	7.388	7.399	7.410	7.421	7.432	7.443	7.454
810	7.454	7.465	7.476	7.487	7.497	7.508	7.519	7.530	7.541	7.552	7.563
820	7.563	7.574	7.585	7.596	7.607	7.618	7.629	7.640	7.651	7.662	7.673
830	7.673	7.684	7.695	7.706	7.717	7.728	7.739	7.750	7.761	7.772	7.783
840	7.783	7.794	7.805	7.816	7.827	7.838	7.849	7.860	7.871	7.882	7.893
850	7.893	7.904	7.915	7.926	7.937	7.948	7.959	7.970	7.981	7.992	8.003
860	8.003	8.014	8.026	8.037	8.048	8.059	8.070	8.081	8.092	8.103	8.114
870	8.114	8.125	8.137	8.148	8.159	8.170	8.181	8.192	8.203	8.214	8.226
880	8.226	8.237	8.248	8.259	8.270	8.281	8.293	8.304	8.315	8.326	8.337
890	8.337	8.348	8.360	8.371	8.382	8.393	8.404	8.416	8.427	8.438	8.449
900	8.449	8.460	8.472	8.483	8.494	8.505	8.517	8.528	8.539	8.550	8.562
910	8.562	8.573	8.584	8.595	8.607	8.618	8.629	8.640	8.652	8.663	8.674
920	8.674	8.685	8.697	8.708	8.719	8.731	8.742	8.753	8.765	8.776	8.787
930	8.787	8.798	8.810	8.821	8.832	8.844	8.855	8.866	8.878	8.889	8.900

°C	0	1	2	3	4	5	6	7	8	9	10
940	8.900	8.912	8.923	8.935	8.946	8.957	8.969	8.980	8.991	9.003	9.014
950	9.014	9.025	9.037	9.048	9.060	9.071	9.082	9.094	9.105	9.117	9.128
960	9.128	9.139	9.151	9.162	9.174	9.185	9.197	9.208	9.219	9.231	9.242
970	9.242	9.254	9.265	9.277	9.288	9.300	9.311	9.323	9.334	9.345	9.357
980	9.357	9.368	9.380	9.391	9.403	9.414	9.426	9.437	9.449	9.460	9.472
990	9.472	9.483	9.495	9.506	9.518	9.529	9.541	9.552	9.564	9.576	9.587
1000	9.587	9.599	9.610	9.622	9.633	9.645	9.656	9.668	9.680	9.691	9.703
1010	9.703	9.714	9.726	9.737	9.749	9.761	9.772	9.784	9.795	9.807	9.819
1020	9.819	9.830	9.842	9.853	9.865	9.877	9.888	9.900	9.911	9.923	9.935
1030	9.935	9.946	9.958	9.970	9.981	9.993	10.005	10.016	10.028	10.040	10.051
1040	10.051	10.063	10.075	10.086	10.098	10.110	10.121	10.133	10.145	10.156	10.168
1050	10.168	10.180	10.191	10.203	10.215	10.227	10.238	10.250	10.262	10.273	10.285
1060	10.285	10.297	10.309	10.320	10.332	10.344	10.356	10.367	10.379	10.391	10.403
1070	10.403	10.414	10.426	10.438	10.450	10.461	10.473	10.485	10.497	10.509	10.520
1080	10.520	10.532	10.544	10.556	10.567	10.579	10.591	10.603	10.615	10.626	10.638
1090	10.638	10.650	10.662	10.674	10.686	10.697	10.709	10.721	10.733	10.745	10.757
1100	10.757	10.768	10.780	10.792	10.804	10.816	10.828	10.839	10.851	10.863	10.875
1110	10.875	10.887	10.899	10.911	10.922	10.934	10.946	10.958	10.970	10.982	10.994
1120	10.994	11.006	11.017	11.029	11.041	11.053	11.065	11.077	11.089	11.101	11.113
1130	11.113	11.125	11.136	11.148	11.160	11.172	11.184	11.196	11.208	11.220	11.232
1140	11.232	11.244	11.256	11.268	11.280	11.291	11.303	11.315	11.327	11.339	11.351
1150	11.351	11.363	11.375	11.387	11.399	11.411	11.423	11.435	11.447	11.459	11.471
1160	11.471	11.483	11.495	11.507	11.519	11.531	11.542	11.554	11.566	11.578	11.590
1170	11.590	11.602	11.614	11.626	11.638	11.650	11.662	11.674	11.686	11.698	11.710
1180	11.710	11.722	11.734	11.746	11.758	11.770	11.782	11.794	11.806	11.818	11.830
1190	11.830	11.842	11.854	11.866	11.878	11.890	11.902	11.914	11.926	11.939	11.951
1200	11.951	11.963	11.975	11.987	11.999	12.011	12.023	12.035	12.047	12.059	12.071
1210	12.071	12.083	12.095	12.107	12.119	12.131	12.143	12.155	12.167	12.179	12.191
1220	12.191	12.203	12.216	12.228	12.240	12.252	12.264	12.276	12.288	12.300	12.312
1230	12.312	12.324	12.336	12.348	12.360	12.372	12.384	12.397	12.409	12.421	12.433
1240	12.433	12.445	12.457	12.469	12.481	12.493	12.505	12.517	12.529	12.542	12.554
1250	12.554	12.566	12.578	12.590	12.602	12.614	12.626	12.638	12.650	12.662	12.675
1260	12.675	12.687	12.699	12.711	12.723	12.735	12.747	12.759	12.771	12.783	12.796

부록 B7

타입 S 열전대
EMF 대 온도 표 (ITS-90)

°C	0	1	2	3	4	5	6	7	8	9	10
1270	12.796	12.808	12.820	12.832	12.844	12.856	12.868	12.880	12.892	12.905	12.917
1280	12.917	12.929	12.941	12.953	12.965	12.977	12.989	13.001	13.014	13.026	13.038
1290	13.038	13.050	13.062	13.074	13.086	13.098	13.111	13.123	13.135	13.147	13.159
1300	13.159	13.171	13.183	13.195	13.208	13.220	13.232	13.244	13.256	13.268	13.280
1310	13.280	13.292	13.305	13.317	13.329	13.341	13.353	13.365	13.377	13.390	13.402
1320	13.402	13.414	13.426	13.438	13.450	13.462	13.474	13.487	13.499	13.511	13.523
1330	13.523	13.535	13.547	13.559	13.572	13.584	13.596	13.608	13.620	13.632	13.644
1340	13.644	13.657	13.669	13.681	13.693	13.705	13.717	13.729	13.742	13.754	13.766
1350	13.766	13.778	13.790	13.802	13.814	13.826	13.839	13.851	13.863	13.875	13.887
1360	13.887	13.899	13.911	13.924	13.936	13.948	13.960	13.972	13.984	13.996	14.009
1370	14.009	14.021	14.033	14.045	14.057	14.069	14.081	14.094	14.106	14.118	14.130
1380	14.130	14.142	14.154	14.166	14.178	14.191	14.203	14.215	14.227	14.239	14.251
1390	14.251	14.263	14.276	14.288	14.300	14.312	14.324	14.336	14.348	14.360	14.373
1400	14.373	14.385	14.397	14.409	14.421	14.433	14.445	14.457	14.470	14.482	14.494
1410	14.494	14.506	14.518	14.530	14.542	14.554	14.567	14.579	14.591	14.603	14.615
1420	14.615	14.627	14.639	14.651	14.664	14.676	14.688	14.700	14.712	14.724	14.736
1430	14.736	14.748	14.760	14.773	14.785	14.797	14.809	14.821	14.833	14.845	14.857
1440	14.857	14.869	14.881	14.894	14.906	14.918	14.930	14.942	14.954	14.966	14.978
1450	14.978	14.990	15.002	15.015	15.027	15.039	15.051	15.063	15.075	15.087	15.099
1460	15.099	15.111	15.123	15.135	15.148	15.160	15.172	15.184	15.196	15.208	15.220
1470	15.220	15.232	15.244	15.256	15.268	15.280	15.292	15.304	15.317	15.329	15.341
1480	15.341	15.353	15.365	15.377	15.389	15.401	15.413	15.425	15.437	15.449	15.461
1490	15.461	15.473	15.485	15.497	15.509	15.521	15.534	15.546	15.558	15.570	15.582
1500	15.582	15.594	15.606	15.618	15.630	15.642	15.654	15.666	15.678	15.690	15.702
1510	15.702	15.714	15.726	15.738	15.750	15.762	15.774	15.786	15.798	15.810	15.822
1520	15.822	15.834	15.846	15.858	15.870	15.882	15.894	15.906	15.918	15.930	15.942
1530	15.942	15.954	15.966	15.978	15.990	16.002	16.014	16.026	16.038	16.050	16.062
1540	16.062	16.074	16.086	16.098	16.110	16.122	16.134	16.146	16.158	16.170	16.182
1550	16.182	16.194	16.205	16.217	16.229	16.241	16.253	16.265	16.277	16.289	16.301
1560	16.301	16.313	16.325	16.337	16.349	16.361	16.373	16.385	16.396	16.408	16.420
1570	16.420	16.432	16.444	16.456	16.468	16.480	16.492	16.504	16.516	16.527	16.539
1580	16.539	16.551	16.563	16.575	16.587	16.599	16.611	16.623	16.634	16.646	16.658
1590	16.658	16.670	16.682	16.694	16.706	16.718	16.729	16.741	16.753	16.765	16.777

부록 B7
타입 S 열전대
EMF 대 온도 표 (ITS-90)

°C	0	1	2	3	4	5	6	7	8	9	10
1600	16.777	16.789	16.801	16.812	16.824	16.836	16.848	16.860	16.872	16.883	16.895
1610	16.895	16.907	16.919	16.931	16.943	16.954	16.966	16.978	16.990	17.002	17.013
1620	17.013	17.025	17.037	17.049	17.061	17.072	17.084	17.096	17.108	17.120	17.131
1630	17.131	17.143	17.155	17.167	17.178	17.190	17.202	17.214	17.225	17.237	17.249
1640	17.249	17.261	17.272	17.284	17.296	17.308	17.319	17.331	17.343	17.355	17.366
1650	17.366	17.378	17.390	17.401	17.413	17.425	17.437	17.448	17.460	17.472	17.483
1660	17.483	17.495	17.507	17.518	17.530	17.542	17.553	17.565	17.577	17.588	17.600
1670	17.600	17.612	17.623	17.635	17.647	17.658	17.670	17.682	17.693	17.705	17.717
1680	17.717	17.728	17.740	17.751	17.763	17.775	17.786	17.798	17.809	17.821	17.832
1690	17.832	17.844	17.855	17.867	17.878	17.890	17.901	17.913	17.924	17.936	17.947
1700	17.947	17.959	17.970	17.982	17.993	18.004	18.016	18.027	18.039	18.050	18.061
1710	18.061	18.073	18.084	18.095	18.107	18.118	18.129	18.140	18.152	18.163	18.174
1720	18.174	18.185	18.196	18.208	18.219	18.230	18.241	18.252	18.263	18.274	18.285
1730	18.285	18.297	18.308	18.319	18.330	18.341	18.352	18.362	18.373	18.384	18.395
1740	18.395	18.406	18.417	18.428	18.439	18.449	18.460	18.471	18.482	18.493	18.503
1750	18.503	18.514	18.525	18.535	18.546	18.557	18.567	18.578	18.588	18.599	18.609
1760	18.609	18.620	18.630	18.641	18.651	18.661	18.672	18.682	18.693		

타입 S 열전대(ITS-90)에 대한 참조함수

아래의 값은 열전대가 사용되는 두 개의 범위에 대한 타입 S 열전대의 참조함수
계수이다. 계수는 낮은 차수부터 높은 차수로 정리되어 있다. 식은 다음과 같다:

$$EMF = \sum_{i=n}^{i=0} c_i t^i$$

(온도단위: °C, EMF 단위: mV)

범위: −50.000 °C ~ 1064.180 °C, n = 8

계수:
 0.000000000000E+00
 0.540313308631E−02
 0.125934289740E−04
−0.232477968689E−07
 0.322028823036E−10
−0.331465196389E−13
 0.255744251786E−16
−0.125068871393E−19
 0.271443176145E−23

범위: 1064.180 °C ~ 1664.500 °C, n = 4

계수:
 0.132900444085E+01
 0.334509311344E−02
 0.654805192818E−05
−0.164856259209E−08
 0.129989605174E−13

범위: 1664.500 °C ~ 1768.100 °C, n = 4

계수:
 0.146628232636E+03
−0.258430516752E+00
 0.163693574641E−03
−0.330439046987E−07
−0.943223690612E−14

부록 B8

타입 T 열전대
EMF 대 온도 표 (ITS-90)

부록 B8
타입 T 열전대
EMF 대 온도 표 (ITS-90)

°C	0	-1	-2	-3	-4	-5	-6	-7	-8	-9	-10
	열전기 전압 (mV)										
-260	-6.232	-6.236	-6.239	-6.242	-6.245	-6.248	-6.251	-6.253	-6.255	-6.256	-6.258
-250	-6.180	-6.187	-6.193	-6.198	-6.204	-6.209	-6.214	-6.219	-6.223	-6.228	-6.232
-240	-6.105	-6.114	-6.122	-6.130	-6.138	-6.146	-6.153	-6.160	-6.167	-6.174	-6.180
-230	-6.007	-6.017	-6.028	-6.038	-6.049	-6.059	-6.068	-6.078	-6.087	-6.096	-6.105
-220	-5.888	-5.901	-5.914	-5.926	-5.938	-5.950	-5.962	-5.973	-5.985	-5.996	-6.007
-210	-5.753	-5.767	-5.782	-5.795	-5.809	-5.823	-5.836	-5.850	-5.863	-5.876	-5.888
-200	-5.603	-5.619	-5.634	-5.650	-5.665	-5.680	-5.695	-5.710	-5.724	-5.739	-5.753
-190	-5.439	-5.456	-5.473	-5.489	-5.506	-5.523	-5.539	-5.555	-5.571	-5.587	-5.603
-180	-5.261	-5.279	-5.297	-5.316	-5.334	-5.351	-5.369	-5.387	-5.404	-5.421	-5.439
-170	-5.070	-5.089	-5.109	-5.128	-5.148	-5.167	-5.186	-5.205	-5.224	-5.242	-5.261
-160	-4.865	-4.886	-4.907	-4.928	-4.949	-4.969	-4.989	-5.010	-5.030	-5.050	-5.070
-150	-4.648	-4.671	-4.693	-4.715	-4.737	-4.759	-4.780	-4.802	-4.823	-4.844	-4.865
-140	-4.419	-4.443	-4.466	-4.489	-4.512	-4.535	-4.558	-4.581	-4.604	-4.626	-4.648
-130	-4.177	-4.202	-4.226	-4.251	-4.275	-4.300	-4.324	-4.348	-4.372	-4.395	-4.419
-120	-3.923	-3.949	-3.975	-4.000	-4.026	-4.052	-4.077	-4.102	-4.127	-4.152	-4.177
-110	-3.657	-3.684	-3.711	-3.738	-3.765	-3.791	-3.818	-3.844	-3.871	-3.897	-3.923
-100	-3.379	-3.407	-3.435	-3.463	-3.491	-3.519	-3.547	-3.574	-3.602	-3.629	-3.657
-90	-3.089	-3.118	-3.148	-3.177	-3.206	-3.235	-3.264	-3.293	-3.322	-3.350	-3.379
-80	-2.788	-2.818	-2.849	-2.879	-2.910	-2.940	-2.970	-3.000	-3.030	-3.059	-3.089
-70	-2.476	-2.507	-2.539	-2.571	-2.602	-2.633	-2.664	-2.695	-2.726	-2.757	-2.788
-60	-2.153	-2.186	-2.218	-2.251	-2.283	-2.316	-2.348	-2.380	-2.412	-2.444	-2.476
-50	-1.819	-1.853	-1.887	-1.920	-1.954	-1.987	-2.021	-2.054	-2.087	-2.120	-2.153
-40	-1.475	-1.510	-1.545	-1.579	-1.614	-1.648	-1.683	-1.717	-1.751	-1.785	-1.819
-30	-1.121	-1.157	-1.192	-1.228	-1.264	-1.299	-1.335	-1.370	-1.405	-1.440	-1.475
-20	-0.757	-0.794	-0.830	-0.867	-0.904	-0.940	-0.976	-1.013	-1.049	-1.085	-1.121
-10	-0.383	-0.421	-0.459	-0.496	-0.534	-0.571	-0.608	-0.646	-0.683	-0.720	-0.757
0	0.000	-0.039	-0.077	-0.116	-0.154	-0.193	-0.231	-0.269	-0.307	-0.345	-0.383

°C	0	1	2	3	4	5	6	7	8	9	10
0	0.000	0.039	0.078	0.117	0.156	0.195	0.234	0.273	0.312	0.352	0.391
10	0.391	0.431	0.470	0.510	0.549	0.589	0.629	0.669	0.709	0.749	0.790
20	0.790	0.830	0.870	0.911	0.951	0.992	1.033	1.074	1.114	1.155	1.196
30	1.196	1.238	1.279	1.320	1.362	1.403	1.445	1.486	1.528	1.570	1.612
40	1.612	1.654	1.696	1.738	1.780	1.823	1.865	1.908	1.950	1.993	2.036

부록 B8
타입 T 열전대
EMF 대 온도 표 (ITS-90)

°C	0	1	2	3	4	5	6	7	8	9	10
50	2.036	2.079	2.122	2.165	2.208	2.251	2.294	2.338	2.381	2.425	2.468
60	2.468	2.512	2.556	2.600	2.643	2.687	2.732	2.776	2.820	2.864	2.909
70	2.909	2.953	2.998	3.043	3.087	3.132	3.177	3.222	3.267	3.312	3.358
80	3.358	3.403	3.448	3.494	3.539	3.585	3.631	3.677	3.722	3.768	3.814
90	3.814	3.860	3.907	3.953	3.999	4.046	4.092	4.138	4.185	4.232	4.279
100	4.279	4.325	4.372	4.419	4.466	4.513	4.561	4.608	4.655	4.702	4.750
110	4.750	4.798	4.845	4.893	4.941	4.988	5.036	5.084	5.132	5.180	5.228
120	5.228	5.277	5.325	5.373	5.422	5.470	5.519	5.567	5.616	5.665	5.714
130	5.714	5.763	5.812	5.861	5.910	5.959	6.008	6.057	6.107	6.156	6.206
140	6.206	6.255	6.305	6.355	6.404	6.454	6.504	6.554	6.604	6.654	6.704
150	6.704	6.754	6.805	6.855	6.905	6.956	7.006	7.057	7.107	7.158	7.209
160	7.209	7.260	7.310	7.361	7.412	7.463	7.515	7.566	7.617	7.668	7.720
170	7.720	7.771	7.823	7.874	7.926	7.977	8.029	8.081	8.133	8.185	8.237
180	8.237	8.289	8.341	8.393	8.445	8.497	8.550	8.602	8.654	8.707	8.759
190	8.759	8.812	8.865	8.917	8.970	9.023	9.076	9.129	9.182	9.235	9.288
200	9.288	9.341	9.395	9.448	9.501	9.555	9.608	9.662	9.715	9.769	9.822
210	9.822	9.876	9.930	9.984	10.038	10.092	10.146	10.146	10.200	10.254	10.362
220	10.362	10.417	10.471	10.525	10.580	10.634	10.689	10.743	10.798	10.853	10.907
230	10.907	10.962	11.017	11.072	11.127	11.182	11.237	11.292	11.347	11.403	11.458
240	11.458	11.513	11.569	11.624	11.680	11.735	11.791	11.846	11.902	11.958	12.013
250	12.013	12.069	12.125	12.181	12.237	12.293	12.349	12.405	12.461	12.518	12.574
260	12.574	12.630	12.687	12.743	12.799	12.856	12.912	12.969	13.026	13.082	13.139
270	13.139	13.196	13.253	13.310	13.366	13.423	13.480	13.537	13.595	13.652	13.709
280	13.709	13.766	13.823	13.881	13.938	13.995	14.053	14.110	14.168	14.226	14.283
290	14.283	14.341	14.399	14.456	14.514	14.572	14.630	14.688	14.746	14.804	14.862
300	14.862	14.920	14.978	15.036	15.095	15.153	15.211	15.270	15.328	15.386	15.445
310	15.445	15.503	15.562	15.621	15.679	15.738	15.797	15.856	15.914	15.973	16.032
320	16.032	16.091	16.150	16.209	16.268	16.327	16.387	16.446	16.505	16.564	16.624
330	16.624	16.683	16.742	16.802	16.861	16.921	16.980	17.040	17.100	17.159	17.219
340	17.219	17.279	17.339	17.399	17.458	17.518	17.578	17.638	17.698	17.759	17.819
350	17.819	17.879	17.939	17.999	18.060	18.120	18.180	18.241	18.301	18.362	18.422
360	18.422	18.483	18.543	18.604	18.665	18.725	18.786	18.847	18.908	18.969	19.030
370	19.030	19.091	19.152	19.213	19.274	19.335	19.396	19.457	19.518	19.579	19.641
380	19.641	19.702	19.763	19.825	19.886	19.947	20.009	20.070	20.132	20.193	20.255
390	20.255	20.317	20.378	20.440	20.502	20.563	20.625	20.687	20.748	20.810	20.872

타입 T 열전대(ITS-90)에 대한 참조함수

아래의 값은 열전대가 사용되는 두 개의 범위에 대한 타입 T 열전대의 참조함수 계수이다. 계수는 낮은 차수부터 높은 차수로 정리되어 있다. 식은 다음과 같다:

$$EMF = \sum_{i=n}^{i=0} c_i t^i$$

(온도단위: °C, EMF 단위: mV)

범위: −270.000 °C ~ 0.000 °C, n = 14

계수:
0.000000000000E+00
0.387481063640E−01
0.441944343470E−04
0.118443231050E−06
0.200329735540E−07
0.901380195590E−09
0.226511565930E−10
0.360711542050E−12
0.384939398830E−14
0.282135219250E−16
0.142515947790E−18
0.487686622860E−21
0.107955392700E−23
0.139450270620E−26
0.797951539270E−30

범위: 0.000 °C ~ 400.000 °C, n = 8

계수:
0.000000000000E+00
0.387481063640E−01
0.332922278800E−04
0.206182434040E−06
−0.218822568460E−08
0.109968809280E−10
−0.308157587720E−13
0.454791352900E−16
−0.275129016730E−19

색인

아